Benno Fürmann

mit Philipp Hedemann

Die Natur, mein Leben und der ganze Rest

Unter Bäumen

Für Zoe

»Leben, einzeln und frei wie ein Baum und brüderlich wie ein Wald ist unsere Sehnsucht.«

Nazim Hikmet

Inhaltsverzeichnis

Prolog __ 8

Natur
Bäume __ 11
Mystik __ 14
Empfindsamkeit __ 20
Respekt __ 24
Bewahrung __ 34
Ekel __ 37
Ackern __ 44
Jagd __ 52
Waldbaden __ 60

Reisen
Sokotra __ 73
Thailand __ 86
Amerikas __ 99
Berge __ 109
Nordwand __ 116
Himalaya __ 122
Bergmenschen __ 129
Südsudan __ 134
Uganda __ 150
Löwen __ 157
Kenia __ 162
Alpen __ 169

Familie
Mein Vater __ 181
Ich __ 188
Meine Tochter __ 192

Leben

Wie soll man leben? __ 195
Stille __ 200
Einstimmung __ 203
Verbindung __ 207
Gefühle __ 213
Gemeinschaft __ 218
Alleinsein __ 222
Vergänglichkeit __ 226
Hingabe __ 228
Ja zum Leben __ 231
Arbeit __ 233
Orte __ 238
Wein __ 242
Schlaf __ 244
Lernen __ 253
Tiere __ 258

Hoffnung

Gegenwart __ 263
Ethik __ 269
Verzicht __ 272
Was tun? __ 274
Politik __ 282
Hoffnung __ 286

Epilog __ 294

Danksagung __ 298
Literaturverzeichnis __ 299
Impressum __ 300

Prolog

Das Leben im Hier und Jetzt empfinde ich oft als herausfordernd. Wenn ich in mich hineinhorche, stoße ich auf deutlich mehr Fragen als Antworten. Wahrscheinlich hätte ich hier und da gerne mehr Klarheit und mehr Vertrauen in den Lauf der Dinge. Aber letztendlich weiß ich, dass Fragen mein Treibstoff sind. Und ich weiß natürlich auch, dass es auf die wirklich wichtigen Fragen, die das Leben uns stellt, keine einfachen Antworten gibt.

Dennoch haben wir uns angewöhnt, mehr in Ausrufezeichen als in Fragezeichen zu sprechen – womöglich, um die eigenen Unsicherheiten zu übertönen. Das ermüdet mich. Mir ist es wichtig, der Stille und den Fragen zu lauschen und ihnen Raum zu geben. Ich habe nicht den Anspruch an mich, immer Antworten haben zu müssen, und wer vorgibt, sie stets zu kennen, weckt meinen Argwohn. Wo das Fragen aufhört, beginnt gerne das selbstverliebte Proklamieren. Darum werden Sie in diesem Buch mehr Fragezeichen als Ausrufezeichen finden. Ich, oder besser gesagt mein Computer, haben sie gezählt. Es sind 357 Fragezeichen und 158 Ausrufezeichen.

Mehr als einmal habe ich mir beim Schreiben gedacht: Soll ich es nicht lieber lassen? Ist es nicht anmaßend, dass ich jetzt ein Buch schreibe? Ich bin kein Experte für Lebenskunst, kein Experte für Klimawandel und Naturschutz, kein Experte für Politik, ich bin kein Experte für Glück und Zufriedenheit. Ich bin überhaupt kein Experte für irgendwas.

Und damit bin ich wieder bei den Fragezeichen: Ich weiß, dass ich mit all meinen Fragen und Unsicherheiten nicht alleine bin. Wie das Leben geht, wissen die wenigsten von uns. Aber ich denke, dass wir alle die Sehnsucht haben, den Antworten ein kleines bisschen näher zu kommen und dass die Hingabe an unsere Fragen uns auch ein bisschen mehr miteinander verbinden kann. Was ist mir wichtig? Wie schöpfe ich Kraft? Was bedeutet heutzutage anständiges Verhalten? Wie schaffe ich es, auf mich, andere und die Natur achtzugeben und zugleich lustvoll durch die Welt zu navigieren? Ich hoffe, dass dieses Buch, in dem ich von meiner Lust am Leben, meiner Beziehung zur Natur und dem, was mich umtreibt, was mich aufbaut, meinen Sehnsüchten und entscheidenden Stationen meines Lebens erzähle, dazu einen bescheidenen Beitrag leisten kann.

Kapitel 1
Natur

Bäume

Bäume, das schweigende Wunder des Lebens. Sie berühren mich auf eine schwer zu benennende, nicht greifbare Weise. Sie wirken auf mich wie ein schweigender Aufruf zur Achtsamkeit, zur Wertschätzung und zum Lauschen. Ihre stille Präsenz, die in ihrer Würde auf etwas jenseits der Worte, jenseits der Ratio, jenseits des Benennbaren hinweist, mahnt mich immer wieder zur Demut. Mit ihren oft mehreren Hundert, manchmal mehreren Tausend Jahren Lebenserfahrung strahlen sie Weisheit, Gelassenheit und Verbundenheit aus. Sie sind unbeeindruckt von mir oder dir. Sie stehen schweigend vor uns und erinnern uns daran, dass so vieles im Verborgenen stattfindet. Das Leben eines Baumes findet für uns größtenteils unsichtbar und in Zeitlupe statt. Nur wenn wir ganz genau hinsehen und uns viel Zeit nehmen, können wir mit etwas Glück sehen und begreifen, wie ein Baum lebt und wächst.

Etwas leichter fällt es uns, die Bäume zu hören. Zumindest indirekt. Wenn der Wind in ihre Kronen fährt, entlockt er ihnen mal flüsternd, mal furios die wunderbarsten Klänge. Ich liebe das Rascheln der Blätter dafür, in den Lärm der Welt beruhigende, streichelnde Klänge einzuflechten, die der Seele soufflieren, dass alles weitergeht und Teil der göttlichen Komödie ist …

Das Rascheln scheint mir sagen zu wollen: Wir sind hier und du auch, der Wind ist unser Zeuge. Ausruhend unter Bäumen, im Schatten grüner Kronen, Schutz suchend vor der entblößenden Helligkeit der Welt, umhüllt von verwurzelter Präsenz in entwurzelten Zeiten lauschen wir dem Flüstern des Lebens und fühlen die stille, geheimnisvolle Kraft des Lebens, die keiner Worte bedarf.

Bäume sind keine Einzelgänger. Sie kümmern sich nicht nur aufopferungsvoll um ihren Nachwuchs, sie sind über das unterirdische, vor unseren Blicken geschützte Wurzelwerk auch mit anderen Bäumen im Wald in Kontakt. Sie versorgen und pflegen kranke Artgenossen, warnen sich gegenseitig vor Gefahren, sie haben Empfindungen und sogar ein Gedächtnis.

Ist es die schiere Größe eines Baumes, die dafür sorgt, dass ich mich im Schatten eines Baumriesen oft kleiner und jünger fühle? Fühle ich mich alt, wenn ich im Waldboden ein winziges Bäumchen entdecke, das erst vor Kurzem aus seinem Samen gekrochen ist? Und wie fühle ich mich, wenn ich im Hochgebirge vor einem kleinen, geduckten und verkrüppelten Baum stehe, von dem ich weiß, dass er viel älter ist als ich selbst, dem die Elemente und der karge Boden bisher nur keine Chance gegeben haben, größer zu werden? Wer ist dann groß? Wer ist dann klein? Wer ist dann alt? Wer ist dann jung?

Vor allem in den Tropen gibt es Bäume, die auf eine so verschwenderische Art wachsen und gedeihen, dass einem schwindelig werden kann. Aber bei den meisten Bäumen, vor allem jenen, die in kühleren Bergregionen wachsen, verläuft das Leben im Wandel der Jahreszeiten äußerst gemächlich. Möglicherweise haben gerade sie deshalb so eine entschleunigende, beruhigende Ausstrahlung auf mich.

Vielleicht ist es genau wie bei uns Menschen: Das Alter bringt die Würde, die gewachsene Reife. Wobei: Ich habe mich auch schon von jungen Bäumen, winzigen Pflanzen und Moosen in ihren Bann ziehen lassen.

Ich glaube, es ist das sich unserem Verständnis entziehende Wesen und die wortlose Kommunikation der Bäume, die sie so unergründlich und erhaben machen. Sie erinnern mich an schweigsame Menschen. Man weiß nicht, welche Geheimnisse sie bergen.

Ich empfinde vor großen Bäumen Ehrfurcht. Ich glaube, sie rührt daher, dass ich mir im Angesicht dieser schweigend in den Himmel verästelnden Erscheinungen bewusst werde, dass sie sich während ihres ganzen Daseins ungeschützt den Elementen aussetzen. Sie sind einfach da. Sie nehmen die Dinge ganz unbeeindruckt so, wie sie kommen. Ich hingegen hülle mich in Gore-Tex und versuche, meine Zeit bei den Bäumen so zu planen, dass es nicht zu heiß, nicht zu kalt, nicht zu stürmisch und nicht zu regnerisch ist, wenn ich mich der Natur aussetze.

Haben wir Ähnlichkeit mit Bäumen? So wie man sagt, jeder von uns ein Tier hat, dem er entspricht, dem er ähnlich sieht, das ihm in seinem Wesen gleicht? Was wäre ich für ein Baum? Eine schlanke Tanne, die dem eisigen Wind der Taiga trotzt? Eine Schirmakazie, unter deren Ästen die Tiere der Savanne ihren Mittagsschlaf halten? Eine Birke, deren Wurzeln im schwarzen Moor gründen? Eine Weide, die im Nebel melancholisch ihr Haupt neigt? Ich weiß nicht mal, was für ein Tier ich wäre. Menschen haben in mir schon eine Wildkatze, einen Greifvogel oder auch mal einen Königspudel gesehen.

Mystik

Ich habe einmal den Vortrag eines bekannten Astronomen gehört. Er erzählte, dass er Gravitation eigentlich nie wirklich verstanden habe, obwohl er Professor für Astronomie ist. Er berichtete aber auch von einem Moment der Offenbarung.

Nachts, in den Anblick der Sterne vertieft, wurde er sich plötzlich bewusst, dass wir nicht auf dem Planeten *leben*, sondern der Planet *sind*. Dass wir Materie sind, beseelt von etwas Größerem. Wir sind Sternenstaub, aber auch Teil eines kosmischen Bewusstseins, sagte er. Und insofern sind wir, wenn wir kontemplativ in den Sternenhimmel schauen, das Universum, das sich selbst betrachtet. Subjekt und Objekt zugleich. Ich war so ergriffen von seinem Vortrag, dass ich Tränen in den Augen hatte: Wir sind das Universum, das sich selbst bestaunt.

Jeder Stein, jeder Baum, jeder Mensch – wir genauso wie alles uns Umgebende – ist Teil der Schöpfung, die sich in jedem Augenblick neu schöpft, Teil des großen Geheimnisses des Lebens. Des Lebens, das man vermessen, benennen und erforschen kann und des gleichen Lebens, das uns im Grunde unerklärlich ist und bleiben wird. Das, was uns erfasst, wenn wir uns in der Betrachtung, dem Fühlen, eines Baumes, eines Sternes verlieren, ist nichts anderes, als würden wir uns mit ungeteilter Aufmerksamkeit mit uns selbst beschäftigen. Denn wie alle anderen Wesen und Dinge sind wir Teil des unteilbaren Universums und betrachten uns in der Beschäftigung mit dem vermeintlichen Fremden immer auch selbst.

Uns ist im Zuge unserer Entwicklung – vor allem seit der Aufklärung – unsere mit allen Sinnen gefühlte enge Beziehung zur

Natur immer mehr abhandengekommen. Der Mensch hat den Glauben an Wunder gegen den Glauben an die Wissenschaft eingetauscht. Die Natur wurde entmystifiziert und in messbare und berechenbare Teilbereiche fragmentiert.

So richtig und wichtig ich es finde, dass der Mensch mündig wurde, indem er die Allmacht und alleinige Deutungshoheit der Kirche hinter sich ließ, so sehr blieb dabei – leider, wie ich finde – der Glaube und das Verneigen vor dem Nichtmessbaren, dem Größeren, Höheren auf der Strecke. Der Mensch löste sich von seinem Glauben an die göttliche Schöpfung und wurde so selbst zum Schöpfer.

Heute wissen wir genau, wie hoch jeder Berg und wie tief jeder Ozean ist. Wir wissen, wie lange das Eichhörnchen schwanger ist, wie tief die Wurzeln des Bergahorns sich in steinigen Boden bohren können und aus wie vielen Eiweißmolekülen sich die DNA der Stechmücke zusammensetzt. Die Welt ist vermessen und analysiert. Wir glauben an das, was wir bestimmen und in Laboren untersuchen können. Was sich nicht empirisch mit den Mitteln der Naturwissenschaften erklären lässt, findet nicht statt. Die Tiefe und Mystik, die allem Leben innewohnt, geht dabei häufig verloren.

Ich möchte hier nicht falsch verstanden werden. Ich ziehe den Hut vor Wissenschaftlern, vor Menschen, die uns mit dem Blick durch die Lupe das Leben erklären und die komplexen Abläufe der Welt sichtbar machen, die uns durch ihr unermüdliches Forschen jene Errungenschaften der modernen Welt geschenkt haben, die das Leben so viel leichter, sicherer und besser machen. Ich ziehe den Hut vor ihrer Geduld, ihrer Beharrlichkeit, ihrer

Beobachtungs- und Abstraktionsgabe, vor der Akribie, vor ihrer bohrenden Neugier, vor ihrer Intelligenz. Für mich gilt »Follow the science«. Aber ich glaube auch, dass die Natur nicht ausschließlich mit den Naturwissenschaften erfasst werden kann.

Wenn ich den Versuch unternehmen möchte, die Natur wirklich zu verstehen, zu begreifen und (in mir) zu spüren, dann brauche ich dafür mehr als die Naturwissenschaft, dann brauche ich auch mein eigenes unverstelltes und unvoreingenommenes Empfinden.

Ich bin kein Forscher. Wenn ich nachts in einen wunderschönen Sternenhimmel gucke, muss ich nicht unbedingt wissen, in welchem Sternbild da oben Weiße Zwerge, Planeten oder Sterne funkeln und wie viele Lichtjahre sie von mir entfernt sind. Wenn ich dem betörenden Gesang der Nachtigall lausche, wird ihre Musik für mich nicht noch schöner, wenn ich weiß, in welcher Frequenz sie ihr Lied trällert. Wenn ich im Schatten eines Baumes ruhe, bin ich nicht entspannter, wenn ich weiß, wie alt dieser Baum werden kann. Ich möchte meine Ratio nicht meine Emotionen dominieren lassen und permanent analytisch unterwegs sein. Ich möchte das Stille, das Feinstoffliche mit all meinen Sinnen spüren, ich muss nicht immer und überall allem auf den Grund gehen.

Die vermeintlich auf alle Fragen eine exakte Antwort habende Naturwissenschaft kann uns dazu verleiten, unser Gefühl beim Naturerlebnis außer Acht zu lassen, es der kalten Analyse zu opfern. Wir vergessen dann, dass uns die Wissenschaft nicht die tiefste Wahrheit über die Natur liefern kann. Die letzte Antwort kann nie gegeben werden.

Selbst wenn wir uns der Natur mit allen Sinnen, mit allem Wissen und allen uns zur Verfügung stehenden Mitteln nähern, werden wir sie nie ganz erfassen und begreifen können. Wir können die tiefste Wahrheit niemals verstehen. Sie lässt sich nicht messen und auch nicht denken.

»Du sollst dir kein Bildnis noch irgend ein Gleichnis machen, weder des, das oben im Himmel, noch des, das unten auf Erden, oder des, das im Wasser unter der Erde ist«, heißt es im 2. Buch Mose. Ich finde es sehr schwer, Worte für das Göttliche zu finden. Das Wort Gott ist vermenschlicht, besetzt, hat für viele aufgrund der zahlreichen Verbrechen, die im Namen von Religionen begangen wurden und werden, eine negative Konnotation. Deshalb spreche ich nicht von einem Gott, sondern vom Göttlichen oder der Schöpfung, wenn ich mich auf das Mysterium des Lebens beziehe, die höhere Ordnung, die verbindende Kraft, die unter allem liegt, was Worte nicht fassen können, von dem man sich kein Bild machen kann.

Ich verstehe die Aufforderung aus dem Alten Testament so: Wir können Licht nicht festhalten. Wir können niemals alles verstehen. Wir können das Göttliche nur erfahren, aber niemals zum Objekt unseres Verstandes machen. Wir können nicht den Zauber in uns denken, in dem wir selber stattfinden. Und schon gar nicht, indem wir versuchen, ihn zu analysieren und zu erklären und ihm so das Göttliche und die sich daraus ergebende Verpflichtung zu einem ethischen und moralischen Umgang miteinander und mit der Natur absprechen.

Aus Streben nach Überschaubarkeit neigt der Mensch zum Kartografieren und zum Entmystifizieren. Er hat sich eine Haltung zugelegt, aus der heraus er sich die Dinge erklären kann. Und vergisst dabei das, was Henry David Thoreau in seinem Buch »Walden« vor fast 170 Jahren so schön als Frage formuliert hat: »Kann er (der Mensch) sich denn auf seine Unwissenheit besinnen, wie es für sein inneres Wachstum erforderlich wäre, wo er doch so oft von seinem Wissen Gebrauch machen muss?« Und weiter: »Die besten Seiten unseres Wesens bleiben uns gleich dem Flaum frischer Früchte nur dann erhalten, wenn wir sie sehr behutsam behandeln. Und doch gehen wir weder mit uns noch mit anderen so zart um.«

Obwohl selbst Teil einer sich stets weiterentwickelnden, niemals ruhenden Bewegung, versucht der Mensch aus Angst die Übersicht zu verlieren, abzusichern, was von Natur aus vergänglich und unbeständig sein muss. Die Natur plant nicht, sie ist fluide, schafft Optionen, ist immer flexibel. Was für eine Freiheit in diesem Wissen liegt, was für eine Fülle und Beweglichkeit! Warum versuchen wir ständig, sie einzugrenzen?

Ich habe den Eindruck, dass es in letzter Zeit eine verstärkte Rückbesinnung auf das Heilige, das Göttliche gibt. Demut, Heilung, Achtsamkeit, Spiritualität und Stille erhalten im Bewusstsein vieler Leute einen immer größeren Stellenwert. Pandemie, Krieg und die immer krasser zu Tage tretenden Auswirkungen des Klimawandels führen uns wohl deutlicher als je zuvor die Fragilität langjähriger Gewissheiten und die Endlichkeit aller Dinge vor Augen sowie unsere Sehnsucht nach Verbindung und die Notwendigkeit einer inneren Verankerung.

Das Bewusstsein und die Intelligenz eines Menschen kann man nicht sehen, man spürt nur die Wirkungen. Wie im Wald findet auch im restlichen Leben ein Großteil der Prozesse und Abläufe im Verborgenen statt. Das, was wir sehen, ist also immer nur ein Ausschnitt von etwas viel Größerem. Allein dieses Wissen sollte für mehr Demut gegenüber der Natur und all dem sorgen, was wir nicht wissen, wahrscheinlich niemals wissen werden oder mit Worten werden erklären können, was aber dennoch die Textur unseres Lebens darstellt. Schöner als Ezra Pound kann man das nicht sagen: »Regungslos war ich, Baum mitten im Wald und wusste die Wahrheit nie gesehener Dinge.«

Empfindsamkeit

Manchmal begegnet die Natur mir durchblutet, lebendig, kraftstrotzend, unkaputtbar und bedrohlich. Scheinbar undurchdringliche Dschungel, schroffe Berge, heftige Stürme, schneidendes Eis. Manchmal wirkt sie auf mich fragil, bedroht, bedürftig und hochsensibel. Ein zarter Schmetterling, ein junger Trieb, der mit einem unachtsamen Schritt plattgemacht werden kann, ein sich nach Regen sehnender Wald. Mal ist sie brutal und kieferzerschmetternd, mal verletzlich.

Ich glaube, meine früheste Erinnerung an die Natur ist folgende: Ich schaue aus einem Fenster des oberen Stockwerks eines, so fühlt es sich an, Bauernhauses. Vielleicht irgendwo in Deutschland. Oder Österreich. Die Landschaft ist hügelig. Direkt vor mir ein Weg, der am Hof vorbeiführt. Hinter dem Weg ein weites Feld, leicht erhaben, eine sehr große Koppel. Ein Unwetter sorgt für dramatische, aufgeladene Stimmung. Es regnet. Es ist dunkel. Es ist Nacht. In schwachen Umrissen sehe ich auf der Koppel einen Baum und zu seiner Rechten ein Pferd. Plötzlich erhellt ein gleißender Blitz die Szenerie, kurz darauf zerreißt ein dröhnender Donner den Klangteppich des fallenden Regens. Erschrocken sich aufbäumend steht das Pferd imposant in seiner ganzen wilden Kraft und Pracht auf den Hinterläufen, hell erleuchtet im nächtlichen Sturm. Wilder ungebremster Ausdruck der Angst eines schönen, anmutigen Wesens in ungezügelter Natur. So etwas hatte ich noch nie gesehen. Ich war wohl fünf, sechs Jahre alt. Mein kindlicher Horizont war um eine unvergessliche Erfahrung bereichert, dieses Bild des starken und doch so verängstigten Pferdes prägt sich mir für immer ein.

So wie ein anderes Bild aus dem gleichen Urlaub. Als ich morgens in der riesigen Bauernstube mein Frühstücksei köpfte, entdeckte ich in dem offensichtlich bereits angebrüteten Ei ein Embryo. Jetzt erschrak ich zu Tode. Als Stadtkind, das sich bis dahin nie viel Gedanken darüber gemacht hatte, wo Eier, Milch und Fleisch eigentlich herkommen (außer aus dem Supermarkt), war das halbfertige Küken eindeutig ein bisschen zu viel Natur. Dramatik: ja; Anmut wie beim Pferd im Gewitter: nein.

In der Natur fühle ich mich eingebettet in die Schöpfung, ich bin ein Geschöpf unter vielen. Wie oft war ich tief berührt, wenn im Morgengrauen die Welt aus der Dunkelheit ins Licht trat und sich mit all ihren Farben in majestätischer Würde zeigte. Wenn ich in den Bergen lief, um mich nur Licht war und mir vor Glück die Tränen in die Augen schossen. Es sind Momente wie diese, Momente der äußersten Verbundenheit, die Wasser sind für den Durst meiner Seele, meines Herzens. Momente, von denen ich im Augenblick des Erlebens weiß, ich werde sie fortan in mir tragen, weil sie mich tiefer ins Leben geführt haben und damit tiefer in mich selbst.

Wenn wir uns der Natur aussetzen, wirkt sie ungefiltert auf uns ein. Zeigt sie sich uns von ihrer rauen Seite, zwingt sie uns, unserer eigenen Leidensfähigkeit zu begegnen – die eigene Fragilität zu spüren, die auf unseren eigenen Willen trifft. Die im Alltag von uns oft nur noch abstrakt wahrgenommene Natur wird dann zu einer sinnlichen Erfahrung. Wir erleben jetzt die in ihrer Feinheit kraftvolle Verbindung mit der uns umgebenden Welt. Wenn ich durch die Natur wandere, habe ich oft das Gefühl, tiefer in meine Existenz zu rutschen. Mein Kopf mit all seinen Kapriolen fällt dann der Schwerkraft anheim und ruht nun entspannt mit klarer Ausrichtung auf meinen Schultern, getragen von Füßen, die um die nächsten Schritte wissen. Innere Ruhe durch äußere Bewegung. Eigentlich müssten wir in einem permanenten Sinnestaumel durch die Welt gehen. Umso wütender macht es mich immer wieder, wie achtlos wir mit der uns anvertrauten Schöpfung umgehen. Um dem Flüstern der Natur lauschen zu können, müssen wir innehalten, still werden und uns hingeben. Wir müssen unsere empfindlichen, im lauten Alltag vielleicht verkümmerten Antennen ausfahren, um die Frequenz empfangen zu können, auf der die Natur mit uns kommuniziert, um die leisen Töne aus dem Lärm des Alltags herauszufiltern. Wenn wir diese inneren, feinfühligen Antennen regelmäßig trainieren, lassen wir unsere Sinne spüren, was sie eigentlich spüren können, um so unsere natürliche Fähigkeit zu erhalten, einer Welt zu lauschen, die sich unserer Sprache entzieht.

Die Natur schweigt, aber gleichzeitig scheint sie zu flüstern. Spricht sie oder schweigt sie, oder sind diese Begriffe zu vermenschlichend? Will sie aktiv mit uns in Kommunikation treten oder ist es die Präsenz des Lebens an sich, die wir wahrnehmen? Ich glaube, sich regelmäßig darin zu üben, sich vor der Größe der Schöpfung zu verneigen und sich so daran zu erinnern, dass es etwas gibt, das größer ist als wir, macht uns empfänglicher für die stillen Botschaften des Lebens, des Göttlichen.

Um mich neu auszurichten, hilft mir oft schon ein Tagesausflug in die Natur. Dort erwache ich, öffne mich ohne mein Zutun dem Leben, das ich zuvor manchmal ausgesperrt hatte.

Die Natur nehme ich noch bewusster wahr, wenn ich an Orten bin, die ablenkende Störreize ausblenden oder schlucken. Am meisten sind meine Sinne geschärft, wenn ich ganz oben oder ganz unten bin – also mehrere Tausend Meter über dem Meeresspiegel oder einige Meter darunter. Um mir eine neue, mir vollkommen unbekannte Welt erschließen zu können, habe ich vor ungefähr 25 Jahren den Tauchschein gemacht und bin seitdem in einige der sieben Weltmeere abgetaucht. Vollkommen auf das Betrachten ausgerichtet zu sein, kann für mich eine tiefgehende Erfahrung sein. Vom scheinbar unendlichen kühlen Blau umgeben, verlangsamt sich die Welt. Staunend bewundere ich dann das mich tragende und umhüllende maritime Universum. Anmutige Mantarochen sah ich über mich hinweg schweben, ich tauchte durch riesige, silbrige, das Sonnenlicht reflektierende Thunfischschwärme, versuchte an pfeilschnellen Pinguinen dranzubleiben, beobachtete Meeresschildkröten, kam verspielten Robben nahe, die mit ihren scharfen Zähnen übermütig an den Taucherflossen rissen, erkundete versunkene Schiffswracks und tauchte durch riesige Höhlen im Dschungel. Manchmal war das Wasser warm wie in der Badewanne, manchmal zitterte ich trotz eines dicken Neoprenanzuges.

Und was für eine Gänsehaut hatte ich, als ich zum ersten Mal mit Haien tauchte. Riesige Hammerhaie tauchten vor den Galapagosinseln im Blau des Pazifiks aus der Dunkelheit auf. Ich schaute sie gebannt und wie hypnotisiert an. Ich weiß noch, dass ich damals nichts denken konnte. Das Kräfteverhältnis war eh klar. Es blieb Demut. Und Dankbarkeit, mit ihnen zumindest für einige Minuten am gleichen Ort sein zu dürfen. Was die Tiefe und die Höhe (davon später mehr) eint, ist, dass sie schwer zugänglich sind. Wenn man sich entlegene Orte erarbeitet, gewinnt man allein dadurch eine andere Form des Respekts.

Respekt

Meine Tochter Zoe ist im Herbst geboren, und ich kann mich noch genau erinnern, wie ich mit ihr – als sie rund ein halbes Jahr alt war – bei den ersten wärmenden Sonnenstrahlen in den Park des Berliner Schlosses Charlottenburg ging: der erste Frühling im Leben meiner Tochter! Ich war aufgeregt.

Nach dem Grau des Winters leuchteten die von der Sonne beschienenen Grashalme satt. Ich nahm Zoe aus dem Kinderwagen und legte sie vorsichtig auf die Wiese. Der Wind bewegte zart die Halme. Zoe schaute neugierig auf das helle Gras. Sie sah fasziniert aus. Ich war gerührt und sagte: »Das ist Gras, mein Engel«, und fühlte mich etwas einfältig aufgrund dieser nicht gerade überkomplexen Aussage. Aber der Anblick meiner Tochter, die auf der ersten Wiese ihres Lebens über das grüne Meer der für sie nicht gerade kleinen Grashalmen blickte, bewegte mich. Natur, die Natur entdeckt. Ein kleiner Mensch, der alles zum ersten Mal sieht! Was ging vor in ihren Synapsen? Was sah sie? Was hörte sie? Was roch sie?

So sehr mich Zoes erste halbwegs bewusste Begegnung mit der Natur rührte, so sehr hat mich ihr Verhalten bei Ausflügen in die Natur manchmal irritiert. Natürlich wusste ich, dass sie sich als gebürtige Berlinerin in der Stadt vertrauter bewegt als im Wald, trotzdem ärgerte es mich immer mal wieder, wenn ich sah, wie sie demonstrativ – so empfand ich es zumindest – angeekelt war, wenn sie auf Insekten und Schnecken traf. Ich hatte in diesen Momenten das Gefühl, es nicht geschafft zu haben, mein Kind naturverbunden zu erziehen, das Gefühl versagt zu haben, sie in ihrer natürlichen Neugier auf das Leben richtig zu begleiten.

Manchmal schämte ich mich für mein hartes Urteil. Wenn sie – so wie viele andere kleine Mädchen auch – beim Anblick eines für sie offenbar ekelhaften Tieres aufschrie, fiel es mir schwer, Zoes »Verzweiflung« ernst zu nehmen. Ich hatte Probleme damit, diese schrillen Töne als genuin und authentisch wahrzunehmen. Kreischt man wirklich aus tiefstem Herzen, wenn man einen Tausendfüßler, eine Nacktschnecke, oder eine Spinne sieht? Ist das nicht vielmehr gesellschaftlich anerzogenes Verhalten?

Gleichzeitig war ich mir darüber im Klaren, dass das Ideal von meinem Kind als vollkommen freies, unvoreingenommen liebendes, furchtloses und allem und jedem gegenüber aufgeschlossenes Wesen in der Natur nur eine romantische Vorstellung war. Mein naiver Wunsch. Eine Projektion. Meine Sehnsucht nach dem natürlichen Gleichgewicht der Dinge – oder vielleicht eher nach einem über- oder unnatürlichen Zustand. Denn ist es nicht natürlich und (überlebens-)wichtig, sich vor manch Unbekanntem in der Natur zu ekeln und zu fürchten? Es ist natürlich, sich eine vermeintlich ursprüngliche Welt zu wünschen, in der alle Dinge in Balance sind und ihren Platz haben und alle Kreaturen permanent neugierig aufeinander sind, alle Tierchen sich verliebt beschnuppern und sich einfach freuen, zu sein. Ist es nicht eine illusorische Vorstellung, dass meine Tochter in der Natur eine nie endende Party der Neugier feiert, weil sie permanent beeindruckt ist von der Schönheit und dem Zauber der Flora und Fauna? Als würde sie in jedem Moment jubilierend und aus tiefstem Herzen dankbar sein und mir – eine kleine Harfe spielend – engelsgleich ins Ohr flöten: »Danke, Papa, dass du mir die Natur nahegebracht hast. Die Natur in all ihrer Mannigfaltigkeit, der ich ja selbst entspringe und die mich auf so wundersame Art und Weise durchfließt. Juchhei!«

Soweit ich mich erinnern kann, habe ich als Kind beim Anblick von Kriech- und Schleimzeug nicht lauthals »Iiihh« gerufen. Aber ich habe anderes gemacht. Ich habe Schlimmeres gemacht. Ich habe Tiere gequält.

Ich war mit meiner Mutter, einer Freundin meiner Mutter und deren Sohn, der ungefähr so alt war wie ich, in Holland. Am Meer. An den Namen des Jungen kann ich mich nicht mehr erinnern. Aber ich weiß noch genau, dass er Sommersprossen und rotblonde Haare hatte und fast einen Kopf größer war als ich. Ein weißer Spargel. Mit ihm baute ich neben unserem Reetdach-Häuschen am Strand einen kleinen Garten, eine Art Mini-Bonsai-Paradies aus Blättern, Stöckchen, Steinchen und kleinen Wegen. Wir fanden diese kleine von uns erschaffene Welt gut, aber irgendwie auch ein bisschen langweilig. Wir brauchten etwas, das sich bewegt. Wir entschieden uns für träge bienenartige Insekten, die nicht stachen, wenn man sie griff. Trotz aller Trägheit neigten sie doch dazu, unsere schöne neue Welt verlassen zu wollen. Also entschieden wir uns kurzerhand dafür, ihnen die Flügel abzureißen. Die kleinen Racker blieben nun und liefen über unsere Wege, so wie wir es uns vorgestellt hatten, auch wenn sie etwas desorientiert wirkten. Wir waren zufrieden – und sahen, dass es gut war. Da war, bis unsere Mütter kamen, kein schlechtes Gewissen.

Ein paar Jahre später, ich war neun oder zehn Jahre alt, war ich mit meinem Vater und meiner kroatischen Stiefmutter im Sommerurlaub in Jugoslawien, im heutigen Kroatien. Mein Vater hatte ein kleines Häuschen mitten in der Natur gemietet, irgendwo bei den Plitvicer Seen. Das einfache Haus und die Umgebung waren wunderschön. Es gab weit und breit keine

Nachbarn, kein weiteres Haus, nur uns, und ich empfand es als wahnsinnig aufregend, alleine in der Natur unterwegs zu sein. Allerdings war ich kein unerschrockener Abenteurer wie meine Vorbilder Tom Sawyer und Huckleberry Finn. Ich zog zwar meine Kreise, blieb aber immer in der Nähe des Hauses. Irgendjemand hatte mir erzählt, in Jugoslawien gäbe es Schlangen, giftige Schlangen! Nur bekleidet mit meiner Badehose, meinen Gummistiefeln und meinem am Gürtel baumelnden Fahrtenmesser streunte ich durch die üppige Natur. Ich war bereit zuzustechen, hatte aber zugleich eine diffuse Angst vor dem Fremden, dem Gefährlichen, dem Unkalkulierbaren. Aber das aufregende Gefühl, an der Grenze der Zivilisation zur Wildnis alleine unterwegs zu sein, war stärker.

Es geschah jedoch – nichts. Absolut nichts. Ich drehte tagein, tagaus meine Runden, bekam aber kein einziges gefährliches Tier zu Gesicht, nicht mal eine Blindschleiche. Mein Vater, ob er nun meine Frustration spürte oder nicht, zeigte mir eines Morgens ein großes, spinnenartiges Insekt. Er wies mich auf die beeindruckend langen Beine hin, erklärte mir dann noch dieses und jenes, was mich in dem Moment jedoch nicht die Bohne interessierte. Als er mit seinen Ausführungen fertig war, richtete ich mich auf und trat das Tier tot.

Mein Vater war zu schockiert, um auszurasten. Es war allerdings auch nicht nötig. Ich wusste im selben Moment, dass das, was ich gerade getan hatte, absolut nicht in Ordnung war. Mein Vater schaute mich ungläubig an, fing an, wütend auf mich einzureden und mich überkam ein ähnliches Gefühl wie damals am Strand in Holland. »Was ist los mit dir? Was stimmt nicht mit dir? Hast du einen Knall?« Ich schämte mich.

Muss man Natur lernen? Muss man Demut vor etwas Lebendigem, der Schöpfung erlernen? So wie man Achtsamkeit, Sensibilität und soziale Konventionen lernen muss? Eigentlich würde ich diese Fragen gerne mit Nein beantworten. Dieser Respekt vor allem Leben sollte doch eigentlich in jedem von uns von Geburt an drinstecken und nicht erst mühevoll über Jahre kultiviert werden müssen. Aber zumindest für mich galt das offenbar nicht. Ich musste mich dem Unbekannten langsam annähern. Ich musste die Natur erst begreifen und erfühlen, um ihr wirklich nah sein und sie ehren zu können.

Meine ersten Erfahrungen mit Natur und Bergen (aus heutiger Sicht müsste ich eher Hügel sagen) sammelte ich im Siebengebirge am Rhein. Meine Mutter kam aus Niederholtorf, einem Dorf bei Bonn. Ich liebte es, mit meiner Mutter ihre Familie zu besuchen. Sie war die Einzige aus ihrer sehr katholischen Familie, die der Enge des Dorfes entflohen und nach West-Berlin gezogen war, um dort Lehramt zu studieren.

Später waren die Fahrten nach Niederholtorf meine ersten Reisen allein, viele Stunden mit dem Zug durch die damalige DDR und die alte BRD. Ich als gefühlt einzig alleinreisendes Kind unter lauter Erwachsenen. Cool!

In Niederholtorf hatte mein Opa Hannes eine Bäckerei. Der Geruch von frisch Gebackenem ist für mich seitdem einer der schönsten Gerüche der Welt. Und ich durfte sogar in die Backstube hinter dem Tresen, sozusagen Backstage. Es war meine erste VIP-Erfahrung. Ich kannte jemanden, der dort etwas zu sagen hatte, schließlich gehörte meinem Opa der Laden.

Und ich liebte die Spielabende mit meinen Cousins, meiner Tante und meinem Onkel. Zuhause spielte ich nur sehr selten mit meinen Eltern. Aber meine Oma arbeitete in Bonn bei »Spiele König«, saß also direkt an der Quelle und brachte oft die neuesten Spiele mit.

Spielen wurde bei meiner Familie am Rhein sehr ernst genommen, trotzdem oder gerade deshalb ging es dabei laut und leidenschaftlich zu. Besonders gut erinnere ich mich an Scotland-Yard- und Sagaland-Partien, bei denen man die kleinen grünen Plastik-Tannen auf dem Spielfeld umdrehen musste, um sich die darunter verborgenen Symbole zu merken.

Aber noch mehr als die Plastikbäume auf dem Spielfeld liebte ich die echten Bäume an den Hängen des Siebengebirges. Am tollsten fand ich den Drachenfels. Von dort oben sah ich den Rhein sich groß und breit durch die sanft hügelige Landschaft schlängeln. Und hier erzählte mir meine Tante Dorothee die Legende vom Rheingold und Siegfried, der den Drachen erschlagen haben soll, in dessen Blut er badete, um unverwundbar zu werden. Während ich als kleines Kind gebannt dieser Sage lauschte, konnte ich nicht ahnen, dass ich über 20 Jahre später selbst in »Die Nibelungen« den Siegfried spielen würde.

Wenn im Frühjahr die Kröten- und Froschwanderungen in vollem Gange waren, trugen mein Onkel Günter, meine Cousins und ich die Tiere auf die andere Seite der Landstraße, damit sie sicher zu ihren Laichgebieten gelangen konnten und hofften, dass sie den Rückweg ohne unsere Hilfe überleben würden. 35 Jahre später machte ich das gleiche mit meiner Tochter und meinem besten Freund Binali in Costa Rica, als Zoe dort ein halbes Jahr zur Schule ging.

Im Siebengebirge kletterten meine Cousins und ich auf Hochsitze, wetteiferten, wer den schönsten Stock fand und versuchten Tierspuren zu identifizieren. Für mich war dieses Dorf, umgeben von Wäldern, heile Bilderbuch-Welt, das andere Deutschland. Die Natur war hier so nah. Man ging aus dem Haus und war mittendrin, es war so anders als zu Hause in Kreuzberg, wo das Natürlichste, was man unmittelbar vor der Haustür fand, Hundehaufen waren.

In Niederholtorf fütterte ich mit meiner Oma Änne den Bussard in ihrem Garten an. Wir legten klein geschnitten Pansen auf einen Baumstumpf und zogen uns zurück. Wir mussten nicht lange warten, bis der Vogel erschien und sich vom Himmel stürzte.

Zu Ostern versteckte mein Opa Hannes im Garten Eier. Erst wenn es knackte, wusste man, dass man eines gefunden hatte, denn er hatte die seltsame Angewohnheit, die hart gekochten Ostereier unter ausgestochenen Grassoden zu verstecken. Ich habe es nicht ein Mal geschafft, ein heiles Ei in der Hand zu halten.

Das Leben in Niederholtorf war so, wie ich es sonst nur aus Kinderbüchern kannte. Es war mein persönliches Bullerbü. Hier konnte man sein Fahrrad überall unabgeschlossen stehen lassen, und auf der Straße grüßte jeder jeden freundlich.

Berlin war anders. Meine Grundschule war am Hermannplatz in Neukölln, und auf meinem Schulweg, dem Kottbusser Damm, kamen mir morgens schon die ersten Besoffenen aus dem

»Blauen Affen« entgegen. Hätte ich mein Fahrrad in der Schule nicht angeschlossen, hätte ich 100-prozentig nach Hause laufen können.

Liegt meine heutige Naturverbundenheit daran, dass ich als Kind immer wieder durch die Wälder im Siebengebirge gestreift bin? Oder liegt es an den Falken?

Als Kind war ich bei den »Falken«, einem Kinder- und Jugendverband, der aus der Arbeiterbewegung hervorgegangen war und sich für die Verwirklichung des Sozialismus einsetzte. Aber das war mir ehrlich gesagt ziemlich schnuppe. Als Kreuzberger Etagenwohnungs-Kind ging es mir vielmehr darum, dass man mit den Falken raus in die Natur konnte. Unsere Gruppe hieß »Lila Wolke«. Wir verbrachten Wochenenden im Wald, schnitzten Holzmesser und batikten Halstücher. Abends schmetterten wir am Lagerfeuer zur Gitarre »Gebt Sacco und Vanzetti frei!«, ein Lied des linken Liedermachers Franz Josef Degenhardt. Auch wenn es sich gut anfühlte, am Lagerfeuer aus Leibeskräften gegen die Ungerechtigkeit der Welt anzusingen, viel interessanter waren damals für mich die Naturerlebnisse und die ersten zarten Kontakte zu Mädchen. Beim verqueren und hilflosen Versuch, eine Annäherung ans andere Geschlecht herzustellen, legte ich der schönen Johanna eine tote Maus in den Schlafsack und freute mich diebisch, als ich beim ins Bett gehen ihren spitzen Schrei hörte.

Als Zoe klein war, bin ich mit ihr so oft wie möglich in die Natur gegangen, wesentlich häufiger als meine Eltern mit mir. Und trotzdem war da oft dieses »Iiihh«.

War mein Onkel Günter für mich der bessere Natur-Lehrer als ich für meine Tochter? Oder war ich genauso brauchbar? Nur, dass hier kein verzerrtes Bild von Zoe entsteht: Sie liebt die Natur. Sie hat einen mikroskopischen Blick selbst für die allerkleinsten Blumen, wir haben stundenlang zusammen Muscheln gesammelt, Staudämme in trüben Bächen errichtet und Höhlen im Wald gebaut, während die Stunden verflogen. Zoe und ich hatten immer Spaß, wenn wir zusammen draußen waren, auch wenn ich Zoe – durch und durch Stadtkind – jedes Mal, wirklich *jedes* Mal, überreden musste, mit mir in die Natur zu kommen.

Manchmal, wenn Reden nichts mehr half, habe ich die Reformpädagogik mit ihrem Selbstbestimmungsrecht des Kindes Reformpädagogik sein lassen und bestimmt: »Jetzt geht es in den Wald!« Ich tat es ohne schlechtes Gewissen, denn ich wusste: Sobald Zoe erst mal raus aus der Stadt war, würde die Natur mit all ihrem Zauber und ihren Überraschungen sie wieder in ihren Bann ziehen.

Günter war Chemiker. Er verstand die oft unsichtbaren Abläufe in der Natur und konnte sie plastisch und nachvollziehbar beschreiben. Ich lernte viel und hatte viel Spaß, wenn er mir im Wald erklärte, was die Welt im Inneren zusammenhält. Ich weiß, dass Günter damals mehr über die Natur wusste, als ich je wissen würde. Trotzdem habe ich mich bemüht, für Zoe der Mensch zu sein, der Günter für mich war. Der Mensch, der einem die Natur, soweit er es kann, erklärt und näherbringt und das Ganze mit jeder Menge Spaß und Lust auf mehr.

»Wenn ich durch die Natur wandere, habe ich oft das Gefühl, tiefer in meine Existenz zu rutschen.«

Bewahrung

Ich war einmal unterwegs in Assam, im Norden Indiens, am Fuße des Himalayas. Ich saß mit Vaivav, einem jungen Travelguide, der sich »Green Tourism« auf die Fahnen geschrieben hatte, in einer nachlässig zusammengezimmerten Bretterbude. Wir warteten auf die Fähre, die uns nach Majuli, eine der größten Flussinseln der Welt im gewaltigen bis zu zehn Kilometer breiten Brahmaputra-Strom bringen sollte. Als der Kellner den heißen und unglaublich süßen Chai brachte, fegte er mit einer Bewegung seines angewinkelten Unterarms die leeren Plastikbecher vom Tisch, die zu ihren Kollegen auf den Boden fielen. Ich musste über seine lässige Nonchalance und über die in Indien weitverbreitete Achtlosigkeit in Bezug auf Verschmutzung des unmittelbaren persönlichen Umfelds lachen. Pragmatismus in einem Land ohne funktionierende Müllentsorgung. Der eigene Körper wird gepflegt wie ein Tempel, der ihn umgebende Raum oft nicht.

Nach drei Chais war die abenteuerlich überladene Fähre endlich zum Ablegen bereit. Wir stellten uns an die Reling und noch bevor wir 30 Meter vom Ufer entfernt waren, kam ein Chai-Wala, einer der in Indien allgegenwärtigen Teeverkäufer. Aus riesigen verbeulten, blechernen Teekesseln für umgerechnet wenige Cents servieren sie köstlichen aus Wasser, Milch, Schwarzem Tee, Zucker, Kardamom und anderen Gewürzen aufgebrühten Tee. Jeden Tag Millionen von belebenden Kalorienbomben in kleinen Plastikbechern. Während er vom Chai nippte, erzählte Vaivav mir begeistert von der unberührten Natur in Arunachal Pradesh im äußersten Norden Indiens, wo wir in zehn Tagen sein würden. Während er mir mit leuchtenden Augen seine Vision, mehr Reisende für verantwortungsvollen

Ökotourismus zu begeistern, erklärte, schmiss er seinen mittlerweile leeren Teebecher achtlos über Bord. Ich blinzelte. Hatte ich das gerade tatsächlich gesehen? Hatte der Ökotourismus-Guide gerade vor seinem Kunden einen Plastikbecher in den vielen Indern heiligen Fluss geworfen? »Hast du das gerade wirklich gemacht?«, fragte ich Vaivav. »Was?« »Deinen Plastikbecher in den Fluss geworden.« »Ja. Warum?«, fragte er völlig arglos. »Findest du es nicht ironisch, Müll in den Fluss zu werfen, während du über Ökotourismus sprichst?«, fragte ich fasziniert. »Aber was hätte ich denn mit dem Becher machen sollen?«, fragte mein Reiseführer scheinbar ohne das geringste Schuldbewusstsein. »Ihn mit auf die Insel nehmen und dort entsorgen«, war mein naheliegender Vorschlag. Er lachte. »Dann hätten die Leute ihn dort in den Fluss geworfen.« Ich verstand das Dilemma. Das Problem fand auf einer höheren Ebene statt. Trotzdem: Ich fand (und finde) es falsch, dass jemand (vor allem ein Ökotourismus-Guide) Müll in einen Fluss schmeißt. Selbst wenn wir das Gefühl haben, dass unser Beitrag in einem größeren System verschwindend gering ist, sollte dies kein Alibi für Resignation sein. Wenn weiterhin alle Menschen ihren Müll in den Fluss werfen, entsteht kein Handlungsdruck, endlich eine nachhaltigere Form der Entsorgung zu etablieren. Einer musste anfangen, einer musste mit gutem Beispiel vorangehen. Warum nicht Vaivav, warum nicht ich, warum nicht jeder von uns? Fängt nicht jeder Wandel mit der eigenen Geisteshaltung, der eigenen Selbstkultivierung an?

Ein ähnliches Erlebnis hatte ich ein paar Jahre später in Peru. Nach einer anstrengenden Trekkingtour auf dem Huayhuash-Trail war ich mit einem von einem Außenbordmotor angetriebenen Kahn, der im peruanischen Dschungel *das* Transportmittel für Mann und Maus ist, auf dem Weg zur sagenumwobenen Inka-Ruinenstadt Machu Picchu unterwegs. Unser Boot glitt durch das warme Wasser des Urubambas, und ich schaute durch den scheinbar undurchdringlichen und so intakt wirkenden Dschungel, von dem ich wusste, dass in ihm einige der größten Kokain-Plantagen der Welt versteckt sind. Da bekam ich mit, dass die anderen Passagiere ihre leeren Bierdosen und Chipstüten einfach in den unter uns hinweggleitenden Fluss warfen.

Ich sagte meinem einheimischen Reisebegleiter Marco, dass mich diese Respektlosigkeit gegenüber der Natur überall auf der Welt immer wieder schockiert. »Du hast recht, Benno. Das geht so nicht«, pflichtete Marco mir bei, stellte sich an die Spitze des Bootes und bat mit lauter Stimme um Aufmerksamkeit. »Mein deutscher Freund hier«, Marco zeigte auf mich, »ist echt schockiert, dass ihr euren Müll einfach so über Bord werft.« Ich rutschte etwas tiefer in meinen Sitz. Ich war der einzige Tourist an Bord. Wie würden die anderen Passagiere auf den Schlaumeier aus Deutschland reagieren? Es folgte eine flammende Rede, dass jeder Einzelne von uns mit seinem Tun und Unterlassen Verantwortung für die Bewahrung des Dschungels übernehmen müsse. Nachdem Marco sein Plädoyer beendet hatte, vernahm ich Rufe der Zustimmung, und Hände, die eben noch Müll in den Fluss geworfen hatten, klatschten jetzt Beifall.

Mit Marco war ich noch ein paar Tage auf dem Wasser unterwegs. Und immer, wenn jemand Müll über Bord warf, wiederholte er seinen leidenschaftlichen Appell für Umweltschutz und Eigenverantwortung. Ich war beeindruckt. Ich glaube, dass dieser große Peruaner noch heute Spuren hinterlässt und das Feld nicht der Bringt-doch-eh-alles-nichts-Hoffnungslosigkeit überlässt.

Ekel

Bei aller tief empfundenen Bewunderung des Schönen und Unergründlichen in der Natur: Ich muss zugeben, auch meine Naturliebe und Verbundenheit stößt immer wieder an Grenzen. Immer wieder bin ich fasziniert, wie hässlich ich Natur finden kann. Aber wer kann schon guten Gewissens von sich behaupten, dass sie oder er einen Nacktmull, eine Stadttaube oder Hyänen wirklich schön findet? Oder Kiefernwälder – in ihrer Trostlosigkeit unübertroffen. Zumindest, wenn sie, wie rund um Berlin, in Monokulturen wachsen, sind sie mir ein wahrer Gräuel. Dunkel, eintönig, trist und Hoffnungslosigkeit verbreitend, lösen sie bei mir immer sofort das Gefühl aus, am falschen Ort zu sein. Mich ergreift dann ein Fluchtinstinkt.

Selbst auf einer Wiese kann meine Liebe zur Natur schnell an ihre Grenzen stoßen. All das Krabbelzeugs, die aktiven vielbeinigen Akteure reichen, um mich in den Wahnsinn zu treiben, mir meine innere Balance mit sofortiger Wirkung um die Ohren fliegen zu lassen. Immer wieder lädt mich der saftig grüne Grasteppich ein, mich auf ihn zu legen, zu verweilen, mich auszuruhen. Und genauso oft gebe ich in kürzester Zeit wieder auf. Weil die anderen mehr sind, die Plagegeister in der Überzahl. Das Gefühl, verschwitzt kleine Wesen auf mir spazieren gehen zu spüren, empfinde ich als extrem unangenehm, als übergriffig und respektlos, bis hin zu dem Punkt, dass ich wider besseres Wissen das Gefühl habe, die kleinen Wesen versuchen bewusst, mich fertig zu machen, mich in den Irrsinn zu treiben.

Ameisen stören mich immens mit ihrem rastlosen Gerenne, allerdings fühle ich mich von ihnen selten persönlich gemeint. Sie sind einfach nur hyperaktiv, und der Preuße in mir respektiert sie für ihren Fleiß und ihre Emsigkeit. Und das Wissen, dass sie mit ihren kleinen Beinchen das Hundertfache ihres Körpergewichts tragen können, verblüfft mich. Obwohl sie mich so nerven, beobachte ich sie gerne bei spektakulären Kraftakten.

Auch Fliegen sind wahnsinnig anstrengend. Nur dazu geboren, unsere Nerven zu strapazieren, hören sie nicht auf, unsere Privatsphäre gezielt zu stören, bis wir hysterisch und cholerisch um uns schlagend, dem Wahnsinn nahe, zappelnd und fluchend durch die Gegend springen und entschieden sind, dem Spuk ein für alle Mal ein Ende zu bereiten – was so gut wie nie gelingt.

Oft verfalle ich in einen würdelosen, präpubertären Machtkampf mit meinem Gegner. Wenn eine Fliege mich oder mein Essen immer wieder attackiert hat, und ich sie genau so oft verscheucht habe, fahre ich fort, um mich zu schlagen, um so meine Macht zu konsolidieren oder zumindest zu simulieren. Ich versuche dann, in mein ganzes Auftreten, die Ausstrahlung eines souveränen Feldherrn zu legen, mit dem der Krieg nur im Fiasko enden kann und dessen Willensstärke und Überlegenheit so groß sind, dass das Spiel mühelos den ganzen Tag weitergespielt werden kann. Selbst wenn ich gar keinen Hunger mehr habe, gebe ich meine Essensreste nicht her, wedele in regelmäßigen Abständen über den Rest des belegten Brotes, habe keine Lust, auch nur einen Krümel mit den nervigen Plagegeistern zu teilen. Es geht mir dann schon lange nicht mehr ums Brot, sondern nur noch ums Prinzip. Zwischen Fliegen und mir hat sich in den letzten fast 50 Jahren einfach zu viel aufgestaut. Zu viele romantische Dinner haben sie mir schon verdorben, zu viele Picknicks verleidet, zu viele Nächte verkürzt.

Womit ich beim nächsten Delinquenten wäre: der Mücke. In der Nacht ist sie – vielleicht abgesehen vom Löwen – das Tier, mit dem Unheil verheißendsten Klang der Welt. Ihr Surren ist so leise und dennoch so unerträglich und nervtötend, wenn es fein wie ein Laser den Frieden der Nacht zerschneidet und in seiner Zartheit eine irrsinnige Präsenz entfaltet, die man nicht ausblenden kann. Nicht umsonst gibt es das afrikanische Sprichwort: »Wenn du denkst, du seist zu klein, um etwas zu bewirken, dann hast du noch nie die Nacht mit einer Mücke verbracht.« Eine einzige Mücke reicht, um aus einem behaglichen Refugium einen Ort der Bedrohung, der Verzweiflung und der Schlaflosigkeit zu machen. Das Wissen, dass sie in vielen Regionen der Welt potenziell tödliche Krankheiten wie Malaria oder Dengue-Fieber überträgt, macht die Sache nicht besser. Dennoch reagiere ich nachts auf Mücken viel fatalistischer als auf Fliegen am Tag. So wenig ich bei Fliegen klein beigebe, so sehr gebe ich mich nachts der Mücke hin. »Stich mich! Nimm, ich gebe dir. Ich bleibe trotz deines nahenden Summens ruhig liegen und biete mich dir feil!«, habe ich schon oft gedacht. Ich glaube, ich tue es in der schon so oft widerlegten Annahme, dass das winzige Tierchen – oder ist da etwa doch mehr als eine Mücke im Raum? – nach einem kräftigen Schluck aus meiner Blutbahn doch satt und zufrieden sein müsste und endlich wieder Ruhe herrscht. Mittlerweile weiß ich: Mücken sind nie zufrieden. Sie können den Hals einfach nicht voll genug kriegen. »Was willst du denn noch? Willst du an mir saugen, bis ich leer bin? Deine Augen sind größer als dein Mund, du kleines Arschloch«, möchte ich dann in die Stille der Nacht schreien.

Das Stichwort »Stich« bringt mich zur Nummer drei auf meiner Most-hated-Liste: die Wespe! In der Durchgeknalltheit ihrer geistesgestörten Flugmanöver ungeschlagen, ist sie die gelb-schwarz-gestreifte Königin der Nervensägen, weil sie mit ihrem Stachel auch noch eine konstante Gefahr ausstrahlt. Kinder fangen hysterisch an zu schreien, wenn sie sich im Zickzack-Flug nähert, und Eltern reden ihren Kleinen dann – mal mehr, mal weniger überzeugend – ein, dass sie einfach nur ruhig sitzen bleiben müssten und dass dann schon nichts passieren werde. Auch ich hatte Zoe das oft gesagt, aber sie fand meine Aussage in etwa so glaubwürdig wie meine Prophezeiung, Löwen würden niemals andere Tiere quälen (dazu später mehr). Einerseits fand ich es übertrieben, wenn sie beim Anblick einer Wespe über dem Frühstück auf der Terrasse eines Berliner Cafés in Todesangst zu wimmern begann. Anderseits müssen die zwei, drei Stiche ihres Lebens ihr in schlimmer Erinnerung geblieben sein. Als Kind hatte ich einen ganz eigenen Ansatz der Schmerzprävention. Im Prinzenbad in Kreuzberg versuchte ich am Mülleimer mit Stöcken oder Handtüchern möglichst viele Wespen totzuschlagen. Ich war mir sicher, dass ich der Welt im Dezimieren der gestreiften Teufel etwas Gute täte. Das Wort Insektensterben hatte es vor über 40 Jahren noch nicht in den Duden, geschweige denn in mein Bewusstsein geschafft.

Die Nummer vier auf meiner Liste hatte schon immer und nicht nur bei mir einen schlechten Leumund: die Kakerlake. Als Zoe neun Jahre alt war, war ich mit ihr für zehn Tage in New York. Wir wohnten in Manhattan, in der kleinen Wohnung eines Freundes, der gerade auf Reisen war. Ein Wohn- und Esszimmer, ein Schlafzimmer mit einem Kingsize-Bett. Darin schliefen wir, als ich spürte, dass etwas über meinen Körper krabbelte. Ich griff hin und hatte etwas großes Feuchtes und Gepanzertes in der Hand, das sogleich versuchte, sich zu entwinden. Auch wenn es stockfinster war, wusste ich sofort, dass Zoe und ich unser Bett mit Kakerlaken teilten. Wie vom Blitz getroffen, schoss ich hoch und fing an, wie ein Berserker mit der flachen Hand auf die Decke einzudreschen. Meine Tochter, zeitgleich auf den Beinen, schrie: »Was ist da, Papa? Was ist da?« Ich lüftete die Decke und sah, dass ich das Vieh erwischt hatte. Es sah nicht schön aus. Die Kakerlake war so groß wie ein Taschenmesser. Beim Schreiben habe ich Kakerlake mal gegoogelt und Wikipedia verriet mir, dass bei Kakerlaken zwischen der Deutschen Schabe, der Gemeinen Küchenschabe und der Amerikanischen Großschabe unterschieden wird. Wir hatten es in New York eindeutig mit einer Amerikanerin zu tun. Auf Wikipedia lernte ich auch, dass Kakerlaken in großen Gruppen leben, ein Schabenbefall »meist invasiv« verläuft, die Viecher jegliches organisches Material fressen und jede Menge Krankheitserreger übertragen, von denen ich nur Salmonellen und den Bandwurm kannte, aber die anderen klangen auch nicht besser. Außerdem weiß Wikipedia, dass der Kakerlakenbefall meist so massiv ist, dass nur eine professionelle Bekämpfung mit Gift Erfolg versprechend ist. Falsch ist jedoch die urban legend, dass sie einen Atomkrieg überleben würden, auch wenn sie radioaktive Strahlung deutlich besser verkraften als der Mensch. Aber das hätte Zoe damals in New York wohl kaum beruhigt.

Damals dachte ich, dass es meiner Tochter die Angst nehmen würde, wenn ich den toten und zerquetschen Parasiten, der klebrig in meiner Hand lag, wie ein mittelmäßig begabter Zauberer verschwinden lassen würde. Aber Zoe ließ sich nichts vormachen. »Papa, was ist in deiner Hand?«, schrie sie. »Nichts«, antwortete ich wie ein durchschauter Magier. »Lass uns weiterschlafen!« »Mach die Hand auf, Papa!« schrie Zoe. »Nee«, war alles, was ich intellektuell in meinem Zustand zwischen Müdigkeit und Ekel auf die Reihe kriegte und dann faselte ich irgendetwas von einem Käfer, der wohl durchs Fenster gekrabbelt sei. »Glaub ich nicht. Dann zeig ihn doch«, sagte Zoe. Doof wie ich war, öffnete ich kurz meine Hand. Zoe fing an, wie wild mit den Füßen auf den Boden zu trampeln und stieß einen Mark und Bein durchdringenden Klagelaut aus. »Zoe! Hör auf! Sei leise! Es ist mitten in der Nacht. Die Nachbarn!«, hörte ich mein überfordertes Ich sagen.

»Papa, bitte lass uns hier weg, bitte lass uns in Hotel.« Bei Zoe ging es mittlerweile um Leben und Tod. »Nein, Zoe! Das ist albern. Wir gehen nicht in ein Hotel. Es ist einfach irgendwas durchs Fenster geflogen. Ich mache jetzt das Fenster zu, schmeiße das Ding weg, und wir gehen wieder ins Bett!« Ich ging zum Mülleimer in der Küchenzeile und ließ das Vieh aus meiner Hand gleiten, als Zoe flehte: »Papa, lass uns ins Hotel gehen. Ich bitte dich von Herzen! Bitte!« Mit »Ich bitte dich von Herzen« kriegt Zoe mich fast immer rum, und sie weiß das. Dieses Mal nicht. Ich wechselte das Laken und stopfte mit dem alten den Fensterspalt zu. Erst als der Morgen anbrach, hörte ich Zoes tiefen, regelmäßigen Atem.

Nummer sechs: die Motte. Es gibt kein Tier, das mir solch eine Schnappatmung beschert wie die Motte. Sehe ich sie fliegen, beschleunigt sich mein Herzschlag und ich springe wie ein Irrer händeklatschend durch meine Wohnung. Diese kleinen Ratten wissen auch, was gut ist. Die billige Wolle rühren sie nicht an, sie machen sich lieber über den teuren Kaschmirpulli her. Sie mögen die Salzkristalle des menschlichen Schweißes. Ungeliebte, ungetragene Stücke sind deshalb weniger in Gefahr, die Motten knöpfen sich lieber die viel getragenen Lieblingsteile vor – und daher kommt der Hass.

Dunkle staubige Flecken von erschlagenen Motten zierten mehr oder weniger jede Wohnung, in der ich je gelebt habe. An einem gewissen Punkt setzte mein Umweltbewusstsein bei Motten schließlich aus. Nachdem ich von Lavendel bis Zedernholz alle ökologischen Anti-Motten-Mittel ausprobiert hatte, wählte ich die Nummer einer Schädlingsbekämpfungsfirma. Nichts mit Bio. Der gute Mann zog sein Ganzkörperkondom an und ließ die Chemokeule sprechen. Er sprühte und spritzte das Gift durch die Räume, dass es nur so krachte. Ich sollte 24 Stunden nicht in meine Wohnung. Ich übernachtete auswärts und fand seligen Schlaf in dem Wissen, dass zeitgleich hocheffektiver Kampfnebel in meiner Wohnung wirkte. Ein paar Tage später wiederholte der Kammerjäger die Aktion. Zurück in meiner Wohnung hatte ich etwas Angst, mir die Lungenflügel nachhaltig zu verätzen, aber ich liebte es, jetzt wieder alleine in meinem Wohnzimmer zu sitzen und zufrieden in den chemisch behandelten, mottenbefreiten Raum zu schauen.

Ich finde es schwierig, die Natur im Angesicht von Nervensägen und wirklich hässlichen Viechern zu zelebrieren. Aber müssen wir das? Um das eine schön finden zu können, müssen wir das andere auch hässlich finden dürfen. Es sei denn, wir haben den Zustand der Non-Dualität erreicht, den erwachten Zustand, in dem die Filter von Gut und Böse, hässlich und schön aufgelöst sind. So weit bin ich definitiv nicht.

Ackern

Ich weiß nicht, wie viele Bäume in den letzten 50 Jahren für mich gefällt worden sind. Gefällt, um Platz für Weideflächen zu schaffen, auf denen später Rinder grasten, die ich vielleicht mal gegessen habe. Gefällt, um Platz für Straßen zu schaffen, auf denen ich in den Urlaub gefahren bin. Gefällt, damit ich meine Gedanken zu Papier bringen konnte. Gefällt, damit ich mir die Nase putzen konnte.

Aber ich weiß, dass ich 50 Jahre alt werden musste, bevor ich den ersten Baum meines Lebens pflanzte. Dass ich nach einem halben Jahrhundert vom Zerstörer zum Pflanzer wurde, verdanke ich dem Bergwaldprojekt. Der gleichnamige Verein wurde 1987 von einem Förster aus der Schweiz und einem deutschen Greenpeace-Mann gegründet und hat sich dem Schutz und der Pflege des Waldes, insbesondere des Bergwaldes, verschrieben. In den letzten 35 Jahren hat das Bergwaldprojekt mit mehr als 50.000 Freiwilligen und mehr als 1,5 Millionen Arbeitsstunden in Deutschland, Österreich, der Schweiz, Liechtenstein und Spanien mehr als fünf Millionen Bäume gepflanzt, mehr als 200 Hektar Moore renaturiert und so Zehntausende für die Notwendigkeit des Schutzes der Natur sensibilisiert.

Als ich vom Bergwaldprojekt erfahre, bin ich vom Konzept sofort angetan. Im Wald zu ackern, dazuzulernen, meinen Horizont zu erweitern, dem Klima und gleichzeitig mir, meinem Körper, meinem Geist und meiner Seele etwas Gutes tun, mich zu erden – da habe ich sofort Lust drauf. Ich pflanze mit meinen eigenen Händen Bäume – das finde ich sinnvoll und sinnstiftend.

Auch wenn ich ahne, dass ich niemals so viele Bäume, wie ich mit meinem Lebensstil in den letzten 50 Jahren vernichtet habe, pflanzen kann, will ich in der Natur anpacken. Vor einer Aufgabe zu kapitulieren, nur weil sie einem zu groß erscheint, ist mir zu lahm. Sich körperlich in der Natur zu verausgaben, war für mich immer ein Antidot gegen schlechte Laune. Und genau das würde ich jetzt mit Menschen, denen die Natur auch am Herzen liegt, tun. Ich melde mich für einen Einsatz am Walchensee im bayerischen Voralpenland an.

Als ich im Juli mit dem Zug von Berlin nach München fahre, um von dort weiter an den Walchensee zu reisen, schaue ich auf verdorrte Felder. Es sieht eher aus wie in Griechenland als wie in Thüringen. Der Sommer ist, wie so viele in den letzten Jahren, extrem heiß und extrem trocken. Die vertrockneten Felder machen mich traurig, zugleich spüre ich in mir eine tiefe Sehnsucht nach Erdung, nach Natur.

In Bayern ein paar Bäume zu pflanzen, wird die Welt nicht retten, das ist mir klar. Aber dennoch ist es ein Schritt in die richtige Richtung, etwas Greifbares, es schafft ein winziges Gegengewicht in unserer aus der Balance geratenen Welt.

Dem Gefühl der Hoffnungslosigkeit, dass wir es nicht mehr schaffen, unseren Planeten zu retten, setze ich eine Tätigkeit entgegen, die mich mit der Natur verbindet. Ich beruhige meine Seele durch Verbindung mit dem Leben. Gleichzeitig mache ich die Welt besser. Win-Win. Ich werde im Wald leben, ihm helfen zu gesunden. Das ist mein Plan.

Als ich im beschaulichen Kochel am See aus dem Zug steige, schwadroniert ein offensichtlich betrunkener und wahrscheinlich auch nüchtern psychisch indisponierter Mann vor dem kleinen Bahnhofsgebäude über die Welt. Der Meeresspiegel, so sagt er, werde demnächst um 50 Meter steigen. »Na servus«, denke ich, »direkt im Thema.«

Von Kochel aus nehme ich den Bus. Auf steilen und kurvigen Straßen geht es durch Wälder und an in der Sonne funkelnden Seen vorbei. Bayerische Postkartenidylle. Nach einer halben Stunde steige ich am verabredeten Treffpunkt an einem Waldrand aus. Hier wartet Christoph mit einem geländegängigen roten Mercedes Transporter.

Christoph, graue Haare und blaue Augen, die mit dem Walchensee um die Wette strahlen, ist Förster, einer der drei Vorstände des Bergwaldprojektes, und wird mich und die anderen 15 Teilnehmer in der nächsten Woche bei der Waldpflege anleiten. Er begrüßt mich mit einem warmen und kräftigen Händedruck und einem freundlichen Blick in die Augen. Der sitzt bestimmt, denke ich, der meditiert. Ich mag ihn sofort.

Auf einer schmalen Straße folgen wir ein paar Kilometer dem Ufer des von den bewaldeten Hängen des Voralpenlandes eingerahmten Walchensees, dann biegt Christoph auf eine von Wald und einem ausgetrockneten Bachlauf umgebene Wiese ab. Ich baue mein Zelt auf, dann treffe ich Christoph und die anderen Teilnehmer an einer Blockhütte, in der früher Waldarbeiter untergebracht wurden und die jetzt dem Bergwaldprojekt als Küche und Aufenthaltsraum dient.

Datenbanktechniker, Klimawissenschaftlerin, Lehrer, Physiker, Ingenieur, Manager bei einem Chemie-Konzern, Lehrerin, Bankkauffrau, Umweltingenieurin, Informationstechniker – das Teilnehmerfeld ist bunt. Doch bei der Vorstellungsrunde wird klar, was alle eint. Sie alle machen sich Sorgen um den Zustand der Welt und wollen der drohenden Klimakatastrophe etwas entgegensetzen. Die meisten von ihnen sind Wiederholungstäter, manche von ihnen waren schon bei Dutzenden Freiwilligeneinsätzen dabei.

Als ich an der Reihe bin, sage ich, dass mich die Frage umtreibt, wie wir angesichts des existenziellen Dilemmas, in das wir uns hineinmanövriert haben, die Hoffnung behalten können. Ich sage, dass ich dem Gefühl der Ohnmacht, das mich bisweilen befällt, etwas Konkretes und Greifbares entgegensetzen möchte, auch wenn es nur ein Tropfen auf den heißen Stein ist. Ich sage, dass ich mehr über den Wald lernen möchte und dass ich die Sehnsucht verspüre, der Natur etwas zurückzugeben.

Am nächsten Morgen um sechs Uhr dringt Christophs sanfte und doch klare Stimme durch die Zeltplane und den Nebel des Schlafes an mein Ohr. Ich öffne die Augen. »Guten Morgen, lieber Benno«, sagt Christoph erneut. Ich komme langsam zu mir. Ich weiß es immer zu schätzen, wenn mir jemand einen behutsamen Wechsel aus der Traumwelt in einen den Tag beschert, wenn ich nicht jäh aus der Glückseligkeit des Tiefschlafes gerissen werde.

Nach einer Katzenwäsche an einem mit frischen Bergquellwasser gefüllten ausgehöhlten Baumstamm, gibt es an der Hütte Frühstück. Der Duft von aufgebrühtem Kaffee und frisch gebackenem Vollkornbrot mischt sich mit dem erdigen Geruch des Waldes. Axel, der Bergwald-Koch, ist seit 4.30 Uhr auf den Beinen und hat gekocht und gebacken. Es schmeckt sehr gut.

Nach dem Frühstück stößt Karlheinz (ohne Bindestrich. Ein Mann, ein Name, wie er sagt) zu uns. Der 62-Jährige ist seit 27 Jahren Revierförster am Walchensee. Karlheinz, der sein ganzes Berufsleben im Dienste des bayerischen Freistaates verbracht hat, und Christoph, der sich nach dem Studium gegen die Beamtenlaufbahn im Forstamt und für den Umweltschutz beim Bergwaldprojekt entschieden hat, sind ganz unterschiedliche Typen, und doch – das merkt man gleich – achten und schätzen sie sich sehr. Sie kennen sich seit über 20 Jahren und haben gemeinsam mehr als 50 Projektwochen am Walchensee begleitet.

Auf einem steilen Forstweg fahren wir in Karlheinz' Revier. Rund 300 Meter oberhalb des Sees wartet unser erster Arbeitseinsatz auf uns. An einem steilen Hang sollen wir mit großen Astscheren und Handsägen mit der besonders scharfen japanischen Zahnung Fichten und Buchen fällen. Bäume fällen? Ich bin doch zum Pflanzen gekommen – wieso jetzt die Säge?

Christoph und Karlheinz erklären es uns: Rund ein Drittel der Fläche Deutschlands ist mit Wald bedeckt, rund 60 Prozent davon mit Fichten und Kiefern. Weil sie relativ schnell und gerade wachsen, dominierten sie zuletzt oft in trostlosen Monokulturen die deutschen Wälder. Doch seitdem der Klimawandel mit steigenden Temperaturen und geringeren oder aber drastischen Niederschlägen auch in Deutschland angekommen ist, leiden die flachwurzelnden Nadelbäume. Sie kommen mit den klimatischen Veränderungen nicht gut klar, werden geschwächt von Dürren, immer anfälliger für den Befall von Borkenkäfern und verheerende Waldbrände. Ich muss an die trostlosen Kiefernwälder, die auf märkischem Sand rund um Berlin wachsen, denken. In den letzten Jahren brannten die trockenen, harzhaltigen Bäume oft wie Zunder, wenn eine Zigarette achtlos weggeworfen wurde oder irgendwelche Vollidioten bewusst Brände legten. Ich bin geschockt zu erfahren, dass in den Hitzejahren 2018 bis 2022 Deutschland mehr als fünf Prozent seiner Waldfläche verloren hat!

Dass Förster über Generationen auf lukrative Fichten und Kiefern setzten, rächt sich jetzt. Um dem dramatischen Waldsterben entgegenzuwirken, müssen die deutschen Wälder nun umgebaut werden (so sagt der Förster). Weg von den tristen und unnatürlichen Monokulturen, hin zu einem besser an den Klimawandel angepassten Mischwald, der mehr Feuchtigkeit speichern kann. Weil jahrhundertelang von Menschenhand so stark in die Zusammensetzung des Waldes eingegriffen wurde, schafft der Wald diese Anpassung jetzt nicht schnell genug aus eigener Kraft. Der Mensch muss mit Säge und Setzlingen unterstützen. Er muss pflanzen und er muss fällen, damit andere Bäume mehr Licht bekommen und so besser wachsen können. Das leuchtet mir ein. Doch welchen Baum soll ich fällen, welchen stehen lassen? Welches Leben soll ich auslöschen, welches schützen?

Die Antwort auf diese Frage hängt davon ab, wen ich frage und wie man auf Bäume schaut. Christoph und Karlheinz betrachten Bäume mit ganz unterschiedlichen Brillen. Christoph, der Umweltschützer, der aus ökologischen Gründen noch nie in seinem Leben geflogen ist, betrachtet Bäume eher mit der ökologischen Brille, achtet darauf, welcher Baum mehr Vielfalt ermöglicht, mehr Humus bildet und besser mit dem Klimawandel klarkommen wird. Karlheinz, der Revierförster, betrachtet die Bäume zwar auch mit einer ökologischen, darüber hinaus aber auch mit einer forstwirtschaftlichen Brille. Er bedenkt, welcher Baum in 80, 100 oder 120 Jahren für seinen Arbeitgeber, die Bayerischen Staatsforsten, mehr Festmeter Holz produzieren wird.

Das Gute ist, dass sowohl Karlheinz als auch Christoph in der Lage sind, ihre Brille abzusetzen und durch die Brille des jeweils anderen zu schauen. Christoph, der mit der Motorsäge die Bäume für sein selbst gebautes Holzhaus gefällt hat, weiß, dass Holz als nachwachsender Bau- und Rohstoff bei der Anpassung an den Klimawandel eine immer wichtigere Rolle spielen muss. Und Karlheinz, der seit über 20 Jahren gerne mit den untraditionellen Förstern und Freiwilligen des Bergwaldprojektes zusammenarbeitet, weiß, dass ökologische Gesichtspunkte im Wald der Zukunft mindestens eine genauso große Rolle spielen werden wie ökonomische Aspekte. Der kooperative Ansatz der beiden Förster aus den unterschiedlichen Denkschulen gefällt mir.

Ich krieche in den nächsten Tagen zusammen mit den anderen Freiwilligen auf der Suche nach zu fördernden und zu fällenden Bäumen auf meist steilen Hängen durch das oft dichte Unterholz. Ich schlage mit der archaisch anmutenden Wiedehopfhaue Löcher in den steinigen und von Wurzeln durchzogenen Waldboden, um darin Lärchensetzlinge zu pflanzen, die besser mit dem Klimawandel klarkommen sollen. Ich lasse mich von den zahlreichen angriffslustigen Bremsen beißen, während ich in der Gluthitze wie ein Berserker säge, bis die Muskeln brennen. Ich komme mir vor wie ein Waldarbeiter aus längst vergangenen Zeiten. Die Worte »Im Schweiße meines Angesichtes« gehen mir dabei durch den Sinn.

Von morgens bis abends bin ich draußen, rieche den Boden, sehe die Bäume, spüre den Regen, die Sonne, den Wind, höre Holz unter mir knacken. Ich empfinde die harte Arbeit im Wald als anstrengend, verbindend und beruhigend. Ich bin genau da, wo ich sein will und tue genau das, was ich tun möchte.

Abends springe ich erschöpft und glücklich in den kalten, aber glasklaren Walchensee, meditiere mit Christoph im ausgetrockneten Flussbett und frage ihn, der ohne zu predigen an unser Umweltbewusstsein appelliert, wie er in Anbetracht des dramatischen Waldsterbens nicht die Hoffnung verliert. »Weißt du, Benno, wäre ich ein Einzelkämpfer, dann hätte ich die Hoffnung vielleicht schon längst aufgegeben. Aber bei den Einsätzen des Bergwaldprojektes lerne ich jede Woche so viele tolle Menschen kennen, die mit mir am selben Strang ziehen. Das motiviert mich jedes Mal aufs Neue. Abgesehen davon: Ich habe doch gar keine andere Wahl als die Hoffnung. Aufgeben ist keine Option. Je höher die Wände, desto klarer der Weg.« Christoph spricht mir aus der Seele.

Bei meinem Einsatz im Bergwaldprojekt schleppe ich Heu von einer Wildwiese. Die Lichtung im Wald wurde gemäht, um mehr Artenvielfalt zu ermöglichen.

Oben: Gruppenbild mit Hund. Bevor es in den Wald geht, lausche ich – noch im Halbschlaf – den Instruktionen. Das Bier muss warten.

Links: Der Experte spricht – Förster und Bergwalprojekt-Vorstand Christoph Wehner erklärt uns Freiwilligen beim Einsatz am Walchensee in Bayern die Geheimnisse des Waldes.

Im Schweiße meines Angesichtes. Ich habe eine Fichte gefällt. Sie musste weichen, damit andere Bäume mehr Licht haben. So soll ein gesunder Mischwald entstehen, der fit für die klimatischen Herausforderungen der Zukunft ist.

Pause am Bach. Die Kühle des Wassers tut gut. Es macht mich immer glücklich, im Wald zu sein, ganz besonders im Bergwald.

Abendstimmung am Walchensee. Das Highlight zum Ende des Tages: Durchgeschwitzt in die kalten Fluten springen!

Jagd

Weißes Rauschen. Die Stille ist so aufgeladen, dass man sie hören kann. Das Nichts, in dem alles ist. Ich lausche, halte die Luft an, versuche zu sehen, das Grün zu durchdringen. Nichts. Aus Angst, man könne die Rotationsbewegung hören, drehe ich meinen Kopf ganz langsam nach links, zu Henne. Seine braunen Augen fokussieren seit Minuten regungslos eine Gruppe kleiner Fichten zu unserer Rechten. Mein Blick wandert in Zeitlupe dorthin zurück. Zentimeterweise scanne ich den Raum zwischen den Bäumen, versuche kleinste Nuancen zwischen den Büschen und Gräsern zu entziffern und mit meinem Gehör das Dickicht zu durchdringen. Ich horche auf. War da etwas? Hat da ein Zweig geknackt, sich etwas Braunes im Grünen bewegt?

Henne hieß vor drei Stunden noch Hendrik und hat mich von einem winzigen Bahnhof im Thüringer Wald abgeholt, an dem mich ein aus nur zwei Waggons bestehender Dieseltriebwagen ausgespuckt hat. Henne ist Förster des sogenannten Zukunftswaldes Unterschönau im Thüringer Wald. Vor zwei Jahren hat das Bergwaldprojekt das 200 Hektar große Waldstück zusammen mit der Umweltstiftung Greenpeace gekauft, um hier zu erforschen und zu zeigen, wie der deutsche Wald durch nachhaltige Waldbewirtschaftung für die Anpassung an den Klimawandel fit gemacht werden kann. Freiwillige des Bergwaldprojektes pflanzen und fällen dafür Bäume, bauen Zäune, die junge Triebe vor dem Verbiss durch Rehe und Hirsche schützen sollen. Und Henne geht dafür im Zukunftswald auf die Jagd – unter ökologischen Gesichtspunkten. Weil Wolf und Bär als natürliche Feinde weitestgehend weggefallen sind und menschliche Siedlungen und Aktivitäten dem Wild immer weniger Raum lassen, fressen Reh, Hirsch, Dammwild und Co. immer mehr junge Triebe ab, die der Wald zwingend braucht, um sich zu verjüngen. Es klingt und ist brutal: Aber damit der Wald leben kann, muss Wild sterben. Es muss gejagt werden. Sonst kann sich der Wald nicht naturnah entwickeln. Heute begleite ich Henne bei der Jagd.

Mit einem Geländewagen fahren wir in den Wald. Unterwegs gibt Henne mir Instruktionen: Sobald wir aus dem Auto steigen, sprechen wir kein Wort mehr und bewegen uns so ruhig wie irgendmöglich. Auf dem Hochsitz versuchen wir tief in die Entspannung zu atmen und so in die Landschaft zu sinken. Das Wild hat äußerst feine Sinnesorgane, und nervöse Präsenz würde uns leicht verraten. »Verraten!« Schon diese Formulierung macht das moralische Dilemma klar, in dem wir uns befinden: Wir werden auf der Lauer liegen, um zu töten.

Henne parkt das Auto am Wegesrand und zieht sein Gewehr aus einer olivgrünen Tasche. Es hat einen grau-schwarz gesprenkelten Griff aus Kunststoff und einen mattschwarzen Lauf. Ich schaue zu, wie Henne das Zielfernrohr mit einem präzisen Klicken auf das Gerät setzt.

Schusswaffen haben mich schon immer fasziniert. Dabei verachte ich eigentlich die sich dem Tod verschrieben habende Ingenieurskunst, die Präzision, die auf Zerstörung abzielt. Für mich ist eine Waffe ein metallener Widerspruch: Sie kann Leben schützen, indem sie anderes Leben nehmen kann. Ich habe für Rollen schon oft schießen müssen, aber nur ein einziges Mal habe ich mit einer Pistole eine echte Patrone abgefeuert. Vor den Dreharbeiten zu »Die Einsamkeit des Killers vor dem Schuss« bat ich den Waffenmeister, einmal mit echter Munition schießen zu dürfen. Ich wollte ein Gefühl für die Waffe bekommen. Ich erinnere mich noch genau an die Übergabe der geladenen Pistole.

Ganz vorsichtig griff ich die Waffe. Ich fühlte die kalte Schwere in meiner Hand und gleichzeitig die Ehrfurcht vor dem Mordinstrument. Doch vor allem spürte ich die Verantwortung, die mir übergeben worden war. Ich konnte jetzt töten. Ich konnte jetzt mit einer winzigen Bewegung meines Zeigefingers einen Mechanismus auslösen, der den Schlagbolzen auf die Patrone schlagen würde, die dann das Projektil aus dem Lauf feuern würde – wohin ich auch zielte. Interessiert und gleichzeitig irritiert, stellte ich fest, dass die Insignie der Macht ein schwaches, aber doch deutlich wahrnehmbares korrumpierendes Allmachtsgefühl in mir aufsteigen ließ. Herr über Leben und Tod. Ich zielte. Ich schoss, und in 15 Metern Entfernung zerschlug die Kugel das Papier der Zielscheibe. Einfach so. So einfach.

Henne schraubt jetzt einen Schalldämpfer auf den Lauf. Wie ein perfider Killer, der weiß, dass er ein Verbrechen begeht und nicht gehört werden will, denke ich – auch wenn ich natürlich weiß, dass es nicht so ist. Als ich ihn später frage, warum er einen Schalldämpfer verwende, erklärt er mir, dass er so seine Ohren schütze, durch den gedämpften Knall weniger Tiere gestört würden und der Rückstoß gedämpft würde. All das leuchtet mir ein. Trotzdem wirkt das mit dem Schalldämpfer bewehrte Gewehr auf mich irgendwie hinterhältig.

Henne schultert das Gewehr und seinen Rucksack, und wir machen uns auf einem schmalen Pfad auf den Weg zum Hochsitz. Wir klettern fünf Sprossen hinauf und decken uns mit einer

Camouflage-Decke zu. Das Gewehr liegt auf Hennes Oberschenkeln, der Lauf ragt über die Brüstung. Ich bin hin- und hergerissen. Einerseits hoffe ich, dass uns ein Tier vor die Flinte laufen wird, andererseits will meine innere Stimme den Tieren des Waldes laut zurufen: »Bleibt weg, kommt nicht hierher, hier lauert der Tod!«

Ich spüre in mich hinein: Hätte ich jetzt gerne die Waffe in meinen Händen? Oder ist es gut, dass nicht ich, sondern Henne die Entscheidung über Leben und Tod treffen muss? Es muss getan werden, man macht die Welt durch die Jagd nicht schlechter, sondern schützt den Wald. Würde es mir unter diesen Vorzeichen Freude bereiten, anzuvisieren und zu schießen? Darf das Töten eines Tieres Spaß machen? Könnte es *mir* Freude bereiten? Ich muss nicht lange in mich hineinhorchen, um ein klares Nein zu vernehmen. Andererseits habe ich immer behauptet, dass ich in der Lage sei, ein Tier zu töten, da ich es sonst nicht vor mir rechtfertigen könne, Fleisch zu essen. Aber stimmt das überhaupt? Die Probe aufs Exempel habe ich nie gemacht.

Es ist still. Erstaunlich still. Ich versuche, meinen Blick zu weiten, möglichst viel Wald in mich aufzunehmen und lausche. Nur gelegentliche Flügelschläge und vereinzelte Vogelrufe mischen sich in das leise Grundrauschen des Waldes. Ich bin äußerst wach, atme gespannt die Natur um mich ein: Überall kann plötzlich etwas erscheinen, jederzeit kann es zum tödlichen Schuss kommen. Oder ahnen die Tiere des Waldes unsere Gegenwart und die damit verbundene Präsenz des Todes?

Wir sitzen und schweigen. Eine Stunde geht so dahin. Wenn ich ein leises Knacken im Dickicht höre, jedoch auch bei größter

Anstrengung nichts erspähen kann, schaue ich, ob ich in Hennes Augen eine Interpretation des Gehörten lesen kann. Doch sein Blick verharrt regungslos auf dem Wald.

Die zweite Stunde bricht an. Dann ein Knacken. Ich bin sofort elektrisiert. Es ist anders als zuvor. Das leise Geräusch ist voller Präsenz und Anwesenheit – die ganze Welt ist reduziert auf diesen einen Ton. Eine Bewegung von scheuer Lebendigkeit hat in der stillen Weite des Raumes einen Zweig zerbrochen, und plötzlich ist der große schweigende Wald von diesem Geräusch erfüllt. Ich halte den Atem an. Ich versuche, mit meinem Blick eine Gruppe von Fichten zu durchdringen. Das Knacken kam von dort. Angestrengt versuche ich im Unterholz irgendeine Regung auszumachen. Ich schaue zu Henne. Seine braunen Augen sind hochkonzentriert auf die Fichten fokussiert. Wie in Zeitlupe und völlig lautlos steht er auf und richtet sein Gewehr auf die Bäume. Jetzt will ich es. Jetzt will ich, dass sich zeigt, was auch immer es ist. Da, ein diffuses Aufflackern von Braun hinter Grün. Der Schuss zerreißt die Stille. In der Dämmerung sehe ich etwas im Unterholz verschwinden. Dann ein kleines Reh, noch ein Kitz, es hüpft nach links, auf uns zu. Das Auge am Zielfernrohr folgt Henne dem Tier mit dem Lauf des Gewehres. Komm schon, schieß!, denke ich, aber das Reh verschwindet aus unserem Blick ins Dickicht.

Jetzt freut sich etwas in mir. Das Reh ist entkommen. Doch was war mit dem Braun, das im Unterholz verschwand? Hatte Henne ein zweites Tier nicht tödlich getroffen, sondern nur angeschossen? Das würde ich uns nicht vergeben – ein Tier, das sich jetzt weidwund durch das Gehölz schleppen muss, um dann irgendwann qualvoll zu sterben. Würde das entkommene Kitz nach ihm suchen? War ich gerade Zeuge geworden, wie großes Leid über harmlose und unschuldige Tiere gebracht wurde?

Hennes Bewegungen sind jetzt nicht mehr sparsam und lautlos. Behände steigt er vom Hochsitz. Ich folge ihm. »Warte hier«, flüsterte er und verschwindet mit dem Gewehr in Richtung des Fichtenwäldchens. Keine Minute später kommt er wieder zum Vorschein und zieht ein kleines Häufchen Fell hinter sich her. Ein Kitz. Er legt das hübsche Tier behutsam vor uns auf den Waldboden. Die großen Augen glänzen schwarz, aber sie sind bereits ohne den Funken der Lebendigkeit. Die Kugel hat das Fell oberhalb des Herzens zerrissen. »Es hat nicht gelitten«, sagt Henne. Hat er meine Gedanken gelesen?

Er kniet sich nieder und streichelt dem toten Tier fast zärtlich die Flanke. Ich spüre, er würdigt das Leben, das nun nicht mehr ist. Der schweigende Respekt, den er dem toten Tier entgegenbringt, tut mir gut, trotzdem bin ich traurig. So klein der Körper, der reglos vor uns liegt, so jung das Leben, das wir gerade beendet haben. Ich spüre, dass auch Henne traurig ist. Er streicht dem Tier über die aufgerissenen Augen, will sie schließen, doch sie bleiben offen. Das Reh starrt uns ausdruckslos an.

Nun knie auch ich mich nieder und lege meine Hand auf den kleinen Körper. Er ist warm. Erst jetzt merke ich, dass mir kalt ist. Durch die entfliehende, nie wieder neu gespeist werdende Wärme unter meinen streichelnden Händen, ist die Endlichkeit des Lebens plötzlich schrecklich präsent. Durch uns wurde dem Willen des Lebens, der sich durch dieses kleine Wesen ausgedrückt hat, mit einem Knall ein jähes Ende gesetzt. Der Fluss des Lebens wurde unterbrochen. Ende. Aus. Neuanfang.

Henne bietet mir an, das Tier aufzubrechen, mit einem Messer die Bauchdecke des Tieres aufzuschneiden und mit bloßen Händen die noch warmen Innereien zu entnehmen. Ich überlege kurz und lehne dann dankend ab.

Bei den Dreharbeiten für die vierte Staffel von Babylon Berlin musste ich kurz zuvor einem Hasen das Fell abziehen. Zusammen mit einer Jägerin hatte ich es zuvor mehrfach geübt. In der Serie verkörpere ich Regierungsrat Günter Wendt, einen passionierten Jäger, und deshalb musste ich können, was Wendt tut. Zur Belohnung gab es bei mir zwei Abende hintereinander Hase. Doch ich wollte nicht auch noch ein Reh aufbrechen. Ich muss nicht alles probieren und bezweifele, dass die blutige Arbeit mir irgendetwas geben würde.

Ich sehe Henne dabei zu, wie er sein Werk mit wenigen geschickten Schnitten und gekonnten Griffen verrichtet. Das Erlebte scheint auch ihn zu beschäftigen. »Wo war die Ricke?« Ich schaue ihn fragend an. »Das junge Reh, das ich nicht erwischt habe, war wahrscheinlich das Geschwistertier. Aber zu dieser Jahreszeit ist die Mutter normalerweise bei ihren Jungen. Möglicherweise ist sie tot«.

Auf einmal bin ich im Film »Bambi« gelandet. Die Vorstellung, dass einem kleinen Reh erst die Mutter und dann das Geschwisterchen genommen wird, und dass dieses kleine Wesen nun die erste Nacht mutterseelenallein im Wald zubringen muss, zerreißt mir das Herz. Ich wünsche jetzt, Henne hätte auch das zweite Kitz erlegt, anstatt es in die Einsamkeit und Dunkelheit der nun anbrechenden Nacht zu katapultieren.

Wie viel fühlen Rehe? Wie sehr können sie vermissen? Während ich diesen Gedanken nachhänge, entladen sich im Tal unter uns schwere Regenwolken. Die letzten Strahlen der untergehenden Sonne tauchen den Wald in dramatisches Licht, dann spannt sich ein kräftiger Regenbogen über den Abendhimmel. Hollywood hätte es nicht kitschiger inszenieren können.

Abends sitze ich mit Henne in einer Forsthütte, die er mit anderen Mitarbeitern des Bergwaldprojektes selbst gebaut hat. Strom gibt es hier nicht. Wir essen im Schein einer Petroleumlampe ein köstliches Rehragout. Henne isst fast nur Selbstgejagtes, hat das Gericht selbst zubereitet. Später erzählt er mir von der Jägerei. »Ich bin Förster. Jagen gehört zu meinen Aufgaben. Aber wenn du mir eine Axt und ein Gewehr reichen würdest – ich würde immer die Axt nehmen«, sagt der Bergwaldprojekt-Mann. Er entspricht nicht meiner Vorstellung eines klassischen Jägers. Aber hatte ich überhaupt eine klare Vorstellung von »Jagdmenschen«? Henne scheint die Jagd nicht wirklich zu beglücken. Ein Tier zu erlegen, ist nichts, womit er sich brüstet. Er macht keinen Hehl daraus, dass er von der trophäenorientierten, konservativ ausgerichteten Jagd nicht viel hält. Vor allem, wenn sie ökologische Zusammenhänge komplett missachtet und menschliche Begehrlichkeiten über den Schutz des Ökosystems stellt. »Und Leute wie ich müssen dann ausbaden, dass es in Deutschland viel mehr Wild gibt, als der Wald verträgt«, schimpft er. Kurz darauf rollen wir unsere Schlafsäcke aus. Wir müssen morgen früh um vier Uhr aufstehen, um vor der Morgendämmerung wieder auf dem Hochsitz zu sein. Die Pflicht ruft.

Waldbaden

Am Tag nachdem ich mit Henne auf der Jagd war, gehe ich waldbaden. Der Begriff kommt aus dem Japanischen. Übersetzt bedeutet *Shinrin Yoku* so viel wie »Baden in der Atmosphäre des Waldes«.

Beim Waldbaden geht es darum, den Wald bewusst wahrzunehmen und mit unseren Sinnen voll und ganz in ihm anwesend zu sein, in seinem grün-braunen Meer zu baden und Schritt für Schritt mit der Natur in Verbindung zu treten. Wir sind aufgerufen, bewusst in die Entschleunigung zu gehen, während wir die visuelle und akustische Reizüberflutung der Stadt gegen die Stille des Waldes eintauschen.

Um 1800 lebten drei Prozent der Weltbevölkerung in Städten, jetzt sind es mehr als 50 Prozent. Unsere Vorfahren lebten also fast ausschließlich in naturnaher Umgebung. Unsere Entwicklung wurde erst in den letzten 200 Jahren auch durch ein zunehmend städtisches Umfeld geprägt. Menschheitsgeschichtlich gesehen ist der Trend zu Urbanisierung bislang nur ein Augenblick.

Wir wissen, dass evolutionäre Anpassungen nur sehr langsam vonstatten gehen. Möglicherweise erklärt das, warum wir uns nachweislich so gut entspannen können und uns wohlfühlen, wenn wir im Wald sind. Wir sind dann zu Hause. Wir sind dann mit der Welt verbunden, der wir entstammen. Anders als in der Stadt, in der wir ständiger Reizüberflutung ausgesetzt sind, können wir hier unseren Rhythmus mit dem der uns umgebenden Natur synchronisieren. In der Natur können wir aufatmen und einfach sein. Wir verschmelzen mit der Welt und werden

Teil von ihr. Teil von etwas zu sein, empfinden die meisten von uns als schön. Trennung hingegen bringt Leid.

Sensorische Übungen im Wald, bei denen wir uns ganz bewusst auf die Wahrnehmung einzelner Sinne konzentrieren, sorgen nachweislich für eine Reduktion des Stresshormons Cortisol und senken den Blutdruck. Zudem wirkt sich der Aufenthalt im Wald positiv auf den Parasympathikus, also jenen Teil unseres vegetativen Nervensystems, der für Entspannung zuständig ist, aus. Und die von den Bäumen produzierten Botenstoffe, die wir mit jedem tiefen Atemzug sauerstoffreicher Waldluft aufnehmen, können gegen Depressionen wirken. Der Duft des Waldes wirkt wohltuend und erdet uns – im wahrsten Sinne des Wortes.

Im (zumindest in mancher Hinsicht) fortschrittlichen Japan ist der positive Effekt des Waldbadens seit Jahrzehnten schulmedizinisch anerkannt. Waldmedizin wird dort als eine eigene wissenschaftliche Disziplin an Universitäten gelehrt und erforscht, Ärzte verschreiben Waldbaden auf Rezept. Die Fusion von Schulmedizin und Naturheilung. In Deutschland sind wir davon leider (noch) weit entfernt.

Ich habe mich mit Christoph vor einer Waldhütte in der Nähe des berühmten Rennsteig-Wanderweges im Thüringer Wald verabredet. In der Hütte sind gerade 25 Schülerinnen und Schüler einer Hamburger Brennpunktschule untergebracht, die unter Anleitung von Christoph und weiteren Mitarbeiterinnen und Mitarbeitern des Bergwaldprojektes eine Woche lang im Wald leben und arbeiten, um so die Natur und sich selbst besser kennenzulernen. Bergwaldprojekt eben. Die meisten von ihnen leben in der Stadt fernab der Natur. In einigen Gesichtern erkenne ich, dass es für die 15-, 16-jährigen Mädchen und Jungs körperlich und psychisch äußerst anstrengend ist, sich der Natur im herbstlichen Nieselregen voll und ganz auszusetzen. Sie wirken erschöpft.

Nicht so Christoph. Seine gletscherblauen Augen strahlen energetisch, als wir uns zur Begrüßung umarmen. Ich freue mich sehr, den Mann, der mir so viel über das verborgene Leben der Bäume beigebracht hat, wiederzusehen. Und ich lerne Kirsten, Christophs Freundin, kennen. Sie hat jahrzehntelang als Erzieherin gearbeitet, studiert jetzt Forstwirtschaft und Ökosystem-Management und hat Christoph während der Ausbildung zur Wald-Gesundheitstrainerin kennengelernt.

Während der Regen nachlässt und die Sonne die Wolken allmählich auflöst, gehen wir langsam über eine große, ganz von Wald umfasste Lichtung. Dort, wo sie in den Wald übergeht, schalten wir unsere Handys ab und ziehen unsere Schuhe und Socken aus. Bevor wir auf einem schmalen Pfad in den Wald treten, fordert Kirsten mich auf, einen Gegenstand zu suchen, der etwas versinnbildlichen soll, das mich belastet. Ich soll ihn hier an der Schwelle zwischen Wiese und Wald ablegen, um die nächsten Stunden möglichst frei und unbeschwert zu sein. Ich finde einen grauen Schieferstein, der mir als Symbol für schwere Gedanken dient, und lege ihn ins Moos.

Bevor wir den ersten nackten Schritt in den Wald setzen, zitiert Christoph Dōgen Zenji, einen berühmten Lehrer des japanischen Zen-Buddhismus aus dem 13. Jahrhundert: »Den Weg studieren, bedeutet sich selbst studieren. Sich selbst studieren bedeutet, sich selbst vergessen. Sich selbst vergessen, bedeutet in

Harmonie zu sein, mit allem, was uns umgibt.« Die weisen Worte Zenjis im Ohr, tauche ich in den Wald ein. Ich nehme wahr, dass es sofort kühler wird, als wir in den Schatten der Wipfel treten.

Ich spüre Moos, Holz, Wurzeln und Erde, während meine Füße sich im Zeitlupentempo Schritt für Schritt in den Waldboden senken. Die tief empfundene Verbindung zum Boden schärft meine Aufmerksamkeit, meine Sinne. Mit jedem Schritt erforschend, erfühlend und ertastend dringen wir tiefer und tiefer in den Wald ein.

Die Verbindung entsteht in dem Moment, in dem man sich auf sie einlässt. Ich bin ganz bei mir und bewusst bei jedem Schritt, den ich setze. Indem ich mich dieser Geh-Meditation hingebe, realisiere ich wieder einmal, dass der ganze Körper daran beteiligt ist, den Vorgang des Gehens auszutarieren und die Balance zu halten. Ich versuche, so bewusst zu gehen, als würde ich es das erste Mal tun.

Wenn man sich so auf eine Tätigkeit einlässt, die man unbewusst vielleicht schon mehr als 100.000-mal verrichtet hat, spricht man im Zen-Buddhismus vom »Beginner's Mind«, dem Geist des Anfängers. Im Beginner's Mind zu sein, bedeutet, sich voll und ganz auf das zu fokussieren, was man gerade tut, also mit kindlicher Neugier und Behutsamkeit ans Werk zu gehen. Der Geist des Anfängers ist offen und frei von Vorurteilen, er wirkt der Selbstüberschätzung und der Engstirnigkeit entgegen und soll es ermöglichen, aus Routinen auszubrechen und Altbekanntes neu zu erleben.

Eine alte Geschichte bringt das Prinzip wunderschön auf den Punkt. Ein Professor ging in die Berge, um einen berühmten Zen-Mönch aufzusuchen. Als er ihn schließlich gefunden hatte, stellte er sich höflich vor, nannte all seine akademischen Titel und bat um Unterweisung. »Möchten Sie Tee?«, fragte der Mönch. »Ja, gerne«, antwortete der Professor. Der Mönch schenkte ihm Tee ein. Als die Tasse bereits voll war, goss er immer weiter ein, bis der Tee überfloss. »Stopp!«, rief der Professor. »Sehen Sie nicht, dass die Tasse voll ist? Es passt nichts mehr hinein!« Der Mönch antwortete: »Genau wie diese Tasse, sind auch Sie voll von Ihrem Wissen und Ihren Vorurteilen. Um Neues lernen zu können, müssen Sie erst Ihre Tasse leeren.«

Wenige andere Tätigkeiten verrichten wir mit einer so großen Selbstverständlichkeit und daraus resultierender Unachtsamkeit wie das Gehen. Doch wie spannend ist es, wenn wir uns mit absoluter Wachheit unserer Bewegung widmen! Welche Muskeln sind beteiligt? Wann wird die Belastung auf die andere Körperhälfte verlagert? Und was von all dem bekommen wir aktiv mit?

Schon immer fand ich es interessant, zu beobachten, wie Menschen gehen. Die allermeisten von uns haben zwei Arme und zwei Beine und versetzen sie beim Gehen diagonal abwechselnd nach vorne. Dennoch sieht es bei jedem ganz anders aus, und ich bin überzeugt, dass die Art und Weise wie wir gehen, viel über unseren Charakter aussagt.

Der eine schwingt wie ein schlaksiger Gymnasiast im Schulflur mit baumelnden, langen, dünnen Armen federnd vorwärts, die

Nächste watschelt mit kleinen kräftigen Schritten, und wir alle kennen die Männer mit Rasierklingen unter den Armen.

Ich bin wirklich nicht schadenfroh, aber für mich gibt es kaum Lustigeres, als bei einem Menschen zu beobachten, wie der geplante Bewegungsablauf unerwartet vollkommen aus dem Ruder läuft und die Motorik sich verselbstständigt. Menschen beim Ausrutschen, Schlittern und Fallen zu beobachten, während sie krampfhaft versuchen, mit spektakulären Verrenkungen wieder Hoheit über ihren vollständig überforderten Bewegungsapparat zu erlangen, ist für mich fast jedes Mal eine Augenweide. (Zumindest, wenn sie sich dabei nicht ernsthaft wehtun.)

Einmal hat eine Freundin meinen Gang nachgemacht. Mit durchgedrücktem Rücken blieben Brust- und Schulterpartie ziemlich steif. Es sah aufrecht aus, aber irgendwie auch übertrieben maskulin und gravitätisch. Es irritierte mich etwas – vielleicht war da eine Diskrepanz zwischen meiner Selbstwahrnehmung und der Außenwirkung?

Als ich mich kurz darauf mit einem Freund, einem Kollegen, darüber unterhielt, was das Gehen über die Persönlichkeit verrät, fragte ich ihn, ob er der Meinung sei, ich würde übertrieben maskulin und gravitätisch laufen, irgendwie prollig. Ohne zu zögern antwortete er: »Nein, Benno. Dein Gang ist nicht prollig. Du läufst, als hättest du eine goldene Taschenuhr in der Weste. Gemessenen Schrittes und würdevoll gehst du deiner Wege.« Ich lachte – ich ahnte, was er meinte.

Taschenuhr und Proll-Attitüde scheinen weit entfernt, als ich mich Schritt für Schritt durch den Wald bewege. Das Grün der Bäume und Moose leuchtet in einem satten und zugleich sanften Grün. Die Luft ist geschwängert vom Odor des vom Regen durchnässten Waldbodens. Einzelne Vogelschreie fallen durch das Geäst. Ich bin ruhig und sanft und bereit, mich meinen Sinnen hinzugeben.

»Gehet in die Wälder und werdet wieder Menschen«, schrieb Rousseau. Umgeben von Leben und Präsenz werde ich mehr ich, sinke tiefer in mich selbst, werde stiller. Eine feierliche Stimmung nimmt immer mehr Raum in mir ein. Der Wald wird meine Kirche.

Christophs Stimme höre ich sagen: »Wir haben fünf Sinne. Sehen, Hören, Riechen, Schmecken und Fühlen. In den nächsten Minuten wollen wir uns auf das Sehen konzentrieren. Schau dir den Wald ganz genau an.« Ich wende mich von Christoph und Kirsten ab und gehe ein paar Schritte tiefer in den Wald hinein.

Ich versuche, meinen Blick so weit wie möglich werden zu lassen, den Wald als Gesamtheit wahrzunehmen. Das fällt mir zunächst schwer. Meine Augen fühlen sich wie technische Linsen an, wie Objektive, die ständig etwas fokussieren wollen, sich nicht auf unpräzise Gesamtheit einlassen wollen. Ich versuche bewusst, sie zu entspannen, loszulassen. Das Licht und die Farben tun gut. Das Sehen ohne scharfzustellen gelingt mir jetzt, und ich genieße die Weite.

Dann zieht eine Gruppe Fichten meine Aufmerksamkeit auf sich, und ich frage mich: Ab wann ist ein Wald ein Wald? Ab wann fängt etwas an, über das Einzelne hinauszugehen? Ab wann hören einzelne Bäume auf, einzelne Bäume zu sein? Ich schaue in die Ferne. Obwohl ich ein paar Birken und Buchen entdecke, befinden wir uns in einem fast reinen Fichtenwald. Trotzdem ist es nicht langweilig, nicht eintönig. Durch die Kronen fallende Sonnenstrahlen, lassen die Welt vor mir in den unterschiedlichsten Grün- und Brauntönen erleuchten, das Spiel von Hell und Dunkel füllt mein gesamtes Blickfeld aus. Der Wuchs eines jeden einzelnen Baumes und die Struktur jeder einzelnen Baumgruppe ist anders. Chaos, das sich dem menschlichen Ordnungsbestreben entzieht. Unheimlich und unverständlich. Vielleicht galt der Wald mit seinen verborgenen Gesetzen und seiner eigenen Sprache deshalb nicht nur in Märchen immer schon als verwunschen und verzaubert, sich dem Verständnis entziehend.

Jetzt konzentriere ich mich auf meine unmittelbare Umgebung: Wunderschönes Moos bedeckt den Waldboden. Ich gehe in die Knie und schaue genauer. Ich erkenne, dass der Boden nicht nur von einem, sondern von ganz vielen unterschiedlichen Moosen bedeckt ist. Auf kleinster Fläche wechseln die Verästelungen die Farbe. Tiefgrüne Strukturen gehen ins Bräunlich-Gelbliche über, sie sind mal sternförmig flächig, mal grasig emporstrebend, immer buschig und eine gesunde Fruchtbarkeit ausströmend. Ich liebe Moose in ihrer Feinheit und zugleich strotzend saftigen Potenz und muss mich zwingen, sie nicht zu berühren, sondern sie nur zu betrachten.

Zwischen Grashalmen, die aus den moosigen Flächen ragen, glitzert silbrig ein feuchtes Spinnennetz. Je genauer ich schaue, desto zauberhafter wird die Welt, die ich betrachte. Je weiter ich mich hineinzoome, desto mehr Lebensstrukturen erkenne ich. Ich muss daran denken, was Christoph mir während des Einsatzes im Bergwaldprojekt erzählt hat: Eine Handvoll Waldboden enthält mehr Organismen als es Menschen auf der Erde gibt. Unglaublich, aber wahr.

Während ich mir das noch mal bewusst mache, dringt Kirstens Stimme an mein Ohr. »Benno, ich möchte dich jetzt einladen, dich zu setzen und die Augen zu schließen. Wir kommen jetzt zum nächsten Sinn. Die Nase entscheidet viel über unser Wohlbefinden. Gerüche können Erinnerungen wecken und der Wald bietet eine unendliche Fülle von Eindrücken. Ich werde dir jetzt verschiedene Elemente des Waldes unter die Nase halten. Viel Spaß beim Wahrnehmen.«

Ich setze mich, schließe die Augen und verspüre eine zarte Versagensangst. Ich war schon des öfteren mit Frauen liiert, die einen unfassbaren Geruchssinn hatten. Präzise Beschreibungen von Gerüchen, die ich, im selben Raum neben ihnen stehend, nicht im Entferntesten wahrnahm, führten regelmäßig dazu, dass ich mich – euphemistisch formuliert – in meiner Wahrnehmungsfähigkeit eingeschränkt fühlte, nicht fein, sondern teilweise erschreckend stumpf. Ein Neurologe sagte mir mal, dass mein nicht ganz brillanter Geruchssinn (der ja manchmal auch ein Segen sein kann), möglicherweise auf meinen schweren Unfall beim S-Bahn-Surfen zurückzuführen sei.

Doch jetzt, hier im Wald, habe ich plötzlich das Gefühl, dass meine Sinne sich vollständig von dem dem jugendlichen Leichtsinn geschuldeten Unfall erholt haben. Als Kirsten mir etwas unter die Nase hält, bin ich plötzlich von so vielen Geruchsnuancen erfüllt, dass ich nur noch aus meinem Riechorgan zu bestehen scheine. Ich nehme Waldboden, Moder, Fäule, Moos, nussiges Holz und Feuchtigkeit wahr. Ich erkenne die typische Charakteristik von Harz, die Frische von Gras und die süße Klebrigkeit von Baumrinde.

Ich liebe all die komplexen Gerüche, sauge sie tief in mich ein. Ich bin von der Feinheit meiner neuralen Vernetzungen entzückt, von meiner Fähigkeit, nur über den Geruchssinn eine Symphonie von Gefühlen und Empfindungen hervorrufen zu können. Glückseligkeit, Erdverbundenheit, Kindheit, Ex-Freundinnen – all das und noch viel mehr taucht auf. Manches kann ich konkret benennen, anderes verfliegt wie ein flüchtiges Parfum. Ich lasse die inneren Bilder und Empfindungen kommen und gehen. Ich empfinde es als berauschend und tiefenentspannend, nur als Nase den Wald zu atmen und mich von Gerüchen, die mich mit dem Wald verbinden, betören zu lassen.

Als ich anschließend den Wald nur mit Ohren, meinem Tast- und schließlich mit meinem Geschmackssinn wahrnehme, fühle ich mich immer mehr als Teil des Waldes, als Teil dieser Welt. Je mehr Welt ich in mich aufnehme, desto mehr fühle ich mich mit ihr verbunden. Sie ist zwar außerhalb von mir, aber in dem Moment, in dem ich sie in mir abbilde, ist sie auch in mir. Das Außen wird zum Innen.

Bei der Meditation geschieht das Gleiche: Der innere und der äußere Raum werden eins. Es gibt dann nur noch den einen Raum, keine Trennung mehr von innen und außen.

Beim Waldbaden werde ich zu Natur, die Natur sieht, hört, riecht, schmeckt und fühlt. Ich gehe nicht durch den Wald und bewundere ihn wie ein Objekt, sondern ich bin in ihm, und er ist in mir.

Es ist die Kultivierung von solch verlangsamenden und verbindungsstiftenden Prozessen, die uns wieder in eine wirkliche Beziehung zu uns in der Welt und der Welt in uns bringt, die uns die Ganzheit spüren lässt und uns hoffentlich oder wahrscheinlich auch darin beeinflusst, wie wir mit uns und der Welt umgehen wollen.

Zum Abschluss meines Waldbades atme ich auf weichem Moos liegend in den Waldboden und muss an Kafka denken. »Denn in den Wäldern sind Dinge, über die nachzudenken man jahrelang im Moos liegen könnte.«

Insgesamt dauerte mein Waldbad vier Stunden. Von außen betrachtet, sah es sicher seltsam aus, wie ich barfuß und in Zeitlupe durch den Wald schritt, an vergammeltem Holz roch und hingebungsvoll an Baumrinde leckte. Tree-Hugging war gestern, heute macht man Tree-Kissing. Ich tat all das ohne Scham und ohne die geringste Angst vor ungebetenen Blicken. Ironische Distanz ist in den Städten zu Hause, nicht in der Stille des Waldes.

Kapitel 2

Reisen

Sokotra

Anfang des Jahres 2022 flog ich mit meinem Freund Till nach Sokotra, einer Insel, die zum Bürgerkriegsland Jemen gehört, die aber näher am Bürgerkriegsland Somalia liegt. Die vom Tourismus weitestgehend unberührte Insel war für mich ein Sehnsuchtsort, seitdem mir mein Freund Garry vor vielen Jahren auf seinem Handy Fotos des kleinen Eilandes gezeigt hatte. Seitdem wollte ich dort hin. Unbedingt.

Doch als ich den Flug endlich gebucht hatte, spürte ich nichts von der Vorfreude und der kindlichen Aufregung, die ich fast immer empfinde, wenn ich mich auf eine lang ersehnte Reise vorbereite. Das Gefühl, ein bezahltes Flugticket an einen noch nie besuchten Ort in der digitalen Tasche zu haben, war bislang immer ein verlässlich erhebendes Gefühl.

Dieses Mal nicht. Mir ging es nicht gut. Ich fühlte mich weidwund, lethargisch, ausgelaugt. Hinter mir – und uns allen – lagen Corona-Lockdowns und die damit verbundene Unsicherheit, wie es für uns alle weitergehen würde. Aber was mich wirklich fertig machte, war, dass ich mich nach einer komplizierten Liebesbeziehung von einer Frau getrennt hatte, oder besser gesagt: sie sich von mir. Ich war am Nullpunkt, ich ging auf dem Zahnfleisch, mir ging es wirklich nicht gut. Meine Wohnung war mir wichtiger denn je. Sie war mein heiliger Rückzugsraum, der Ort, an dem ich mich einigeln konnte, um Ruhe zu suchen und sie oft doch nicht fand. Ich hatte noch nie so viel Zeit zu Hause verbracht. Die Decke fiel mir auf den Kopf, aber ich hatte auch nicht den Elan, mich aufzuraffen, rauszugehen, etwas zu unternehmen. Ich traf nur wenige Freunde und die auch nur selten.

Meine Versuche, mich innerlich selbst aufzubauen, mir zu sagen: »Du hast es doch gut. Du bist gesund! Nach dem Winter kommt der Frühling«, liefen ins Leere. Ich fühlte keine Amplituden, keine Höhepunkte, ging einsam meiner Wege. Ich hatte keinen Bock auf nichts, noch nicht mal auf diese Reise. Doch ich wusste, ich musste endlich meine ewig gleichen Bahnen verlassen, mich Neuem aussetzen, um nicht in meinem eigenen Morast und Selbstmitleid unterzugehen und Opfer meiner die Trennungstrauer begleitenden Antriebslosigkeit zu werden.

Bereits beim Sicherheits-Check am neuen Willy-Brandt-Flughafen bereute ich den Entschluss, meine Wohnung, meinen sicheren Hafen, verlassen zu haben. Flughäfen können die einsamsten Orte der Welt sein. Keine Seele, effiziente Logistik, die immer gleichen Geschäfte.

Früher nahm ich das Flugzeug als Wunderwerk der Technik wahr, das mich, einer Zeitkapsel gleich, in andere Welten bringen kann. Doch als ich mich jetzt auf den Weg nach Sokotra machte, konnte ich die Kabine des Flugzeuges nur als eine eng bestuhlte, kalte, kapitalistische Berechnung sehen. Je mehr Sitze, desto mehr Gewinn.

Auch die Nacht und das Bier mit Till im Transit-Hotel am protzigen Flughafen von Abu Dhabi konnten meine Stimmung nicht heben. Ein von katastrophal bezahlten Gastarbeitern für Leute wie mich aus Beton, Stahl und Glas erbauter Verkehrstempel in der Wüste. Es fühlte sich alles so falsch an. Warum war ich hier? Warum war ich nicht zu Hause geblieben?

Umgeben von Menschen, die den Schutz vor Viren durch Membranen anscheinend komplett ablehnten und ihre Maske – wenn überhaupt – nur lose unter der Nase trugen, flog ich am nächsten Tag einer Welt entgegen, auf die ich mich unter normalen Umständen wahnsinnig gefreut hätte.

Doch noch immer haderte ich mit mir selbst: Warum hatte ich meine Höhle bloß verlassen? Die Vorstellung, in den nächsten Tagen über Berge laufen und im Zelt schlafen zu müssen, hatte ungefähr die Strahlkraft von Steuererklärung-Machen. Am liebsten hätte ich dem Piloten der kleinen Maschine gesagt, er solle umkehren, ich wolle zurück nach Hause. Stattdessen schaute ich die ganze Zeit gedankenverloren aus dem Fenster. Doch als wir nach zwei Stunden auf Sokotra landeten und die Flugzeugtür sich öffnete, spürte ich im ganzen Körper freudige Erregung. Als ich mit dem in der gleißenden Sonne liegenden Rollfeld das erste Mal seit einer gefühlten Ewigkeit wieder fremden Boden betrat, steigerte sich dieses Gefühl, das ich solange nicht mehr gespürt hatte.

Das Flugzeug hatte endlich wieder als Zeitmaschine funktioniert. Gestern war ich in Berlin in einer mir wohlbekannten, mich zuletzt langweilenden und bedrückenden Welt in ein großes Flugzeug gestiegen, 24 Stunden später stieg ich aus einem kleinen Flugzeug in einer für mich noch nicht lesbaren, spannenden Welt aus.

Fremde Gerüche empfingen mich in dem winzigen Flughafengebäude, verschleierte Frauen, Kinder und Männer in weiten weißen Gewändern drängten sich um das einzige Gepäckband. Am Ausgang drückten Schaulustige und Familienangehörige die Nasen an die Scheibe des kleinen Terminals, um zu sehen, welche bekannten und unbekannten Gesichter die Maschine auf dem 40.000 Einwohner-Archipel ausgespuckt hatte. Es gab nur einen Flieger pro Woche, der immer montags Menschen brachte und wieder mitnahm. Es wurde umarmt, geküsst, auf den Rücken geklopft und laut gelacht. Auch wenn auf mich niemand wartete, um mich in den Arm zu nehmen, schoss mir ein warmer Strahl in die Brust – ich war plötzlich das erste Mal seit Langem glücklich. Glücklich, genau jetzt hier an diesem Ort zu sein, glücklich, einer von den Fremden, den neugierigen und neugierig beäugten Neuankömmlingen zu sein, glücklich, endlich wieder unterwegs zu sein.

Wir lernten Eisa und Abdul kennen. Sie würden mit uns in den nächsten Tagen in den Bergen unterwegs sein. Das hatten wir mit einer der wenigen kleinen Trekkingagenturen, die es auf Sokotra gibt, so vereinbart.

Ich mochte Eisa sofort, seine freundlichen Augen, seine warme Präsenz, die sich nicht anbiedert, nichts verkaufen will. Er hatte nicht auf »Ich-der-Fremdenführer-Autopilot« geschaltet, den ich von vielen Reisen sehr gut kenne. Wahrscheinlich kennt er diesen Modus gar nicht. Dass Fremde und Einheimische sich offen und unverstellt begegnen können, ist ein Geschenk touristisch unerschlossener Orte. Die Begegnung hat eine große Chance, ein echtes, persönliches Kennenlernen zu werden, weil es sie noch nicht Hunderte Male gegeben hatte. Man fühlt sich noch ein, ist nicht in seiner Funktion gefangen.

Sokotra ist unter Botanikern bekannt für die endemische Flora. Rund ein Drittel der auf der Insel vorkommenden Pflanzenarten gibt es auf der ganzen Welt nur hier. Ähnlich wie auf den Galapagos-Inseln haben sich in der Abgeschiedenheit ganz besondere Arten entwickelt. Viele von ihnen decken ihren Feuchtigkeitsbedarf auf der kargen Insel hauptsächlich aus dem Nebel, der Sokotra in den Höhenlagen oft umhüllt.

Der Drachenblutbaum ist eine dieser Pflanzenarten und einzigartig in seiner Erscheinung. Auf einem kräftigen, oft jahrhundertealten Stamm bilden viele Äste dicht an dicht ein breites, flaches Dach. Die immergrünen Bäume tragen steife, bis zu 60 Zentimeter lange Blätter. Manche Baumkronen sind leicht gewölbt und lassen die Bäume wie aufgespannte Regenschirme erscheinen, die das trockene Land vor Regen schützen wollen, der hier allerdings nur äußerst selten fällt. Andere sehen aus, als hätte ein pedantischer Gärtner des Schlossparks in Versailles ihnen die ausladende Krone mit Lineal und Heckenschere glatt rasiert. Die Energie, die andere Bäume in die Höhe investieren, steckt der Drachenblutbaum in die Breite seiner Krone. Er bietet so den perfekten Schutz vor der sengenden Mittagshitze.

Einige der knorrigen Bäume bluten. Aus ihren Stämmen quillt das zähe rotbraune Drachenblut. Die Bewohner von Sokotra gewinnen das Harz der Bäume, um damit Bauchschmerzen zu behandeln, Wolle zu färben, Klebstoff herzustellen, Keramik und Fassaden zu dekorieren und um – wie Eisa uns erzählte – sogar illegale Abtreibungen vorzunehmen.

Der andere Baum, der mich durch seine Einzigartigkeit wirklich beeindruckt hat, ist der ebenfalls auf Sokotra heimische Flaschenbaum. Er ist quasi genau das Gegenteil des Drachenblutbaumes. Seine Silhouette gleicht mit einem bauchigen, sich nach oben verjüngenden Stamm einer Flasche. Die Krone dieses seltsamen Geschöpfs besteht aus dünnen Zweigen, geziert von rosa Blüten.

Ich stand in den nächsten Tagen oft vor diesen Bäumen und staunte wie ein kleines Kind. Ich wähnte mich auf einem fremden Planeten, so als wäre ich plötzlich in die Fantasiewelt des Filmes »Avatar« versetzt worden.

Wenn ich mit allen Sinnen mir vollkommen neuen Pflanzen und Tieren begegne, geht es mir ähnlich, als würde ich fremden Menschen an fremden Orten begegnen. Ich fühle mich von dem mich umgebenden Leben stimuliert und berührt. Dieser durch die Begegnung mit dem Fremden hervorgerufene Zustand erhöhter Aufmerksamkeit lässt mir immer wieder bewusst werden, welch großem Wunder wir ständig beiwohnen. Oft schlummert dieses Bewusstsein in mir weit unter der Oberfläche. Werde ich dessen gewahr, empfinde ich tiefe Dankbarkeit.

Um das zu spüren, muss ich nicht um die halbe Welt nach Sokotra reisen. Ich kann die gleiche Verbundenheit auch zur heimischen Natur erleben. Aber wenn ich vor einer Buche oder Eiche stehe, muss ich mich bewusster auf die Signale einstimmen, die die Natur sendet, als wenn mich ein bizarrer Drachenblut- oder Flaschenbaum automatisch in seinen Bann zieht. Das Fremde in unbekanntem Gewand ruft einfach lauter: »Schau mich an! Fühle mich und dich. Wir sind der Planet und der lebendige Ausdruck des Wunders des Lebens. Halte inne und staune!«

Die gleiche Erweiterung der eigenen Erfahrung kann ich auch durch Bücher und Filme erleben. Das Wesen von Literatur und

Film ist für mich, neben der Unterhaltung, dass wir unseren Erfahrungsradius erweitern. Ich gehe mit den Helden – die nicht immer Helden sind – durch ihre Welt. Ich erkenne mich häufig mit meinen Stärken, Schwächen, Sehnsüchten, Hoffnungen und Ängsten in ihnen wieder. Aber es ist nicht meine Welt, und oft denken, sagen und tun sie auch Dinge, die in meinem Universum bis dahin nicht vorkamen. Und so werde ich durch die Ausdehnung meines Horizontes, durch das, was die Protagonisten erleben, vielleicht ein bisschen klüger und fühle mich durch ihre Erfahrungen auch stärker mit meiner Welt verbunden. Wir verarbeiten das Gelesene oder Gesehene intellektuell, die Verbundenheit geschieht aber auf emotionaler Ebene. Ich fühle mich nach einer guten Lektüre, nach einem guten Film tiefer, weiter. Das Gleiche gilt für die Natur. Nachdem ich mich bei einer herausfordernden Wanderung oder einem gemütlichen Spaziergang den Elementen ausgesetzt und mich wirklich auf die Natur eingelassen habe, fühle ich mich verankerter, geerdeter und tiefer.

Wie im Traum wandelte ich durch Sokotra. Nur mit dem Nötigsten auf dem Rücken kämpften wir uns auf mit Dornen zugewucherten Pfaden durch das Unterholz in Richtung Gipfel des 1500 Meter hohen Skand. Abdul, der aus der Gegend kam und uns den Weg zeigte, musste immer wieder umdrehen, wenn er merkte, dass es nicht weiter ging, weil der Weg nach der Regenzeit nicht mehr passierbar war. Wir krochen und robbten über den Boden. Es erinnerte an eine militärische Grundausbildung. Nach wenigen Minuten sahen meine Klamotten und meine Haut so aus, als seien sie über NATO-Draht gezogen worden. Ich fühlte mich wie der Prinz, der verzweifelt versucht, den Weg durchs Dornengestrüpp zu Dornröschen zu finden. Ich stöhnte immer wieder wütend auf, wenn sich Dornen in bereits geöffnete Hautstellen bohrten. Ich habe jetzt noch Narben an den Oberarmen.

Nach zwei Stunden erreichten wir schließlich das Plateau, und ich lachte mit Till über die Absurdität des Weges. Das Blut auf Armen, Beinen und im Gesicht mischte sich mit meinem Schweiß, mein T-Shirt war zerrissen.

Dann schaute ich Eisa und Abdul an. Nichts, absolut nichts! Sie hatten keinen Kratzer, ihre Wickelröcke sahen aus wie frisch gewaschen, sie waren vollkommen unversehrt. Als wären sie eine komplett andere Route gegangen. Ich war fassungslos und wies sie darauf hin. »Maybe your skin is more sensitive«, war Eisas Vorschlag einer Begründung. Offensichtlich.

An einen Drachenblutbaum gelehnt genoss ich die spektakuläre Aussicht. Es war diesig, Nebel lag in dem zugewachsenen Becken, aus dem wir aufgestiegen waren. Das zarte und dennoch volle Grün der Vegetation brach hier und da durch die weißen Schwaden. Mir kam das Gedicht »Seltsam im Nebel zu wandern« von Hermann Hesse in den Kopf.

> Seltsam, im Nebel zu wandern!
> Einsam ist jeder Busch und Stein,
> Kein Baum sieht den andern,
> Jeder ist allein.

In diesem Moment fühlte ich sowohl die Einsamkeit als auch die Verbundenheit der Dinge. Der riesige Stein des Plateaus ragte ungerührt aus dem Grün des Busches heraus, der Nebel trennte und verband ihn gleichzeitig mit mir. Ich wollte nirgendwo lieber sein als jetzt hier mit diesen Menschen, mit diesem Stein, in diesem Nebel.

Wir errichteten unser Lager und ließen den Blick erschöpft, aber glücklich über die uns umgebende üppige Vegetation schweifen: Ich schaute auf einen riesigen Zen-Garten, bewachsen mit erlesenen Pflanzen, komponiert in vollständiger Harmonie, der uns einlud, im Hier und Jetzt zu versinken. Till wich das Lächeln nicht aus dem Gesicht, auf einem Felsen hatte Abdul seinen Gebetsteppich entrollt und neigte sein Haupt gen Mekka. Momente der kristallenen Einfachheit. Alles ist, wie es ist, und alles ist gut so.

Ich kletterte über einen Felsvorsprung und lehnte mich an einen großen Stein. Ich wollte die Landschaft trinken. Ich wollte sie in mir erblühen lassen, sie ab jetzt bei mir tragen – so schön, still und kraftvoll mutete sie an. Die untergehende Sonne tauchte die Hügel auf der anderen Seite der sich vor mir auftuenden Senke in goldenes Licht. Verbunden durch die fremden und verführerischen Gerüche, verbunden durch die uns umgebende schweigende Präsenz der Insel und der Elemente, fühlte mich eins mit mir und allem, beseelt und vom Leben beschenkt. Ich saß und schaute und staunte.

Später am Abend erschien, angekündigt durch den flackernden Schein einer Taschenlampe, ein etwa 16 Jahre alter Junge bei unserem Lager. Das nächste Dorf war zu Fuß zwei Stunden entfernt unten im Tal. In seinem Arm hielt er eine junge Ziege. Eisa hatte sie am Nachmittag bei ihm bestellt. Das kleine braune Zicklein schaute uns aus seinen großen schwarzen Augen an.

Ich wich seinem Blick aus, ich wollte mich in den letzten Minuten seines kurzen Lebens nicht noch in es verlieben.

Eisa, Abdul und der Junge stimmten ein gesangsartiges Gebet an, und der Junge reichte Abdul ein großes, im Mondschein aufblitzendes Messer. »Alter, ich kann das nicht sehen«, sagt Till, stand auf und verschwand in der Dunkelheit. »Ruf mich, wenn es vorbei ist.« Ich verlangte von mir selber, den Akt des Tötens zu ertragen, wenn die Ziege schon wegen uns sterben musste. Der Junge streichelte beruhigend den Kopf des kleinen Tieres, legte sie dann auf einen flachen Stein. Abdul zog ihm mit einer gekonnten Bewegung das Messer durch die Kehle. Unter einem kurzen, schwachen Meckern der kleinen Stimmbänder verließ die Seele das Zicklein, und es wurde Fleisch. Es schmerzte mich. Ich fühlte mich wie ein Verräter. Weil wir Hunger hatten, war die Ziege auf den Berg getragen worden, auf dem sie jetzt unserer Fleischeslust geopfert worden war.

Ich weiß, dass ich die Ziege auf dem von der Natur geschaffenen Altar bei den rituellen Gesängen noch hätte begnadigen können. Aber ich wollte die Gastfreundschaft unserer Begleiter nicht beleidigen – und ich hatte Hunger. Ich rief Till zurück.

Kurz darauf lag das zerlegte und gesalzene Tier in der Glut unseres niedergebrannten Lagerfeuers. Wir aßen das zarte Fleisch voller Dankbarkeit. Es schmeckte köstlich. Ich war Teil des ewigen Kreislaufs von Fressen und Gefressen-Werden. Freude und Schmerz waren in diesem Augenblick untrennbar miteinander verbunden.

Eine Woche nachdem ich mit Till, Eisa und Abdul auf Sokotra vollkommen glückselig den vielleicht schönsten Blick der Welt genossen hatte, tauchte das Flugzeug in die graue, für Sonnenstrahlen vollkommen undurchdringliche Wolkendecke ein, die Berlin im Winter gefühlt immer bedeckt. In ihrer Dichte und Vehemenz habe ich dieses Wasserdampfungetüm immer schon als absurd konsequent empfunden. Ich wusste, was mich erwartet. Trotzdem hatte ich mir – wie immer – vorgenommen, das Glück und die Zufriedenheit, die ich auf Reisen so oft empfunden habe, mit in den Berliner Alltag zu nehmen. Oft bin ich dabei gescheitert.

Wenn ich in Berlin aus dem Flugzeug stieg, erschienen meine Glücksmomente in der Fremde oft bereits so weit weg, dass ich die dort gefühlten Empfindungen unbedingt vorbei an den meist misstrauisch oder gelangweilt dreinblickenden Grenzbeamten mit durch die Passkontrolle retten wollte. Dieses Mal war es mir besonders wichtig.

Als die Anschnallzeichen erloschen, machte ich genau das, was wir dann fast alle tun. In der Hoffnung, dass sich etwas Maßgebliches zugetragen haben könnte, zückte ich mein Handy. Meine Agentin. Wir hatten vor meiner Abreise über zwei Projekte gesprochen. Beide fand ich super. Jetzt die Info, dass es nicht klappen würde.

Am liebsten wäre ich einfach im Flugzeug sitzen geblieben, um gleich wieder abzuheben. Weg von Berlin, weg vom Grau, weg von dieser Misere. Doch ich blieb nicht sitzen. Ich stand auf, verließ das Flugzeug und versuchte, die Mundwinkel nach oben zu ziehen.

Eine gute Stunde später schloss ich die Tür zu meiner leeren Wohnung auf. Nichts und niemand erwartete mich hier. Nur das dringende Bedürfnis, Strukturen zu schaffen, die mir helfen würden, mehr Sokotra-Gefühle und weniger Berlin-Gefühle zu empfinden.

Mir fiel bald wieder die Decke auf den Kopf. In meinem Kopf herrschte Leere – und in meinem Kalender auch. »Keine Termine und leicht einen sitzen.« Das war für meinen einzigartigen Kollegen Harald Juhnke, mit dem ich kurz vor seinem Tod noch drehen durfte, die Definition von Glück. Ich hatte keinen sitzen, keine Termine, und es machte mich überhaupt nicht glücklich.

Als Freiberufler bin ich es gewohnt, Unsicherheiten aushalten zu müssen, nicht zu wissen, was in sechs Wochen oder sechs Monaten ist. Das ist mein Leben. Seit 30 Jahren. Ich gehöre zwar nicht zu den oft großartigen Film- oder Theaterschauspielerinnen und -schauspielern, die ihren Durchbruch (noch) nicht hatten und nicht wissen, wie sie die nächste Miete zahlen sollen. Bisher hat immer irgendwann das Telefon geklingelt oder eine lang ersehnte oder völlig unerwartete E-Mail meiner Agentin mir ein Lächeln aufs Gesicht gezaubert. Trotzdem bin ich in all den Jahren nicht weniger sensibel dafür geworden, was es heißt, gerade nicht gewollt zu sein. Zukunftsängste können vieles mit einem Menschen anrichten. Das weiß ich aus eigener Erfahrung.

Anfang des Jahres paarte sich Zukunftsangst mit Einsamkeit. Keine gute Kombination. Die bis dahin heftigste Coronawelle erfasste mit täglich neuen Höchstwerten die Stadt und das Land. Viele Menschen hatten es sich zu Hause mit ihren Partnern und Familien gemütlich eingerichtet. Es war für mich als wieder frisch in mein Single-Dasein geworfener Mann keine einfache Zeit.

In der grauen Berliner Januarwolke umherzuirren, war im Zustand äußerster Empfindsamkeit meiner Seele alles andere als zuträglich. Ich fühlte mich immer noch in einem Ausnahmezustand. Die Frage nach dem Wohin mit mir, der Verortung in der Welt, pumpte in mir. Doch was ich spürte, war Orientierungslosigkeit. Ich wusste, ich wollte sofort wieder weg. Ich hatte Angst, die auf Sokotra endlich wiedergefundene zarte Leichtigkeit und innere Fülle in Berlin erneut zu verlieren. Dies war gerade nicht mein Ort, das war klar.

Thailand

Thailand! Plötzlich wusste ich, wo ich hinwollte. Thailand war mir eigentlich immer zu erschlossen, zu dicht von der touristischen Infrastruktur, zu wenig Abenteuer verheißend. Aber Struktur war jetzt genau das, was ich wollte, was ich brauchte. Ich wollte eine feste Bleibe, einen Ort, an den ich mich zurückziehen konnte, zumindest für ein paar Wochen. Ich wollte mich um mich selber kümmern, ich wollte gesunden und an diesem Buch arbeiten.

Zwei Langstreckenflüge in zwei Monaten. Mein Gewissen revoltierte. Alles in mir findet es eigentlich falsch, um den Planeten zu jetten, bloß, weil man es kann, und sich dahin treiben zu lassen, wo es vielleicht gerade am schönsten ist. Auf der anderen Seite weiß ich tief in mir, dass ungewöhnliche Phasen manchmal nach ungewöhnlichen Schritten verlangen, dass wir unser gesamtes Leben nicht der immer gleichen Formel unterwerfen können.

Ich lief mit Thailand on my mind durch kalte und triste Berliner Straßen, ich machte es mir nicht leicht – aber schließlich setzte sich nach vielen Spaziergängen und langem Hin und Her mein dem eigenen Selbsterhalt verschriebenes Ich gegenüber ökologischen Gewissen durch. Ich begann mit den Reisevorbereitungen. Dann poppte eine E-Mail meiner Agentin auf. Die Anfrage für einen Vierteiler. Die Dreharbeiten sollten in drei Monaten losgehen. Ich las das Drehbuch. Ich mochte es.

Das dunkle Gefühl, das in den letzten Tagen in meiner Wohnung eingezogen war, hatte es plötzlich geschafft, durch die dicke Berliner Winterwolkendecke zu entschwinden. Alles war plötzlich gut. Fast alles. Denn der Drehort war Mauritius. Eigentlich geil, aber zwischen Berlin und Mauritius liegen hin und zurück 18434 Kilometer, die Flüge ins vermeintliche Paradies im Indischen Ozean schlagen mit 4987 Kilo CO_2 zu Buche. Pro Passagier. Würde ich den Job annehmen, würde ich schon im April meine selbst gesetzte CO_2-Grenze reißen und zur echten Umweltsau werden. Ich würde zu dem Mann mutieren, der ich nie sein wollte.

Einst waren Flugzeuge für mich absolute Traumerfüller – seitdem ich nicht mehr verdränge, was jeder einzelne Flug unserer Erde antut, sind sie für mich auch zu Höllenmaschinen geworden. Das schlechte Gewissen fliegt immer mit.

Früher war mein Rhythmus: Film drehen, in ein Land fliegen, in dem ich noch nicht war, kurz zu Hause, Zeit für Freunde und Familie, den nächsten Film drehen und wieder ins Flugzeug steigen, auf in ein neues Land. Ich musste mich dafür nicht rechtfertigen. Natürlich: Den menschengemachten Klimawandel gab es bereits, aber das Wort »Flugscham« war noch nicht erfunden. Man machte sich keinen Kopf. Zumindest ich nicht.

Das alles ist noch gar nicht so lange her, trotzdem erscheint es mir heute wie eine längst vergangene Epoche. Ich wünsche mir diese unbeschwerte, man könnte auch sagen, rücksichtslose Zeit nicht zurück. Dennoch vermisse ich sie manchmal. Ich will die Welt sehen, ich reise gerne und ich habe Freunde in aller Welt.

Ich erlaube mir einen Langstreckenflug pro Jahr. Einmal weit fliegen und dann so lange bleiben wie möglich. So mein Vorsatz. Tatsächlich kommt es manchmal anders.

Was sollte ich tun? Ich versuchte, mir die Situation schönzureden und schönzurechnen. In den letzten beiden Jahren bin ich nur zwei Mal geflogen. Einmal nach Marokko und einmal nach München. Den innerdeutschen Flug bin ich nur angetreten, weil die Bahn streikte. Nach Marokko bin ich nicht zum Spaß geflogen, sondern weil ich dort drehen musste.

»Du hast also einen gut«, meldete sich mein hedonistisches Ich. »So kannst du doch heutzutage nicht mehr ernsthaft argumentieren! Du bist doch hauptsächlich wegen Corona so wenig geflogen. Lüg' dir doch nicht in die Tasche«, erwiderte mein Umweltgewissen. Die Argumente des Gewissens waren besser, aber das hedonistische Ich traf mich direkt ins Herz. Was macht die Welt besser: ein CO_2-Vermeider, der traurig und kraftlos alles richtig macht, oder ein glücklicher, fehlerhafter Mensch, der eine Ausnahme macht und seine eigenen Bedürfnisse nicht ignoriert? Und wann ist der Punkt erreicht, an dem man nicht nur fehlerhaft ist, sondern ein ignoranter, verantwortungsloser und gewissenloser Klimakiller?

Mir war klar: Würde ich den Dreh auf Mauritius absagen, würde ich es bereuen und spätestens, wenn ich aus Thailand zurückkäme, in meiner dann immer noch kalten und leeren Berliner Wohnung durchdrehen. Ich schrieb meiner Agentin. »Bitte zusagen« und loggte mich wieder auf der atmosfair-Seite ein.

Atmosfair ist easy. Mit ein paar Klicks und einer Kreditkarte das schlechte Gewissen zum Verstummen bringen (so die Theorie). Das deutsche gemeinnützige Unternehmen berechnet die CO_2-Emission eines bestimmten Fluges und finanziert mit der von mir freiwillig gezahlten Gebühr Projekte wie Wiederaufforstung und energieeffiziente Öfen. Eigentlich ein moderner Ablasshandel. Für meine Flüge nach Sokotra, Thailand und Mauritius zahlte ich insgesamt 557 Euro für die Kompensation.

Der Deal kann mein Gewissen ein wenig beruhigen, aber er kann das, was ich angerichtet habe, nicht ungeschehen machen. Unterm Strich kann kein Baum so schnell wachsen, wie ich in diesem Jahr Kohlendioxid in die Atmosphäre ballern würde, kein von atmosfair finanzierter, energieeffizienter Ofen könnte das Kerosin kompensieren, für dessen Verbrauch ich mit verantwortlich bin. Auch wenn ich das Konzept toll finde: Es darf nicht als Freifahrtschein gesehen werden, unbegrenzt durch die Gegend zu fliegen. Plus und Minus ergeben in diesem Fall nicht null. Ein Flug bleibt ein Flug, bleibt ein Flug.

Ich bin trotzdem nach Thailand geflogen und habe mir auf der für ihre Full-Moon-Partys bekannten Insel Ko Pha-ngan einen kleinen Bungalow gesucht. Ich bin nicht wegen der Partys gekommen, sondern um zu meditieren, zu schreiben und zu boxen.

Aus Letzterem wurde zumindest kaum etwas. Beim Training im Gym ließ ich mir ganz zu Beginn meines Aufenthaltes eine Dreißig-Kilo-Hantel auf den linken Mittelfinger fallen. Es blutete tierisch und wollte einfach nicht aufhören. Nachdem ich fünfmal selbst den Verband gewechselt hatte, bin ich schließlich doch mit dem Roller ins Krankenhaus gefahren. Das Röntgenbild bestätigte meine Befürchtung. Der Mittelfinger war gebrochen, der Cut war so tief, dass der Arzt die Sehne sehen konnte. Nachdem er die Wunde gereinigt hatte, nähte er meinen zerquetschten Finger mit sieben Stichen wieder zu.

Ich würde mindestens vier Wochen nicht boxen und mit der linken Hand erst mal keine Hantel mehr hochheben können. »Everything happens for a reason.« Alles passiert aus einem bestimmten Grund und hat einen tieferen Sinn, sagt man ja so. Ich muss zugeben, ich habe mit dieser zwanghaft positiven Weltsicht so manches Mal gehadert. Und auch jetzt fiel es mir selbst mit viel Wohlwollen schwer, in der schmerzhaften Verletzung einen Sinn zu entdecken.

O.k., ich hatte gelernt, beim Absetzen der Hantel, oder am besten gleich bei allem, was ich den lieben langen Tag so mache, noch bewusster, noch achtsamer zu sein. Aber musste man sich für diesen guten Vorsatz gleich einen Finger zerquetschen?

»Wenn du Gott zum Lachen bringen willst, erzähle ihm von deinen Plänen!«, soll der Philosoph Blaise Pascal gesagt haben. Er war ein kluger Mann, er hatte recht, er kannte die Impermanenz des Lebens, das Schöne und Brutale des permanenten Wandels. Wir müssen flexibel bleiben, weil nichts in Stein gemeißelt ist. Das kann unglaublich wehtun, aber unerwartete Wendungen im Leben zwingen uns auch aus unserer Komfortzone und ermöglichen so Erfahrungen, die uns sonst vorenthalten worden wären. Doch ich glaube auch an die simple Verkettung unglücklicher Umstände, an »dumm gelaufen«, Missgeschicke ohne tieferen Sinn und Metaebene.

So oder so: Mir blieb nichts anderes übrig, als das Geschehene zu akzeptieren und das Beste daraus zu machen, das Leben so anzunehmen wie es ist. Und das hieß in meinem Fall mit gebrochenem Mittelfinger zu schreiben. Aus einem Vier-Finger-System wurde ein Drei-Finger-System. Ich hatte mir vorgenommen, über die verwundete Natur und mein Verhältnis zu ihr zu schreiben, während ich am eigenen Körper daran erinnert wurde, wie fragil und verletzlich alles Lebendige ist. Irgendwie passte es ja auch.

Statt Gewichte zu stemmen, ging ich in die Sauna. Ich liebe es, in der Hitze an meine Grenzen zu gehen. Doch als ich jetzt bei 38 Grad Außentemperatur in einer mit Bambus gedeckten Holzhütte bei 95 Grad lag, hatte ich das Gefühl, meine eigene schrillende und blinkende Alarmanlage zu lange ignoriert zu haben und befürchtete, deshalb gleich verdientermaßen in Ohnmacht zu fallen.

Vor mir stand ein drahtiger, rund 70 Jahre alter Russe, der die Zigarette nur zum Aufguss machen aus dem Mundwinkel nahm und mir bei der vierten Runde mit einem Eichenlaub-Bündel den Rücken auspeitschte. Als ich das Gefühl hatte, dass mein Blut meinen Schweiß rot färbte, forderte mich der Banja-Mann mit sparsamen Handzeichen auf, mich vom Bauch auf den Rücken zu drehen. Jetzt war die Vorderseite dran.

Meine Brustwarzen fingen sofort an zu glühen, von meinen Nippeln raste der Schmerz durch meine Nervenbahnen direkt in mein Hirn. Ich dachte, die Sauna-Folter sei nicht mehr zu steigern – bis der Russe zu meinen Füßen kam. Als der Alte mir mit seinem Bündel die Hitze auf die Fußsohlen jagte, hätte ich fast laut aufgeschrien. Meine Zehen fühlten sich an wie brennende Streichhölzer. Ich hatte das Gefühl, nur noch aus Zehen und dem von dort aus in den ganzen Körper ausstrahlenden Schmerz zu bestehen. Ich atmete tief ein und aus und versuchte, mit der Qual mitzugehen.

Als mir mein neuer Freund das heiße Eichenlaub jedoch auf meine Fußsohlen klatschte, war die Frage, ob ich hart oder weich bin, ein für alle Mal beantwortet. Jeder Schlag schoss mir direkt in den Schädel. Ich war kurz davor, um Gnade zu wimmern und die behaarte, Leid säende Pranke meines Folterknechts zu packen, damit er von mir abließe.

Vielleicht hatte mein Peiniger in meinem schmerzverzerrten Gesicht meine Gedanken lesen können, denn plötzlich hörte er auf. Ich wankte wie über Scherben gehend in die Freiheit. Jeder Schritt brannte. Meine Füße glühten und ich hatte das Gefühl, dass sie zischten, als ich in die Tonne mit dem kalten Wasser stieg. Der Schmerz machte jetzt einen U-Turn. Kalt statt heiß, genauso schlimm, nur mit verkehrten Vorzeichen. Es haute mir beinahe die Kalotte raus. Ich hüpfte aus der Tonne und schmiss mich wimmernd auf eine Liege.

Als ich die Augen wieder öffnete, steckte der tätowierte Russe sich gerade schwer atmend die nächste Fluppe an. Auch er sah mitgenommen aus. Seine pfeifende Kurzatmigkeit ließ nicht auf die beste Kondition (oder vielleicht naheliegender auf deutlich zu viele Zigaretten) schließen. Doch sein ausgemergelter Körper stand stabil, es war der Leib eines Mannes, der ihn benutzt hatte, ein gut gealtertes sehniges Bewegungsgerät.

Was steckte wohl für ein Mensch in diesem Körper? Ich zeigte auf die Eichenzweige und fragte: »Russia?« »Da, da«, antwortete er. So viel Russisch verstand ich. Und ich meinte raushören zu können, dass dem schwitzenden Mann warm ums Herz wurde, als ich ihn auf sein Vaterland ansprach. Ich glaube, ich mochte ihn.

Ich dachte darüber nach, warum sich – Stichwort Stockholm-Syndrom – so viele Opfer mit ihren Peinigern solidarisieren oder sich sogar in sie verlieben: Entführte in ihre Entführer, Puffgänger in ihre, sie quälende Domina, und ich mich halt in meinen mich in den Wahnsinn schlagenden russischen Opa. Ich sah ihm beim Rauchen zu und studierte seine Tattoos, einen Anker und Zahlen. Der Geburtstag seines Kindes? Was mochte er wohl gearbeitet haben, bevor er für Geld in Thailand Schwitzende verkloppte? War er beim Militär gewesen? Mir wurde plötzlich klar, dass ich noch mit keinem einzigen Russen über den Angriffskrieg auf die Ukraine gesprochen hatte, der bereits seit mehreren Wochen tobte.

Gerne hätte ich mit meinem Banja-Mann über den Krieg geredet. Was dachte er darüber? Schaute er Tausende von Kilometern von der Heimat entfernt russisches Fernsehen und hielt den Krieg für eine »militärische Spezialoperation« zum Schutz russischer Bürger vor einem Genozid in der Ukraine? Oder schämte er sich dafür, dass im Namen seines Volkes gerade ungezählte unschuldige Kinder, Frauen und Männer starben? Vielleicht ist es auch gut, dass ich kein Russisch kann. Ich verspürte eine unterschwellige Angst, dass ich das Gefühl der Einheit und der Verbindung zu meinem Sauna-Meister, das ich durch die Schmerzen, die er mir gerade auf meinen Wunsch hin zugefügt hatte, verlieren könnte. Was, wenn er ein glühender Putin-Verehrer war, der den Angriff auf die Ukraine für uneingeschränkt gut und richtig hielt?

Es muss nicht immer gleich um die ganzen großen Themen – Krieg und Frieden, Schuld und Sühne – gehen, auch bei banaleren Dingen gehen wir schwierigen Gesprächen oft aus dem

Weg. Wir lassen es gerne im Diffusen, aus Angst, dass unterschiedliche Sichtweisen die Verbindung zwischen uns kappen könnten, wir dann alleine in der heißen Sauna sitzen. Ich fand nicht heraus, ob uns mehr trennte als verband. Und ich wollte meine wiedergefundene Leichtigkeit nicht durch eine potenzielle Konfrontation riskieren.

Es ließ sich auf meiner thailändischen Insel wunderbar aushalten. Die Tage gingen nahtlos und sanft ineinander über, die Zeit floss warm und gleichmäßig. Ich aß Eierreis und trank Kokoswasser direkt aus der Nuss. Ich kam physisch und psychisch zu Kräften, sang beim Rollerfahren mit nacktem Oberkörper ausgelassen »I can see clearly now the rain is gone« in den Fahrtwind. Viele meiner zuvor so bleischwer auf mir lastenden Probleme schienen in meiner kalten Berliner Wohnung geblieben zu sein. Kurzum: Es ging mir gut, richtig gut.

Und trotzdem schämte sich ein Teil von mir. Am Berliner Hauptbahnhof kamen Tausende Kinder, Frauen und Alte an, die vor dem Krieg in der Ukraine geflohen waren und ihre Männer, Väter, Söhne und Brüder zurückgelassen hatten, die – freiwillig oder unfreiwillig – geblieben waren, um die Freiheit und ihr Heimatland zu verteidigen.

Freunde nahmen Geflüchtete auf und schrieben Mails und WhatsApp-Nachrichten, wer noch ein Zimmer freimachen könnte. Meine Wohnung stand leer. Während ukrainische Männer an der Front kämpften oder ihre verängstigten Kinder fest in den Arm nahmen, saß ich unter Palmen und meditierte. Der westliche Mann, der sich der Härte der Welt entzieht, weil er es kann. Der sich um sich kümmert, weil er meint, dass das jetzt das Wichtigste sei.

Und damit war ich auf Ko Pha-Ngan nicht alleine. Weiße Menschen unter weißen Menschen, bedient von armen Burmesen, die für oft wohlhabende Thailänder arbeiten. Viele Menschen, die ich auf der Insel kennenlernte, waren mit Heilung und Selbstheilung beschäftigt. Es herrschte ein unüberschaubares Angebot an spirituellen und esoterischen Kursen: Yoga, Rebirthing, Quigong, Tantra, Ecstatic Dance – you name it!

Die Menschen, denen ich begegnete, waren toll: Sie waren zugewandt, empathisch, interessiert und interessant. Doch gab es für mich auch den Beigeschmack von Weltflucht. All die Heilungssuchenden oder -bietenden, die sich am Strand gegenseitig coachten und sich bei der spirituellen Entwicklung halfen, blieben in ihrer eigenen Blase. Die restliche Welt wurde oft durch eine konsequente Mediendiät auf erträgliche Distanz gehalten.

Ich finde jede und jeden großartig, der anderen Menschen hilft, mehr Licht in ihr Inneres zu bringen, gesünder zu werden und Traumata zu verarbeiten. Aber es gibt für mich einen Unterschied zwischen gelebter Spiritualität als verbindendes Element zur – auch politischen – Teilhabe und reiner Selbstoptimierung. Ich teile die Ansicht, dass ich bei mir selber anfangen muss, mein Haus in Ordnung zu bringen, bevor ich die ganze Welt verändern kann. Jedoch stellt sich mir auch die Frage: Wie sehr habe ich die Welt dabei auf dem Schirm, wie sehr blende ich sie in meinem Streben nach Glück aus?

Politisches Bewusstsein zu haben, bedeutet für mich nicht zwingend, dass ich in die Politik gehen, ukrainische Flüchtlinge bei mir aufnehmen oder als humanitärer Helfer in Kriegs- und Krisenregionen mein eigenes Leben riskieren muss, um andere zu retten – wobei ich vor all dem einen riesen Respekt habe. Doch es bedeutet für mich, das Weltgeschehen bewusst wahrzunehmen und sich als Teil eines Zusammenhangs zu begreifen, der sich gegenseitig bedingt. Jeder von uns ist aktiver Teil dieser Welt, jeder ist ein Element, das einen positiven (oder auch negativen) Einfluss nehmen kann.

Wir können mit Macha-Hafermilch und Yogamatte auf dem Balkon meditieren, während die Welt in Flammen steht, und so tun, als würden wir das Feuer nicht sehen, nicht hören, nicht spüren, nicht riechen. Doch mit Privilegien kommen auch Pflichten. Und manchmal ist ein Feuerlöscher heilsamer als die richtige Atemtechnik.

Beim Meditieren selbst achte ich auf meinen Atem und möchte hier nichts lächerlich machen. Ich finde es richtig, wichtig und vollkommen legitim, dass wir Kraft schöpfen und Räume für den Rückzug und die Heilung kreieren, aber ich will dabei die uns umgebende Welt nicht vergessen, vor allem wenn es ihr – auch wenn wir es nicht spüren oder nicht wahrhaben wollen – schlechter geht als uns selbst. Doch würde ich die Welt besser machen, wenn ich in Berlin wäre?

Nach fünf Wochen Rückzug in Thailand bin ich wieder zu Hause. Der Krieg in der Ukraine kommt mir jetzt näher. Oder ich ihm. Bis zur ukrainischen Grenze sind es von Berlin aus nur noch gut 750 Kilometer. Ich könnte mir einen kleinen Bus mieten, ihn mit Hilfsgütern vollladen und damit morgens gen Osten fahren. Am Abend wäre ich an der ukrainischen Grenze. Ich könnte Klamotten, Windeln, Essen, Hygieneartikel, Kinderwagen, Krücken und Rollstühle an Frauen, Kinder und Alte verteilen, die nur mit dem, was sie tragen konnten, vor den russischen Raketen geflohen sind.

Am nächsten Tag könnte ich im dann leeren Wagen Geflüchtete mit nach Berlin nehmen und ihnen Unterkunft in meiner Wohnung anbieten. Für mein Karma würde es vielleicht mehr bringen, als zu meditieren, und ich kenne Menschen, die genau das getan haben. Nicht für ihr Karma, sondern für die Geflüchteten. Ich bewundere sie dafür. Ich selbst fahre nicht an die ukrainische Grenze.

Wie so viele von uns habe ich – mehr oder weniger – gute Gründe dafür. Ich muss Drehbücher lesen, Texte lernen, Lesungen halten. Aber ist das wichtiger, als Menschen in existenzieller Not zu helfen? Und kann ich mein Nichtstun dadurch kompensieren und mein Gewissen dadurch beruhigen, dass ich für die Geflüchteten aus der Ukraine spende?

Egal, ob Strand in Thailand oder Arbeitszimmer in Berlin: Das Gefühl der Ohnmacht bleibt, und ich stelle mir die Frage, ob mein Standortwechsel für irgendjemanden (außer mich) irgendeine Relevanz hat, ob dadurch irgendetwas besser oder schlechter wird.

Vielleicht ist das Teil meiner Einsamkeit: das Gefühl, dass, egal, wo ich bin, mein Einfluss zu gering ist, der Einfluss der Liebe zu gering ist. Immer leidet irgendwer irgendwo. Und leider gibt es sehr viele, scheinbar sogar immer mehr, Irgendwos und Irgendwers.

Jedoch – bei aller Ohnmacht – glaube ich zutiefst: Um all diesen Irgendwers irgendwie helfen zu können, ist es Grundvoraussetzung, dass wir anderer Leute Probleme – die in einer immer kleiner werdenden und zunehmend voneinander abhängigen Welt (oft schneller als wir denken) auch zu unseren ganz eigenen Problemen werden können – bewusst wahrnehmen.

Ein aktiver Bürger dieser Welt zu sein, kann sich auf vielerlei Arten ausdrücken, setzt jedoch immer Wachheit und ein offenes Herz als das Gegenteil von Ausblenden und Teilnahmslosigkeit voraus.

Amerikas

Meine erste große Reise alleine unternahm ich unfreiwillig. Ich war 20 Jahre alt, studierte Schauspiel in New York und war mit meinem damals besten Freund, mit dem ich in einer WG in Manhattan wohnte, nach Los Angeles geflogen. Von dort aus wollten wir quer durchs Land nach Florida, dann zurück nach New York. Sechs Wochen und mindestens 4000 Meilen Abenteuer lagen vor uns.

Ich kaufte eine Schrottkarre, einen goldenen, 20 Jahre alten Plymouth Roadrunner. Benannt war der völlig überdimensionierte und durstige Wagen nach dem schnellen, aber irgendwie auch grenzdebilen und ständig Beep-Beep von sich gebenden Vogel aus der Zeichentrickserie, die ich als Kind manchmal geguckt habe. Eine absolute Prollkarre – ich fand sie richtig geil. Der Roadrunner kostete 500 Dollar, dafür bekam ich keine Fahrzeugpapiere. War mir egal.

Doch die schon in New York bestehenden Dissonanzen in unserer Freundschaft kochten jetzt in Los Angeles durch das permanente Eingeklemmtsein in den allgegenwärtigen Horrorstaus auf ein Maximum hoch. Beim finalen Schlussakkord wünschten wir uns gegenseitig viel Spaß für die nächsten sechs Wochen. Mein Freund stieg aus, ich fuhr los. Die ersten Tage verfluchte ich ihn und mich. Die am längsten ersehnte Reise meines Lebens – und durch einen schwachsinnigen Streit und übertriebenen Stolz war ich nun in diesem riesigen Land alleine in einem Auto unterwegs. Ich fühlte mich überfordert und völlig planlos. Doch schon nach ein paar Tagen wich meine Anspannung einer tiefen Ruhe und stillen Freude. Die kolossale Landschaft Kaliforniens und dann Arizonas zogen mich in ihren

Bann. Das riesige und mir damals noch vollkommen unbekannte Land lag vor mir. Ich fühlte mich frei zu tun und zu lassen, was ich wollte. Ich schlief in den billigsten Motels, im Roadrunner oder unter freiem Himmel. Ich bestaunte die Farben der Erde, der Berge und Wälder, versank in den Anblick von Sonnenuntergängen und weiten Landschaften. Utah, New Mexico, Texas und weiter, immer weiter ging es.

Der Kühler flog mir im Death Valley bei 45 Grad um die Ohren, in Texas löste sich die Kardanwelle. Ein alter Typ mit nur noch einem Zahn und einem Pudel mit rosa Schleife schleppte mich ab. Danach war ich pleite. Nur weil eine Freundin aus New York mir per Western Union Geld schickte, konnte ich weiterfahren.

Ich wanderte durch Nationalparks, spielte Billard mit Cowboys, lernte großartige Menschen kennen, schaute morgens auf die auf der riesigen Motorhaube ausgebreitete Landkarte und entschied, wo ich heute hinwollte. Wenn ich auf eine weitere Western-Union-Überweisung von Rachel (sie ist immer noch meine Freundin) wartete und noch nicht mal mehr Geld für das billigste Motel hatte, nahmen mich Tramper, die ich mitgenommen hatte, bei sich auf. Hatte ich frisches Western-Union-Geld, lud ich Obdachlose auf ein Bier ein.

In Louisiana geriet ich in einen Hurrikan und hatte Gänsehaut bei dieser Demonstration unbändiger Kraft, die große Bäume nach Lust und Laune entwurzelte, Autos durch die Gegend schob und Regenmassen vor sich herpeitschte. Mich und meinen Roadrunner verschonte der Wirbelsturm. Drei Wochen später fiel mein Plymouth in Florida endgültig auseinander. Das Abmelden erübrigte sich, der Wagen war ja nie auf mich angemeldet. Ich ließ ihn einfach am Straßenrand stehen und nahm den Greyhound zurück nach New York.

Nach sechs Wochen on the road schaute ich in unserer gemeinsamen Wohnung zum ersten Mal wieder in die Augen meines Freundes, in ein vertrautes, geliebtes Gesicht. Und das tat gut. Das Wer-war-im-Recht-mit-was wich ziemlich schnell der Freude sich wiederzusehen.

So schwer es mir am Anfang fiel, umso mehr hatte ich mich nach sechs Wochen in das Alleine-Reisen verliebt. Ich empfand es als extrem stimulierend, mich ganz alleine und ungeschützt, einem neuen Kontext, einer neuen Kultur auszusetzen. Zwar hatte ich das zuvor schon beim Umzug nach New York erlebt – alleine in eine fremde Stadt, in ein fremdes Land zu gehen –, aber dort war ich eingebettet in eine feste Struktur, ich war an der Schauspielschule.

Rückblickend waren die Wochen zwischen der amerikanischen Pazifik- und Atlantikküste für meine Entwicklung sehr wichtig. Je länger die Zeit zurückliegt, desto bewusster wird mir das.

Zuvor mochte ich es immer, wenn es laut war. Vielleicht auch, weil es eine gute Ausrede war, sich nicht – im wahrsten Sinn des Wortes – mal in Ruhe mit sich selbst zu beschäftigen. Die Erfahrung der Stille, die sich nach längerem Schweigen einstellte, war damals für mich neu gewesen und wirkte nachhaltig.

Auf meiner Reise konnte ich das Schweigen unterbrechen, indem ich in einem der unzähligen Diners am Straßenrand auf einen dünnen Kaffee anhielt oder Tramper mitnahm. Oder ich konnte weiter in Stille verharren, indem ich genau das nicht tat. Es war allein meine Entscheidung. Ich erlebte zum ersten Mal, was es wirklich bedeutet, ungestört mit mir in Kontakt zu sein. Auf den langen Autofahrten, auf denen ich nur selten das Radio einschaltete, nahm ich mir fest vor, die Ruhe und Ausgeglichenheit, die mich im Alleinsein durchdrang, auch dann zu hüten, wenn ich wieder unter Menschen sein würde. Ich nahm mir vor, im Kontakt mit mir zu bleiben, den Kontakt zur Stille, die unter allem liegt, nicht zu verlieren.

30 Jahre und viele Stunden Meditation später, stellt mich der Vorsatz, den ich irgendwo auf der Straße zwischen Los Angeles und Miami gefasst habe, noch immer vor Herausforderungen. Wie schaffe ich es, in mich hineinzulauschen, mit mir in Beziehung zu bleiben, während ich gleichzeitig im Austausch mit der Welt bin? Im Kontakt mit dem Außen habe ich oft mein Innen vergessen. Mit den Sinnen in der Welt und gleichzeitig bei sich zu sein, ist nicht einfach. Ich höre dir zu, habe aber gleichzeitig Kontakt zu mir und spüre, was das, was du mir erzählst, mit mir macht. Ich ruhe in mir, bin in meinem Haus, aber durch die Fenster fällt Licht und die Tür ist offen für Gäste.

Auf Reisen finde ich die Übergänge vom Gemeinsam-zum-Allein-Reisen oft herausfordernd. Tage- oder wochenlang war man zusammen über Stock und Stein unterwegs, hat zusammen gelacht und gelitten und hatte stets jemanden, mit dem man sich austauschen konnte. Geteiltes Leid ist halbes Leid, geteilte Freude ist doppelte Freude.

Dann kommt der Moment des Abschieds. Nicht nur auf Sokotra, auch an vielen anderen Orten war ich mit meinem Freund

Till unterwegs. Weil er zwei Kinder hat und beruflich sehr eingespannt ist, hat er meist wenig Zeit. Ich hingegen habe, wenn ich erst mal irgendwo angekommen bin, in der Regel keine Eile nach Hause zurückzukehren und will meine Zeit an einem fremden Ort auskosten. Trotzdem überkommt mich oft Wehmut, wenn ich mich von Till oder anderen Reisepartnern verabschiede. Besonders schlimm war es 2015 in der Atacama-Wüste in Chile.

An einem zugigen und staubigen Busbahnhof hatte ich mich von Till verabschiedet und checkte in ein billiges und extrem hässliches Hotel ein. Mein Zimmer bestand aus fünf Quadratmetern notdürftig zusammengezimmerter Depression. In kaltes Neonlicht getaucht, lag ich auf dem Bett und konnte weder Ruhe noch Schlaf finden. Die Einsamkeit überkam mich. Vor lauter Rat- und Rastlosigkeit unternahm ich den halbherzigen Versuch, Videotagebuch zu führen. Ich dachte, darüber zu sprechen, was mich bedrückt, würde mir helfen. (Sagen ja die Therapeuten.) Doch als ich mein jammerndes Selbst auf dem Bildschirm entdeckte, wurde mir meine eigene Armseligkeit nur umso schmerzhafter bewusst.

Ich ließ das Display sinken: »Alter, was für ein Trauerspiel. Mein einziger Freund zum Reden ist gerade mein eigenes Handy!« Und ging es mir wirklich so schlecht? Oder steigerte ich mich gerade nur in ein selbstgewähltes Luxusproblem rein? Ich löschte das meine Tristesse dokumentierende Video und beschloss, nach guter alter amerikanischer Art: Eigentlich ist doch »everything great!«

Es funktionierte nicht wirklich. »Was für eine Lebenslüge«, dachte ich, als ich am nächsten Tag mit dem Bus in Richtung Küste durch die staubige und eintönige Wüste fuhr: »Du machst einen auf einsamem Wolf, der die große, weite Welt erkundet – aber die Wahrheit ist, dass du ein einsamer Tropf bist, der gerade mutterseelenallein und vom Rest der Welt entkoppelt durch eine äußerst unerbauliche Gegend fährt!« Dabei bebilderte die Landschaft mit ihrer Trostlosigkeit adäquat meine eigene Misere und lieferte die perfekte Kulisse für meinen Selbstmitleids-Roadtrip.

Auch wenn diese Phase des Selbstmitleides sehr brutal sein kann, dauert sie zum Glück nur ein paar Tage und wird dann von einem Gefühl der Stille abgelöst. Es geht meist einher mit einer Verlangsamung meines Rhythmus. Ich habe dann oft gar keine Lust mehr auf Kommunikation, bin mir selber genug, verreise mit mir, in mir.

Wenn ich von Anfang an alleine auf Reisen gehe, habe ich ein anderes Mindset. Ich breche bewusst und vollkommen freiwillig allein auf. Depressive Anwandlungen habe ich dann höchstens ganz zu Beginn am Flughafen.

Sobald ich in der Fremde jedoch meinen Flow gefunden habe, übernimmt in der Regel die Freude und Neugier auf das Fremde, auf die Natur, das Ruder, und ich kann mich hingeben. Allein zu reisen, ist für mich manchmal sogar einfacher. Ich muss mich nicht absprechen, nicht erklären. Norden, Süden, Osten, Westen – meine Entscheidung, jeden Tag.

Wenn man alleine reist, ist man dem Neuen und Fremden stärker und ungefiltert ausgeliefert. Es gibt niemanden, mit dem man das Erlebte besprechen und einordnen kann. Wir alle bewerten neue Situationen und Erlebnisse durch das Abgleichen mit ähnlichen Situationen aus uns vertrauten Kontexten. Dabei schauen wir unweigerlich durch den Filter unserer eigenen Kultur, schauen mit unseren (Wert-)Maßstäben auf die Welt. Wir ordnen etwas als positiv oder negativ ein, sozial oder asozial, richtig oder falsch. Wir versuchen Ordnung und Orientierung ins Chaos zu bringen.

Wenn ich mit jemandem unterwegs bin, der die Welt durch einen ähnlichen Filter wie ich selbst betrachtet, kategorisiere ich oft vorschnell, weil man sich durch die gleiche kulturelle Brille schauend, gegenseitig bestätigt.

Bin ich alleine, habe ich keinen vertrauten Abgleich von außen, keine Referenz. Ich bin beim Versuch, (zwischen-)menschliches Handeln zu lesen, zu übersetzen und einzuordnen auf mich allein gestellt und gerate leichter ins Schwimmen. Das kann anstrengend sein, aber auch sehr lohnenswert. Ohne einen Reisebegleiter oder ähnlich tickenden Weltenleser muss ich noch präsenter und wacher sein, um die richtigen Schlüsse zu ziehen. Ich bin noch ungeschützter am Leben dran, ohne doppelten Boden.

Und natürlich ist die Interpretation der Welt auf Reisen keine Einbahnstraße. Ich lese und werde gelesen. Ich beschreibe Menschen, die mir als unbeschriebene Blätter begegnen und lasse mich beschreiben. Wenn ich alleine unterwegs bin, habe ich die Chance, mit frischen Augen gesehen zu werden. Wenn man sich nicht kennt, können Altlasten den Blick nicht trüben und verzerren. So habe ich auch die Chance, mich selber neu zu erleben, mich ohne wissende Blicke und gefestigte Meinungen neu auszuprobieren. Wenn ich mit langjährigen Freunden unterwegs bin, haben viele gemeinsame Erlebnisse das Foto, das wir voneinander haben, bereits entwickelt. Es kann dann nur noch gut oder schlecht altern, aber nicht neu belichtet werden. Die Leinwand, auf der wir uns ein Bild des anderen gemacht haben, kann übermalt werden, doch selbst wenn wir die Farbe mit kräftigen Strichen auftragen, wird das Original immer durchschimmern.

Damit will ich nicht sagen, dass es uns nicht gelingen kann, uns auch nach Jahren neugierig und aufmerksam zu begegnen. Es braucht bloß sehr viel Bewusstsein darüber, dass wir stets durch die Brillen der Vergangenheit aufeinander schauen. Damit Beziehungen lebendig bleiben, müssen wir uns und unserem Gegenüber die Chance geben, uns neu zu spüren und zu entdecken. So einfach es klingt – es ist extrem schwierig, sich des Filters, durch den man schaut, im Moment der Begegnung bewusst zu sein. Da ist er wieder der Beginner's Mind.

Ich bin in Berlin-Kreuzberg aufgewachsen. Auch als meine Welt noch klein war, war sie schon groß. Ich hatte Freunde mit deutschen, türkischen, kurdischen, griechischen, jugoslawischen und nigerianischen Wurzeln. Für mich war das immer selbstverständlich. Als Kind habe ich mich in Kreuzberg sehr zu Hause und wohlgefühlt.

Sobald ich in der privilegierten Situation war, fast überall hin reisen zu können, habe ich in der ganzen Welt Menschen kennengelernt und Freunde gefunden. Ich habe wenig darüber nachgedacht, woher ein Mensch kommt, sondern eher darüber, was uns verbindet und was uns trennt.

Wenn ich in der Fremde unterwegs bin, erwarte ich geradezu, dass die Menschen dort vieles anders sehen und auf vieles anders reagieren als ich. Ich fände es schön, wenn wir diese von Neugier und Wohlwollen geprägte Grundhaltung unabhängig von unserem Aufenthaltsort an den Tag legen könnten.

Natürlich habe ich mich dabei auch schon des Öfteren verrannt. Nachdem ich vor 25 Jahren »Die Bubi Scholz Story« abgedreht hatte, flog ich nach Ecuador. Ich saß in Quito auf einer Parkbank, als ein alter Mann auf mich zukam und mit einem freundlichen Lächeln begann, auf mich einzureden. »Un poco mas despacio, por favor«, antwortete ich. »Ein bisschen langsamer bitte.« Der Mann hatte ein zerfurchtes Gesicht, aus dem mich gütige Augen anschauten und steckte in einem ausgebeulten grauen Anzug. Meine Bitte etwas langsamer zu sprechen, verpuffte in seinem Mitteilungsdrang. »Naturaleza«, verstand ich, Natur, und »Arbol«, Baum.

Er hob eins der vielen Blätter auf, die den Boden um meine Parkbank sprenkelten, zeigte darauf und redete weiter. »Cabeza«, der Kopf, hörte ich und »Cara«, das Gesicht. Er zeigte auf mein Gesicht und auf das Blatt. Ich meinte so langsam zu verstehen. Er wiederholte die Geste. »Alma«, hörte ich raus, »Seele«. Jetzt war ich interessiert. Ich war hier schließlich in Südamerika, der Wiege des Schamanismus, umgeben von Menschen, die noch mit der Natur kommunizieren können. Hier gibt es noch Mystik und Zauber.

Er redete weiter auf mich ein. Wollte er mir zu verstehen geben, dass mein Gesicht in der Maserung des Blattes seine Entsprechungen fände? Meine Seele sich auf dem Blatt widerspiegeln würde? »Alma«, sagte er wieder. »Donde?« »Wo?«, fragte ich.

Er zog einen Kugelschreiber aus seinem Jacket und legte das Blatt in seinen Handteller. Ich schaute ihm gespannt zu. Wollte er meine Seele auf das Blatt zeichnen? Wenn ja, wie würde sie aussehen? Er zog mit dem Blau der Tinte auf dem Blatt eine Kontur. Und nach einigen Sekunden schaute mich ein Gesicht an. Es hatte einen kreisrunden Kopf, zwei Punkte als Augen und einen lächelnden Strichmund. Es war die Art von Gesicht, wie man sie als Fünfjähriger auf Strichmännchen zeichnet. Ich verstand in dem Moment, dass ich mal wieder viel mehr in eine Situation reininterpretiert hatte, als sie hergab. Ich stand auf, verabschiedete mich und ging kopfschüttelnd und lächelnd meiner Wege.

Berge

In meinen Zwanzigern zog es mich an die Traumstrände der Welt. Belize, Ecuador, Indonesien. Wo es Palmen, Strand und warmes Wasser gab, fühlte ich mich am richtigen Ort und zu Hause. Je höher die Luftfeuchtigkeit, je funkelnder der Ozean, je tropischer die Früchte, desto besser fühlten sich mein Körper und meine Seele, desto mehr hüpfte mein Herz.

Die entspannte Lässigkeit der Menschen in warmen Küstenregionen, die Zugewandtheit, die Wärme der sozialen Gesten, die Großzügigkeit, jedem ein Lächeln zu schenken, erfreuen mich jedes Mal aufs Neue. Die strotzende Vegetation, das Gefühl, Teil eines harmonischen und gesunden Kreislaufs zu sein, versetzen mich in Hochstimmung. In den Bergen ist das Leben oft härter und formt so andere Gesichtszüge, andere Menschen. Mehr Strenge, aber nicht weniger darunter liegende Herzlichkeit.

In den letzten 20 Jahren führten meine Reisen mich fast immer mit Rucksack und Wanderstiefeln in die Berge. Die Gipfel vor mir in den Himmel ragen zu sehen, beglückt mich immer wieder neu.

Berge sind auch ein Charaktertest. Gipfel muss man sich erarbeiten, sie werden einem nicht geschenkt. Der Anstrengung des Aufstiegs folgt das erhebende Gefühl, ganz oben zu stehen. Ein Gipfel, den man mit der Seilbahn erreicht hat, kann einem nicht die gleiche Süße schenken, wie ein Gipfel, den man selbst erklommen hat.

Mit Anfang 30 entdeckte ich das Klettern für mich. Ich drehte mit dem Regisseur Uli Edel in Südafrika »Die Nibelungen«.

»Die Nibelungen in Südafrika?«, fragte ich Uli. »Der Rhein ist überall begradigt, die Wälder, in denen Siegfried damals rumhüpfte, sind mittlerweile Rübenacker. Hier in Südafrika gibt es mystische Farne, spektakuläre Felsformationen und brillantes Sonnenlicht.«

Er hatte mir nicht zu viel versprochen. Die drei Monate Drehzeit wurden großartig. Physisch kam ich voll auf meine Kosten. Als Siegfried musste ich fit sein. Ich liebte es, die vielen Schwertkampfszenen mit den Stunt-Koordinatoren vorzubereiten. Wieder und wieder hieb und stach ich mich mit den Waffen in den Händen durch die Sequenzen. Eine Kampf-Choreografie ist ein gut einstudierter Tanz, der so wirken muss, als würde er gerade in diesem Moment entstehen. Ich muss genau wissen, was die nächste Bewegung meines Partners sein wird. Das Gleiche gilt natürlich auch für ihn. Ansonsten landet das Schwert dort, wo es nicht hingehört. Also übten wir zusammen wieder und wieder unsere Schritte.

Dabei freundete ich mich mit Dave an. Der Südafrikaner war neben seiner Funktion als Stuntman passionierter Kletterer. An einem Wochenende nahm er mich mit an den Tafelberg und zeigte mir dort, wie man mit Langsamkeit, Präzision und Übersicht Fels erklimmt.

In das Mindset des Kletterns verliebe ich mich sofort. Der Körper ist bis in die Fingerspitzen gespannt, durch die Adern pumpt Adrenalin, ich bin hellwach. »Ich will da hoch!« Und: »Ich will da nicht runterfallen!«, sind die einzigen Gedanken, zu denen ich fähig bin, wenn ich an einer senkrechten Felswand klebe. Es bleibt kein Raum für Gestern oder Morgen, es zählt nur die nächste Bewegung – ähnlich, wenn auch auf ganze andere Art, geht es mir beim Boxen, auch wenn es dort natürlich viel dynamischer und weniger meditativ zugeht. Im Ring hat nur ein Gedanke Platz. »Ich will nichts aufs Maul kriegen.« Aktion und Reaktion. Der Instinkt übernimmt. Absoluter Fokus.

Ich war noch häufiger mit Dave in Südafrika klettern, doch ich wollte mehr. Ich verschlang Bergsteiger-Literatur. Die Idee einer Seilschaft, die sich fernab der Zivilisation den Elementen aussetzt, hatte mich schon immer fasziniert. Ich wusste: Ich will vom Fels in die Berge.

Im Anschluss an die Dreharbeiten in Südafrika buchte ich deshalb einen Anfängerkurs Alpines Bergsteigen in Kandersteg im Berner Oberland. Klettertechnik, Wetterkunde, Lawinentraining – das Programm klang vielversprechend.

Zwei Wochen später traf ich die anderen Teilnehmer auf der Hütte. Man grüßte sich freundlich, und zugleich fühlte ich mich taxiert. Strahlte ich aus, dass ich keine Erfahrung hatte? War es mein Hochdeutsch? Oder wurde ich als Schauspieler erkannt? Einigen der Bergsteigerinnen und Bergsteigern konnte ich dann beim Denken zusehen: »Was macht der denn hier? Will er einen Bergsteigerfilm drehen?« Nein, wollte ich nicht. Zumindest noch nicht. Wie alle anderen Kursteilnehmer wollte ich einfach nur Berge erklimmen.

Nach den einleitenden Worten von Urs, dem Kursleiter, bot ich ihm an, mit ihm das Equipment aus seinem Auto zu holen. Ohne ein Wort zu sprechen, gingen wir Richtung Parkplatz. Ich empfand das Schweigen als unnatürlich. Schließlich fragte ich

Urs, wie oft er Anfängerkurse gebe. »Ein, zwei Mal im Jahr«, war die Antwort. Das war's, mehr kam nicht. Fünf Wörtchen, die meine Frage beantworteten und zugleich sagten: »Ich habe keine Lust, mich mit dir zu unterhalten.«

Ich schwieg nun auch. Wir erreichten das Auto, Urs öffnete den Wagen. Hätte ich nicht ohnehin schon geschwiegen, hätte der Anblick des Inhalts des Kofferraums mich ehrfürchtig gemacht. Ich fühlte mich wie ein Kind an Weihnachten. Hochwertiges Material blitzte mich an. Eispickel, Steigeisen und Karabiner lagen auf Seilen und Gurten. Ich habe ein absolutes Faible für Expeditionsequipment jeder Art. Ausrüstung, um das Überleben zu sichern. Haltbarste Materialen, präziseste Mechanik, gemacht für den Ernstfall. Als Metall auf Metall schlug, Karabiner klickten und Urs die Seile fachkundig aufnahm, entspannte ich mich, und die Vorfreude, etwas Neues und Aufregendes zu tun, ergriff Besitz von mir. Ich fühlte mich wie ein kleiner Junge, der nun endlich mit den Großen in die Berge durfte.

Von diesem Gefühl getragen, unternahm ich gut gelaunt einen neuen Anlauf, mit Urs locker zu werden. »Ich habe gehört, der schlimmste Ausdruck in der Schweiz ist ‚Schafseckel'.« Irgendjemand hatte mir gesagt, dass man mit Schafshoden einen Vollidioten umschrieb. Als gebürtigem Berliner kam mir das auf sympathische Weise fast unschuldig vor. Darüber wollte ich mich jetzt – warum auch immer – mit Urs unterhalten. Erneut dröhnendes Schweigen. Ich bereute sofort die wenigen Worte, die für Urs ein unkontrollierter und kaum zu rechtfertigender Laberflash gewesen sein mussten. Als wir nach einer gefühlten Ewigkeit an der Hütte ankamen, sagte der Bergführer mit ernster Miene und kehliger Stimme schließlich: »Ja«. Erneutes

Schweigen. »Das ist nicht so nett.« Willkommen in der Schweiz, dachte ich.

Am nächsten Morgen um sechs Uhr klingelte der Wecker. Müde, aber mit Freude zog ich mir meine neu gekaufte Funktionskleidung an. Schicht für Schicht. Atmungsaktiv, abriebfest und schön teuer. Es ging los, hoch zum Gletscher. Dort wollten wir Sicherung in Schnee und Eis trainieren.

Der Schnee knarzte unter meinen Stiefeln und über uns ragten schweigend und erhaben die Viertausender in den grauweißen Himmel. Ich war das erste Mal wirklich im Hochgebirge. Ich war nicht eines dieser Kinder, die mit ihren Eltern jedes Jahr Ski fahren gegangen sind. Meine Mutter interessierte sich mehr für den Süden, die Wüste und Inseln, mein Vater war am liebsten zu Hause.

Umso mehr war ich jetzt von der eisigen Präsenz der mich umgebenden Landschaft gebannt. Ich sog die Stille der Berge in mich auf, die eigentlich keine Stille war. Sie war hörbar, ein leises Grundgrollen. Ich wusste theoretisch, dass Gletscher wandern und nicht starr sind, aber ich hatte es noch nie selbst gehört. Jetzt meinte ich, diese Zeitlupenbewegung wahrnehmen zu können.

Viele Menschen sagen, dass sie sich unter einem großen Sternenhimmel winzig klein fühlen. Ich kenne dieses Gefühl nicht, und das liegt nicht an meiner Hybris. Ich fühle mich unter dem funkelnden Sternenhimmel einfach glücklich. An meinem Platz. Glücklich, ihn sehen zu können, glücklich, am Leben zu sein.

Aber jetzt spürte ich, dass ich mich im Schatten dieser mächtigen Berge sehr klein fühlte. Ihre kolossale Größe ließ mir bewusst werden, wie klein, verwundbar und vergänglich ich bin. Der Berg ist einfach. Er setzt sich den Elementen jederzeit ungerührt aus. Ob Hagel, Eis, Schnee oder strahlender Sonnenschein – der Berg schaut unverwandt ins Tal. Er mahnt mich so – ebenso wie ein großer, alter Baum – zu Demut. Man kann an seiner Wand sterben, man kann auf seinem Gipfel triumphieren – dem Berg ist es gleich. Diese Erhabenheit, diese massive Kraft schüchtert mich ein und schenkt mir Freude zugleich.

Als Proviant hatte ich mir Dörrobst eingepackt. Irgendjemand – wer war das bloß? – hatte mir erzählt, echte Bergsteiger essen Dörrobst, und ich kam mir mit meinen trockenen Pflaumen, Äpfeln und Aprikosen perfekt ausgestattet und erfahren vor. Während Urs über Lawinenabgänge dozierte, kaute ich erregt wie ein junger Hund auf den getrockneten Früchten herum, orgelte das geschwefelte Obst wie ein Achtarmiger in mich rein.

Plötzlich, Urs erklärte gerade, wie man sich im steilen Gelände mit Eispickel und Seil sichert, machte mein Magen eine Umdrehung. Die Heftigkeit erschreckte mich. Ich fühlte in mich hinein. Dann die zweite Umdrehung. Was war da los? Mein Magen war mir jetzt unheimlich, und ich hörte auf, zu kauen. Doch die Waschmaschine kam jetzt richtig auf Touren. Mich packte die blanke Angst. Unter den verwunderten Blicken der anderen Teilnehmerinnen und Teilnehmer rannte ich los.

Ich wusste, da irgendwo muss die Hütte sein. Ich sprang über Eis und Fels, kniff dabei so gut ich konnte die Pobacken zusammen und spannte den Schließmuskel an. Mit Schrecken dachte ich an die vielen Lagen, die ich anhatte: Unterhose, lange Unterhose, Funktionshose mit Hosenträgern und Klettergurt mussten runter, bevor ich mich erleichtern konnte. Und der Rucksack! Nach endlosen Minuten tauchte die Hütte auf einem kleinen Plateau auf. Der Hüttenwirt schaute mir verdutzt zu, als ich an ihm vorbeiraste, meinen Rucksack abwarf und mich bereits im Laufen untenrum freimachte. Ich riss die Tür zur Toilette auf und noch bevor ich auf der Klobrille gelandet war, ließ ich meinem Bedürfnis mit einem Stöhnen der Erleichterung freien Lauf. Ich hatte es geschafft! Ich habe nie wieder Dörrobst gegessen.

Weitere Kletterkurse führten mich in die bayerischen und österreichischen Alpen und dann ins Elbsandsteingebirge. Dort buchte ich mit Freunden einen Tageskurs bei der sächsischen Kletterlegende Bernd Arnold, der in seiner Heimat viele spektakuläre Erstbesteigungen machte. Er ist der einzige Mensch, den ich jemals barfuß senkrechte Wände hochklettern sah. Bernd legte vor jedem Aufstieg seinen kleinen orientalischen Teppich an die Felswand und streifte sich daran die Füße ab. Sobald dieses Ritual vollbracht war, entzündete er seine Tabakpfeife, paffte ein paar Mal genüsslich, schaute nach oben und schlängelte sich dann mit der Pfeife im Mund und nackten Füßen senkrechte Wände hinauf, die für mich mit modernen Kletterschuhen immer unerreichbar bleiben würden.

»Weißt du, Benno, nach einer schönen Kletterei mache ich mir gerne ein Püllchen Bier auf«, sagte mir der Großmeister des Elbsandsteingebirges, der wie eine die Gesetze der Schwerkraft außer Kraft setzende Spinne die steilen Wände im Elbtal erklomm. »Ich mir auch«, antwortete ich. »Bloß hat das, was ich hier versuche, leider nichts mit dem zu tun, was du machst.«

Nordwand

Drei Jahre später kamen mir meine Klettertouren beruflich zugute. Der Versuch der Erstbesteigung der Eigernordwand sollte verfilmt werden und ich eine der beiden Hauptrollen spielen.

Die Besteigung des 3967 Meter hohen Eiger über die 1800 Meter hohe, fast senkrechte und extrem steinschlag- und lawinengefährdete Nordwand galt in den 1930er Jahren als »letztes ungelöstes Problem der Alpen«. Im Vorfeld der von den Nazis in Berlin ausgerichteten Olympischen Spiele 1936 gab es immensen politischen Druck, dass Bergsteiger des Deutschen Reiches den Eiger als erste Menschen über die Nordwand erklimmen sollten. Die Bergsteigerei wurde politisiert und mit chauvinistischen Narrativen aufgeladen, ein Wettlauf zum Gipfel begann, der in der Katastrophe enden sollte.

Beruhend auf einer wahren Geschichte sollte ich den Berchtesgadener Bergsteiger Toni Kurz spielen, der mit seinem Freund Andreas Hinterstoißer im Juli 1936 versuchte, die Nordwand zu erklimmen. Von Schaulustigen sowie deutschen und internationalen Medien genauestens beobachtet, kamen die beiden extrem versierten jungen Kletterer bei der gefährlichen Tour zunächst zügig voran, doch am nächsten Tag schlug das Wetter um – und das Desaster nahm seinen Lauf.

Als die Beobachter wieder freie Sicht auf die Wand in den Berner Alpen hatten, hatten die beiden Bayern sich anscheinend mit einer Seilschaft aus Österreich zusammengetan. Am nächsten Tag schien einer der beiden Österreicher verletzt, vermutlich durch Steinschlag. Die vier Bergsteiger traten nun den Rückweg an – vermutlich, weil ihnen klar war, dass sie im Schneesturm mit einem Schwerverletzten den Gipfel nicht erreichen konnten. Drei von ihnen stürzten dabei in den Tod. Nur der von mir verkörperte Toni Kurz überlebte und schaffte alleine ein weites Stück des Abstieges bis kurz oberhalb des Stollenlochs der bis auf eine Höhe von 3454 Meter führenden Jungfraubahn.

Drei Männer der Schweizer Bergrettung versuchten in der Nacht zu dem völlig entkräfteten und halb erfrorenen Kurz vorzudringen. Einer der Bergretter erinnerte sich später daran, dass Kurz ein »durch Mark und Bein gehendes ‚Nein'« rief, als die Retter ihm zuriefen, dass sie den Rettungsversuch aufgrund des schlechten Wetters und der großen Gefahren abbrechen müssten und erst am nächsten Morgen einen neuen Anlauf starten würden. Angeseilt auf einem schmalen Felsvorsprung verbrachte Kurz eine unvorstellbar qualvolle Nacht im Schneesturm.

Auch am nächsten Morgen scheiterte der Aufstieg der Retter zum halbtoten Bergsteiger. Schließlich versuchte Kurz, sich an zwei von der Bergwacht verbundenen Seilen abzuseilen, doch der Knoten, der die Seile miteinander verknüpfte, blieb rund sieben Meter oberhalb der Männer der Bergwacht in einem Karabiner stecken.

Nachdem er seinen besten Freund und die beiden anderen Männer seiner Seilschaft bereits verloren hatte und selbst halb erfroren Tage und Nächte ums Überleben gekämpft hatte, brach der feststeckende Knoten nun seine Moral. »Ich kann nicht mehr«, stöhnte Kurz, kippte im Seil vornüber und starb mit Händen und Füßen nach unten hängend wenige Meter über seinen Rettern am Seil baumelnd.

Das schreckliche Foto des toten Bergsteigers wurde eines der berühmtesten Bilder der alpinen Geschichte und mahnt noch heute Bergsteiger in aller Welt. Beim Bergungsversuch der mittlerweile mit einer dicken Eisschicht überzogenen Leiche, stürzte Kurz' steif gefrorener Körper schließlich ab und wurde erst über einen Monat später in einer Spalte am Fuße der Eigernordwand gefunden. Zwei Jahre später gelang einer Seilschaft des österreichischen Bergsteigers Heinrich Harrer, auf dessen Leben der Film »Sieben Jahre in Tibet« beruht, die Erstbesteigung.

Ich freute mich sehr auf die Vorbereitungen zum Film, vor allem aufs Klettern. Doch wie so oft beim Film war die Zeit knapp bemessen. Florian Lukas, der Andi Hinterstoißer spielen sollte, war noch nie geklettert. Mit Michael Hoffmann, einer Kletterkoryphäe aus Bayern, bei der ich zuvor schon einen Kletterkurs absolviert hatte, trainierten Florian und ich im türkischen Olympos, in Chamonix an den Hängen des Mont Blanc und auch am Eiger – wir wollten wenigstens eine Seillänge an diesem legendären Originalschauplatz geklettert sein, um ein Gefühl für die einschüchternde Größe des Felsens zu bekommen.

Wir kletterten Eiswände hoch, wir lernten, Steigeisen zu benutzen, wir lernten technische Bergsteigerei. Florian erwies sich dabei als echtes Naturtalent. Er war bald auf meinem Niveau. Was das über meine Fähigkeiten oder über Florians Talent sagt, sei mal dahingestellt. Wir kletterten sowohl mit modernen Kletterschuhen als auch mit Bergstiefeln, die ein Schuster eigens nach den Modellen entworfen hatte, wie sie Toni Kurz 1936 getragen hatte. Ein Unterschied wie Tag und Nacht: Mit den modernen Schuhen hatten wir einen beeindruckenden Grip am Felsen. Mit den schweren, steifen und metallbeschlagenen Stiefeln von damals, wirkte es hingegen so, als würden Florian und ich eine vollkommen missglückte Holiday-on-Ice-Performance in der Vertikalen aufführen.

Sehr viel Spaß gemacht hat es trotzdem. Ich weiß noch genau, wie Florian sich unterhalb des Mont Blanc auf dem im Sonnenschein glitzernden Schnee am Seil hängend zu mir drehte und sagte: »Alter, was wir hier gerade machen, ist bezahlte Vorbereitung für einen Film!« Wir lachten beide.

Zehn Jahre zuvor hatte ich den Boxer Bubi Scholz gespielt. Ich trainierte dafür sechs Wochen lang zweimal täglich mit dem Berliner Boxer Uwe Uhlmann. Ich habe geschwitzt, geflucht, hatte Schmerzen – und sehr viel Spaß. Ich hätte nie gedacht, dass mir die Vorbereitung auf einen Film je wieder so viel Freude bereiten würde – bis die »Nordwand« kam.

Die Dreharbeiten, so großartig sie waren, wurden für uns klettermäßig teilweise zur Enttäuschung. Florian und ich hatten so hart trainiert, aber am Ende durften wir nicht allzu viel von unseren neuen Künsten zeigen. Filme zu drehen ist teuer. Darum sind Produktionen und Darsteller stets bei einer Filmausfallversicherung versichert. Sie greift, wenn der Film – aus welchen Gründen auch immer – verspätet oder gar nicht fertiggestellt werden kann. Um dieses Risiko möglichst gering zu halten, schreiben die Versicherungen strenge Sicherheitsvorkehrungen vor – unter die natürlich auch fällt, nach Möglichkeit nicht Hunderte Meter über dem Abgrund an einer senkrechten Wand zu kraxeln. Deshalb wurden wir in vielen Sequenzen von

Extremkletterern gedoubelt und freuten uns jedes Mal, wenn wir selbst ran durften.

Den Großteil des Auf- und Abstiegs, der damals für alle vier Bergsteiger tödlich endete, drehten wir in einer Kühlhalle. Fischstäbchen raus, wir rein. Unsere Bühnenbildner bauten eine zehn mal sechs Meter hohe Gebirgswand in das konstant auf minus zehn Grad runtergekühlte Lebensmittellager. Im Gegensatz zu Toni Kurz und Andi Hinterstoißer mussten Florian und ich hier nicht mit unvorhersehbarem Steinschlag oder Lawinen rechnen. Sturm und Schnee brachen nicht aufgrund von Wetterumschwüngen über uns herein, sondern kamen auf Knopfdruck, wenn der Regisseur es wollte. Arschkalt war es trotzdem. Am ganzen Körper zitternd, halfen die eisigen Temperaturen uns vielleicht ein bisschen, ansatzweise das nachzuempfinden, was Kurz und Hinterstoißer an der echten Nordwand erleiden mussten.

»Was soll das sein?«, frage ich, als mir jemand aus dem Team ein archaisch aussehendes Eisenteil reichte. Wir wollten jetzt die Todesszene drehen. »Ein Karabiner«, antwortet er. »Das sehe ich. Aber woher kommt der?« »Er ist den alten Karabinern, wie sie in den Dreißigern verwendet wurden, nachempfunden«, kriegte ich zur Antwort. Ich sollte an diesem Ding in zehn Metern Höhe über dem Beton-Hallenboden hängen. »Verstehe ich. Aber hat den jemand auf Zug getestet, auf Belastung?« Die gegebenen Antworten überzeugten mich nicht. Ich bestand darauf, mich zusätzlich mit einem modernen Karabiner zu sichern, und das Modell Marke Eigenbau lediglich für die Kamera zu verwenden.

Fünf Jahre zuvor war meine Tochter Zoe geboren worden. Ihre Geburt veränderte mein Leben für immer. Bevor es Zoe gab, hätte ich mein Leben wahrscheinlich dem antik wirkenden Karabiner anvertraut, hätte mich von der Dynamik am Set einfach mitreißen lassen, wäre davon ausgegangen, dass schon alles seine Richtigkeit habe und alles gut gehen würde. Seitdem ich Vater bin, bin ich mir einer anderen Verantwortung bewusst. Ich bin vorsichtiger und umsichtiger geworden.

Toni Kurz war 23 Jahre alt, als er starb. Er hatte keine Kinder. Mich haben Menschen, die für ein Ziel Risiken kühn abwägen, oder für ihre Überzeugungen ihr Leben in die Waagschale werfen und bereit sind, für etwas, was bis dahin keinem anderem gelungen war, alles zu geben, immer fasziniert.

Es liegt in der menschlichen Natur, die Grenzen des Machbaren immer weiter zu verschieben. Im Falle von Toni und anderen Bergsteigerinnen und Bergsteigern, Sportlerinnen und Sportlern sowie Entdeckerinnen und Entdeckern treibt sicher auch ein großes Ego diese Menschen zu solch unglaublichen Höchstleistungen an. Die Konsequenz, Beharrlichkeit und Willenskraft, die es dazu braucht, werden in der archaischen Kulisse der Berge besonders deutlich: Ein kleiner Mensch vor riesigen Bergen, den Elementen ausgeliefert, die so oft das Drehbuch schreiben. Dem Berg ist es dabei vollkommen gleich, ob der Mensch als Erstbesteiger in die Geschichte des Alpinismus eingeht oder ob sein zerbrochener Körper für immer am Berg bleibt.

Himalaya

Nachdem ich »Nordwand« gedreht hatte, zog es mich mehrfach in den Himalaya. Meine körperlich anstrengendste Tour sollte mich in Nepal im Schatten des Mount Everest über drei mehr als 5000 Meter hohe Pässe und schließlich auf den 6189 Meter hohen Island Peak führen – so zumindest der Plan.

Gegen ein Uhr nachts wache ich im Camp auf knapp 5000 Meter Höhe schweißgebadet auf und schnappe panisch nach Luft. Ich habe das Gefühl, atmend zu ersticken. Bevor ich eigenschlafen war, hatte ich die Kapuze meines Daunenschlafsacks bis auf ein kleines Loch zum Atmen zugezogen. Doch jetzt liege ich bis zu den Schultern entblößt auf dem Kopfteil, das von meiner überfrierenden Atemluft mit einer dünnen Eisschicht überzogen ist. Schon in den letzten Tagen habe ich immer wieder hyperventiliert.

Jeder, der schon mal im Hochgebirge war, kennt es aus eigener Erfahrung: Je höher man steigt, desto weniger Sauerstoff ist in der Luft. Zumindest gefühlt, denn der Sauerstoffanteil in der Luft bleibt gleich. Doch durch den in der Höhe abnehmenden Luftdruck nimmt die absolute Zahl der Sauerstoffmoleküle ab. Der Körper kann sich daran langsam und bis zu einem gewissen Grad durch die verstärkte Bildung roter Blutkörperchen, die Sauerstoff binden können, anpassen. Soweit die Theorie.

In der Praxis habe ich einfach nur Panik. Alleine im dunklen, kalten Zelt zu liegen und von den eigenen gierigen Atemzügen geweckt zu werden, ist eine extrem beängstigende Erfahrung. Ich bäume mich auf und versuche, so schnell wie möglich so viel Luft wie möglich in mich einzusaugen. Als ich das Gefühl habe, dass endlich etwas davon in meinen Lungen, meiner Blutbahn und meinem Kopf ankommt, lässt die Angst kurz etwas nach. Doch ich weiß auch: Die nächste Panikattacke wird kommen.

Ich rufe Felix, unseren Bergführer. Er misst meine Temperatur. 41 Grad. Halleluja! Ich habe noch nie in meinem Leben so hohes Fieber gehabt. Ab wann wird es gefährlich? Ab wann ist man tot? 42 Grad? 43 Grad? Felix bringt mir ein fiebersenkendes Mittel. Ich nehme die maximal zulässige Dosis. Obwohl meine Atemluft weiterhin an meinem Schlafsack gefriert, strömt mir der Schweiß aus allen Poren. Dann setzt der Schüttelfrost ein.

Mit Felix bespreche ich die möglichen Optionen. Absteigen und die Tour an dieser Stelle abbrechen oder versuchen, mich ins nächste Lager zu schleppen. Es liegt auch auf knapp 5000 Meter Höhe und damit nicht niedriger als das Camp, in dem ich mich jetzt befinde. Bis zum nächsten Lager sind es sechs Stunden Laufzeit. Unter normalen Umständen. Aber ich befinde mich definitiv nicht in einem normalen Zustand. Allein die Vorstellung zu stehen, kommt mir absurd vor. Ich versuche, meine rasenden, fiebrigen und hysterischen Gedanken zu ordnen. Was soll ich tun? Im Delirium treffe ich eine Entscheidung. Ich zwinge mich, ein paar Löffel Müsli runterzuwürgen und trinke heißen Tee, dann setze ich mir meinen Rucksack auf. Ich werde weitergehen.

Mir ist schwindelig, ich schwanke, ich taumele. Lila, einer unserer Sherpas, bemerkt es und will mir meinen Rucksack abnehmen. Ich lehne dankend ab. Warum, kann ich heute nicht mehr wirklich sagen: Wahrscheinlich eine seltsame Mischung aus Stolz und meiner damaligen Idee von Männlichkeit.

In einer Verfassung, in der ich zu Hause das Bett niemals verlassen hätte, soll ich jetzt auf 5000 Metern Höhe mindestens sieben Stunden wandern und dabei unter anderem einen Gletscher überqueren. Ich versuche, die dünne Luft so tief wie möglich in meine Lungen zu ziehen, und die Erschöpfung stoisch wie ein buddhistischer Zen-Mönch wegzuatmen, nicht mit der Panik mitzugehen, Haltung zu bewahren. Wenn es eng wird, zeigt sich der wahre Charakter, die wahre Moral, das wahre Herz – und ich will stark sein. Aber ich bin es nicht. Ich stürze. Die Sherpas eilen sofort herbei und helfen mir auf. Erneut wollen sie mir meinen Rucksack abnehmen, erneut lehne ich dankend ab. Ich will das Ziel aus eigener Kraft erreichen.

Gleichzeitig verfluche ich mich dafür, dass ich freiwillig und ohne Not in eine Gegend gereist bin, die so menschenfeindlich und rau ist, dass man in ihr nur mit Hilfsmitteln überleben kann. Eine Gegend, in der man ohne gute Ausrüstung zum Tode verurteilt ist.

Schon auf anderen Bergtouren habe ich dieses bedrohliche Gefühl der absoluten Abhängigkeit von technischen Hilfsmitteln kennengelernt. Das Gefühl, dass nur eine dichte Zeltplane, ein trockener Schlafsack und ein funktionierender Kocher das Überleben sichern. Ich kenne die Angst, dass die Flammen des Propangases, auf denen man sich gerade eine heiße Suppe kocht und die Hände wärmt, kleiner werden, anfangen, nervös zu flackern und schließlich ganz erlöschen.

Ohne Hilfsmittel und ganz auf mich allein gestellt, hätte ich keine Chance, in diesem lebensfeindlichen Umfeld, in dem Menschen eigentlich nichts verloren haben, zu überleben. Das

Lied »Naked as we came.« des amerikanischen Singer-Songwriters »Iron and Wine« kommt mir in den Sinn und will von dort nicht mehr verschwinden. »Naked as we came«. My ass! Versuch' das mal hier … Mein innerer Monolog dreht sich im Kreis: Nur Vollidioten wie ich machen in menschenfeindlichen Gebirgsregionen wie dieser hier Urlaub, um zu zeigen, was für geile Hechte sie sind. Absoluter Bullshit! Was will ich mir oder jemand anderem beweisen? Ich bin einfach nicht für hier oben gemacht. Ich habe hier nichts verloren. Selbst für die die Höhe gewöhnte Sherpas ist das hier kein Spaziergang. Und sie sind nur hier, weil sie dafür bezahlt werden. Ich hingegen zahle einen Haufen Geld dafür, im Delirium bei Minusgraden über Fels und Eis zu stolpern. Ich bin einfach zu dumm, um zu begreifen, dass ich zu weich für die Berge bin. Ich bin Städter. Ich bin mit Zentralheizung aufgewachsen, in einem gemäßigten Klima, 30 Meter über dem Meeresspiegel. Ich könnte jetzt in Thailand am Strand liegen und Sticky-Mango-Rice essen. Stattdessen riskiere ich hier bei Temperaturen und einem Funfaktor von minus zehn mein Leben.

Während ich das denke, stürze ich erneut. Durch die dunklen Gläser meiner Gletscherbrille, die meine Augen vor der Schneeblindheit schützen sollen, kann ich Fels und Eis nicht unterscheiden. »Was für ein Wahnsinn, was für ein Irrsinn!«, denke ich, als ich im Schnee liege. Mein ganzes System ist kurz vor dem Kollaps.

Es gibt gute Gründe, warum ich Zoe jedes Mal, wenn sie als Kind Fieber hatte, gesagt habe, sie müsse im Bett bleiben, viel trinken und schlafen, um wieder zu Kräften kommen. Fieber ist das Signal, sich von der Welt zurückzuziehen, sich von liebenden und pflegenden Menschen helfen zu lassen und sich selber einzurollen und zu schlafen.

Als ich auf dem Gletscher wie ein Maikäfer auf dem Rücken liege, möchte ich mich auch zusammenrollen und schlafen. Ich will nicht mehr aufstehen. Ich möchte, dass jemand, der mich liebt, sich um mich kümmert. Und ich möchte, dass irgendjemand ruft: »Cut! Aus! Seid ihr wahnsinnig? Der Junge stirbt gleich!« Ich möchte, dass alles nur ein schlechter Traum ist.

Doch es ist kein Traum, niemand kommt, um mich zu streicheln, mich sanft zu wecken, mir einen heißen Tee zu geben, mich in den Arm zu nehmen und mich aus diesem Alptraum zu befreien. Nur die Sherpas reichen mir mit besorgter Miene ihre Hand und richten mich wieder auf.

Ich taumele weiter. So vergehen die Stunden. Oder sind es nur Minuten? Die Zeit dehnt sich. »Wenn du das hier schaffst, gibt das 'ne gute Geschichte«, spricht eine Stimme in mir. »Scheiß auf deine gute Geschichte. Bist du zwölf?«, erwidert eine andere Stimme in mir, während ich mechanisch einen Fuß vor den anderen setze.

Irgendwann erheben sich links von mir bedrohliche, schroffe Felswände, rechts erstreckt sich ein von Eis und Schnee durchsetztes Geröllfeld. Als der Pfad eine scharfe Biegung macht, glaube ich in weiter Ferne auf einer Anhöhe diffus die Umrisse einer Hütte zu erkennen. Selten hat mich ein Anblick so verzückt. Ich kriege neuen Wind unter die Flügel, jetzt ist es gleich überstanden, das Ende der Qual ist nah. Halleluja!

Als der Pfad in eine kleine Senke hinabführt, verschwindet die Hütte wieder aus meinem Blick. Ich versuche, meinen torkelnden Gang zu beschleunigen. Ich würde einen heißen Tee trinken. Nein, ein Bier! Scheiß auf das Fieber! So ein krasser Tag verlangt nach einem Bier! In der Hütte würde ich nach einem Zimmer fragen. Ich bete, dass sie eines haben. Dann müsste ich nicht vom Fieber gebeutelt in meinem engen Zelt vor mich hinfantasieren. Ich würde in einem Bett schlafen. Alles würde gut sein!

Nach endlosen Minuten steigt der Pfad endlich wieder etwas an und ich kann die Hütte wieder sehen. Genau wie diese Hütte stelle ich mir in diesem Augenblick das Paradies vor. Vier graue Wände aus Stein, ein Dach, ein Ofen, der wohlige Wärme ausstrahlt. Doch so viel ich auf dem sich nun in engen Serpentinen windenden Weg auch vorwärtsstolpere, das Paradies scheint nicht näherzukommen. Wie eine Fata Morgana tanzt die Hütte zum Greifen nah vor meinen Augen, doch der Weg zum Ziel bleibt scheinbar immer gleich ang. Nach jeder Windung des Weges taucht das Camp auf, um mit der nächsten Biege wieder zu verschwinden. Bin ich jetzt verrückt geworden? Ich frage Lila, ob er die Hütte auch sehe. »Ja, Benno. Gleich sind wir da«, sagt der Sherpa, aber ich bin mir nicht sicher, ob er wirklich sieht, was ich sehe, oder ob er nur nicht weiß, wie er mit einem verrückt gewordenen Europäer umgehen soll.

Während ich weiter in Richtung Fata Morgana tapse, verfluche ich wieder mich und meine bescheuerten Ich-beweise-mir-etwas-Trips, schwöre mir, dass ich meine Lektion ein für allemal gelernt habe und dass meine nächste Reise ans Meer gehen wird – falls es eine geben wird.

»Bitte, bitte lass mich ankommen«, flehe ich. Nur, um im nächsten Augenblick zu grollen: »Nein, mach doch, was du willst, da oben. Dann sterbe ich eben hier. Ist mir scheißegal! Wär' sogar eine Erlösung. Nimm mich, nimm mich zu dir.«

Ich schleppe mich fluchend und zitternd weiter, und als der Pfad eine weitere Kehre macht, sehe ich die Hütte plötzlich deutlich vor mir. Sie ist aus Stein und Holz gebaut. Sie ist keine Fata Morgana. »Camp!«, ruft Lila. »Yes!«, schreie ich. Aus dem letzten Loch pfeifend wanke ich die finale kleine Anhöhe hoch und falle schließlich fast durch die Tür. Im Ofen glimmt eine Handvoll Yak-Dung, der Hüttenwirt gibt mir eine Tasse heißen Tee und es gibt eine kleine Kammer für mich! Ich bin selig.

Gerade schlürfe ich meinen Tee, als eine völlig verzweifelte und entkräftete Japanerin durch die Hüttentür stolpert und sofort anfängt zu weinen. »Ich fühle dich«, denke ich. »Ich fühle dich so sehr, Schwester.«

Bergmenschen

Mich faszinieren Menschen, die in den Bergen unterwegs sind, mit ihrer Expertise, ihrer Zähigkeit und ihrer Besonnenheit. In den Bergen muss man planen. Man muss vorausdenken und vorbereitet sein. Man muss wissen, was man tut. Ich stand und stehe oft staunend vor Bergführern, die den Kopf zum Himmel recken und dann sagen: »Demnächst wird es stürmen. Wir sollten uns beeilen!« Ich schaue dann auch immer in den Himmel. Mal ist er klar, mal ist er wolkenverhangen, doch kann ich fast nie entdecken, was meine kundigen Begleiter so sicher macht, dass das Wetter bald umschlagen wird. Aber stets haben sie recht.

Und die Bergmenschen wissen scheinbar jederzeit, wohin sie ihre Füße setzen müssen. Wenn es steil und anstrengend wird, tapere ich demütig Bergführern hinterher, die sich gemessenen Schrittes präzise wie ein Uhrwerk auf den Gipfel zubewegen. Ich wäre so gerne wie sie, sicher und gleichmäßig über Fels, Eis oder Geröll gehend, egal, ob bei 45 Grad Gefälle oder 45 Grad Steigung. Mittlerweile weiß ich, dass ich, wie soll ich sagen, anders bin.

Es war eine Lektion in Demut, als ich mich das erste Mal beim Gehen auf Eis sah. Tono, ein toller Bergführer, mit dem ich in Patagonien den Cerro Torre, einen der schönsten und am schwierigsten zu besteigenden Berge der Welt, umrundete, filmte mich mit seinem Handy, als wir eine Gletscherspalte umgingen. Mein Rucksack wog fast 30 Kilo, ich hatte Steigeisen an den Stiefeln, in der linken Hand einen Eispickel, in der rechten Hand das Seil, das mich mit dem vorausgehenden Tono verband.

Der Schnee knirschte unter meinen Schritten. Die andere Welt war so weit weg, weil ich mitten in der Welt war. Die Absenz von allem Zivilisatorischem führte in mir zu einem dichteren Gefühl von mir und der Welt, als wären wir enger verwebt. Keine Farben außer das Weiß des Schnees und das Grau der Berge. Auch der Himmel war weiß und grau. Vor mir lag eine Weite, wie ich sie noch nie erlebt hatte. Ich hatte kein Gefühl mehr für Entfernungen. Der Berg am Horizont konnte zwei oder sechs Tagesmärsche entfernt sein, ich konnte es nicht abschätzen. Es gab keine Bäume, Tiere, Menschen, Straßen oder Häuser, anhand derer man die Dinge in Bezug hätte setzen können. Nur Eis. Ich und mein Atmen inmitten von Weiß und ein anderer Mann, dem ich mein Leben anvertraut hatte. Gehen, atmen und staunen. Ich fühlte mich prächtig.

Als wir uns abends im Zelt eine Suppe kochten, zeigte Tono mir das kurze Video. Das Filmchen zeigte einen Mann, der wankend und plump vorwärtseierte. Er sah so anders aus, als ich ihn mir vorgestellt hatte. Ich hatte ein paar Stunden zuvor das Gefühl gehabt, dass ich behände und geschmeidig wie eine Katze über das Eis geschlichen war. Was für eine Diskrepanz zwischen Eigen- und Fremdwahrnehmung!

Ich musste an meinen Orthopäden denken, der mich nur Wochen zuvor nach einer Meniskus-Operation untersucht hatte. Meine Kraft wurde getestet, indem ich mit meinen Beinen gegen schwere Widerstände drückte. Anschließend wurde gemessen, wie viel Ausgleichsarbeit mein Fußgewölbe leisten musste, während ich auf einem nicht statischen Untergrund auf einem Bein hüpfte. Der Computer zeichnete alles auf. Bei der anschließenden Auswertung sagte der Arzt: »Muskulär überdurchschnittlich, aber deine Balancefähigkeit ist wie mit drei Promille.«

Ähnlich desillusionierend wie mich selbst am Cerro Terro über den Gletscher taumeln zu sehen, war es, als ich ein Video sah, das mich beim Boxen zeigte. Was sich beim Sparring für mich wie punktexplosive Blitze meiner Fäuste angefühlt hatte, sah auf dem Video aus, als würde ich in einem Honigglas kämpfen.

Es ist nicht schön, sich unschmeichelhafte Videos von sich selbst anzuschauen. Wenn es auf dem Handybildschirm viel schlechter aussieht, als man zuvor gedacht hatte, kann das am Ego nagen. Aber dass ich nicht hundert Prozent für etwas gemacht bin, nimmt mir nicht die Lust daran, es dennoch zu tun und mich mit Hartnäckigkeit und Schweiß verbessern zu wollen. Deshalb bin ich auch in einigen Dingen nicht wirklich schlecht, aber zu echter Meisterschaft habe ich es in nichts gebracht – und das macht mich bisweilen neidisch.

Meinen Blick kann ich oft nicht von Menschen abwenden, die irgendetwas richtig gut können, die es mit einem Übermaß an Talent, Leidenschaft, Hingabe und Verzicht zu echter Perfektion gebracht und »ihr Ding« gefunden haben. Ganz gleich, ob ihre Finger mühelos über die Klaviatur fliegen und sie die Zuhörer damit zu Tränen rühren, ob sie im Kampfsport mit Technik, Mut und Leidensfähigkeit den Ring dominieren oder ob es ihnen gelingt, Gedanken mit Worten in klarster Schönheit erstrahlen zu lassen: Menschen, die etwas so gut beherrschen, dass es wirkt, als hätten sie diese Tätigkeit erfunden und wären ausschließlich zu ihrer Ausübung auf die Welt gekommen, faszinieren mich, faszinieren uns alle. Da ist Eros drin.

Ich habe »mein Ding« nie gefunden, das *eine* Ding, dem ich bereit gewesen wäre, alles andere unterzuordnen. Ich bin nie ein guter Bergsteiger geworden, doch die Liebe zu den Bergen und zur Natur wuchs und wuchs. Ich war nie ein guter Boxer, doch ich habe immer weiter geboxt. Auch wenn ich nicht erleuchtet bin (im Gegensatz zum Bergsteigen und Boxen habe ich hier noch eine kleine Resthoffnung), sitze ich so gut wie jeden Tag meine Stunde auf dem Kissen und meditiere.

Einfach zu viele Dinge haben mich immer interessiert. Oder rede ich mir so nur schön, dass es mir einfach immer an der letzten notwendigen Konsequenz gemangelt hat? Wenn man etwas wirklich will, muss man dafür anderes zwangsläufig aufgeben, um Raum und Zeit für die Leidenschaft zu schaffen. Aber irgendetwas kategorisch auszuschließen, war nie meine Stärke. Ich habe es früher geliebt, im Ring alles zu geben, war abends beim Italiener mit guten Freunden aber auch für die besondere Flasche Barolo empfänglich. Ich war einfach zu verführbar, um ein guter Kampfsportler zu werden. Und bei aller Liebe zur Meditation: Ich würde mir nie den Wecker auf vier Uhr nachts stellen, nur weil man in den allerfrühsten Morgenstunden angeblich am besten meditieren kann.

Die uneingeschränkte Fokussierung auf eine einzige Sache, ein monothematischer Zustand, hat sich bisher in meinem Leben noch nie eingestellt – außer bei der Schauspielerei. Dazu später mehr. Bei aller Liebe zur Meisterschaft weiß ich: Ich bin beeinflussbar, ich bin gerne bereit, Neues auszuprobieren, es aber auch wieder aufzugeben. Zieht es mich nicht, war der Ruf entweder nicht laut genug, oder ich habe nicht genau genug hingehört.

»Für mich war es immer gelebte Freiheit, an einem bestimmten Ort sein zu wollen, nicht an einem bestimmten Ort sein zu müssen.«

Südsudan

Meine emotional anstrengendste Reise führte mich vor einigen Jahren mit der UNO-Flüchtlingshilfe in den Südsudan, den jüngsten Staat der Welt. Keine eineinhalb Jahre zuvor hatte das bitterarme Land nach einem fast 50-jährigen Bürgerkrieg, in dem nach Schätzungen mindestens zwei Millionen Menschen starben, die Unabhängigkeit vom verhassten Norden erlangt. Und schon musste der junge Staat, in dem es kaum Straßen, Schulen und Krankenhäuser, dafür aber jede Menge Kalaschnikows gibt, Flüchtlinge aus dem Norden aufnehmen.

Mehr als 100.000 Menschen waren vor Flächenbombardements, Hinrichtungen und Vergewaltigungen aus dem Sudan in die Flüchtlingslager in den Südsudan geflohen. Angeordnet oder zumindest geduldet wurden die Gräueltaten von Umar al-Baschir, dem damaligen Diktator des Sudan, gegen den vom Internationalen Strafgerichtshof in Den Haag ein Haftbefehl wegen Völkermordes, Verbrechen gegen die Menschlichkeit und Kriegsverbrechen vorlag.

Auch weil die allermeisten Südsudanesen zu arm sind, um Schleuser zu bezahlen, die sie ins vermeintliche Paradies Europa bringen sollen, steht bei uns nur selten etwas über das Elend im Südsudan in den Zeitungen. Vielleicht währen das Morden und Sterben dort auch einfach schon so lange, dass wir uns an das weit entfernte Leid gewöhnt haben.

Um auf die Not dieser von der Welt vergessenen Kinder, Frauen und Männer aufmerksam zu machen, flog ich von Frankfurt mit zwei deutschen Mitarbeitern der UNO-Flüchtlingshilfe und Simon, einem Berliner Journalisten, über die äthiopische Hauptstadt Addis Abeba in den Südsudan. In Addis stieß dann noch Philipp zu uns. Er lebte damals als Afrika-Korrespondent in Äthiopien und hatte den Südsudan bereits zuvor mehrfach bereist. (Zehn Jahre später fragte ich Philipp, der mittlerweile ein guter Freund ist, ob er mich beim Schreiben dieses Buch unterstützen wolle.)

Nach einer Nacht in einem aus Containern errichteten streng bewachten Hotel in der Hauptstadt Juba am Ufer des so friedlich durch ein unfriedliches Land dahinfließenden Weißen Nils, bestiegen wir am nächsten Morgen einen großen Militärhubschrauber, der mittlerweile in Diensten der Vereinten Nationen stand. Zusammen mit uns klettern über die Heckklappe humanitäre Helfer aus aller Welt in den betagten Helikopter.

Wir schmissen unsere Rucksäcke in die Mitte der Flugkapsel, dann nahmen wir auf den Pritschen an den Außenwänden Platz. Einer der russischen Piloten stellte sich uns vor und sagte: »Während des Fluges nicht rauchen. So öffnet ihr die Fenster. Aber beim Start geschlossen halten. Sonst staubt hier drinnen alles voll.« Ich dachte, ich hätte mich verhört und musste lachen. Doch sobald wir mit einem auch durch die Lärmschutz-Kopfhörer dröhnenden Krach unsere Reiseflughöhe von ein paar Hundert Metern erreicht hatten, öffneten einige der Passagiere die Bullaugen-Fenster, und nicht alle hielten sich ans Rauchverbot. Auch ich lehnte mich auf meinem Ellenbogen aus dem geöffneten Fenster und schaute über die rot-braune Monotonie. Nach anderthalb Stunden landeten wir irgendwo im Nirgendwo.

Wir stiegen in weiße Geländewagen des UNHCR, des Flüchtlingswerks der Vereinten Nationen. Große Aufkleber mit durchgestrichenen Gewehren in einem roten Kreis wiesen darauf hin, dass an Bord der Autos Waffen verboten waren. Die dem humanitären Grundsatz der Neutralität verpflichteten UN-Leute machen so ebenfalls deutlich, dass sie zu keiner der Konfliktparteien gehören. In Kriegsgebieten, in denen nur das Recht des Stärkeren gilt, ist dies eine Art Lebensversicherung.

Über eine Buckelpiste ging es an unzähligen Flüchtlingszelten vorbei in ein Zelt-Dorf, in dem hinter hohem Stacheldraht die Mitarbeiter der Vereinten Nationen untergebracht waren. Jeder von uns kriegte ein ungefähr zwei Quadratmeter großes, nur durch Plastikplanen abgetrenntes Abteil in einem Gemeinschaftszelt zugewiesen. Darin stand eine Pritsche unter einem Moskitonetz. Wir machten uns gleich mit UNHCR-Mitarbeitern auf den Weg. Natürlich hatte ich schon Flüchtlingslager im Fernsehen und in der Zeitung gesehen, aber die Bilder und Berichte konnten mich nur sehr bedingt auf die Realität vorbereiten, in der ich jetzt gelandet war.

Das an seinen Rändern ausfransende Flüchtlingslager war riesig. Die Hitze in, zwischen und über den weißen Zelten war drückend. Und überall waren Menschen. Oft waren sie nur in Lumpen gekleidet, Fetzen, die bestenfalls noch entfernt an das T-Shirt erinnerten, das sie irgendwann einmal waren. Die Menschen waren groß und tiefschwarz, viel dunkler als alle Menschen, die ich auf meinen bisherigen Afrika-Reisen gesehen hatte, teilweise war ihre Haut so schwarz, dass sie bläulich schimmerte. Ich sah schöne, von Ziernarben durchzogene stolze Gesichter, die auf hochaufgeschossenen Körpern saßen. Manche Männer waren so groß und so muskulös wie NBA-Spieler.

Ich schaute in die Augen der Menschen, versuchte sie unauffällig zu lesen. Was hatten sie in ihrer Heimat und auf der Flucht gesehen? Was verraten Augen? War ein apathischer Blick Ausdruck eines heftigen Traumas? Oder nur ein Zeichen äußerster Erschöpfung? Ich wollte nicht starren, sondern diesen Menschen, die fast alles verloren hatten, zumindest ihre Würde lassen und ihnen mit meinen Blicken nicht zu nahe kommen.

Doch dann fiel mir auf, dass ich selbst angestarrt wurde. Vor allem die Kinder stierten mich mit einer ganz unverhohlenen und unschuldigen Neugier an. Ich stellte Blickkontakt zu ihnen her, klatschte High Fives mit kleinen Händen, die sich mir entgegenstreckten. Ich machte Quatsch und lachte mit den Kindern. Ich lachte gegen die Traurigkeit und die Wut an, die der Anblick dieser unschuldig in Not geratenen kleinen Wesen in mir auslöste.

Um hilflose Betroffenheit zu demonstrieren, war ich nicht gekommen. Ich wollte Teil der Hoffnung, Teil der Zuversicht sein, die diese Kinder so dringend fühlen sollten. Lachen macht nicht satt, schafft kein Dach über dem Kopf und beendet keinen Krieg, aber ich glaube felsenfest daran, dass ein geteilter Moment der Freude die beste Medizin gegen die Misere des Lebens sein kann. Also lachte ich mit ihnen.

Wir lernten eine Frau im Schatten eines Baumes kennen. Sie hatte drei Kinder. Sie waren auf der Flucht, als die Familie von Milizen Bashirs überfallen wurde. »Sie fingen ohne Vorwarnung an, zu schießen«, berichtete die Mutter. Sie schnappte sich ihre Kinder und rannte mit ihnen in den Busch. Ihren Mann verlor sie aus den Augen. Als am nächsten Morgen die Schüsse endlich verstummten, schlich sie mit ihren Töchtern und Söhnen zurück zu der Stelle, an der sie überfallen worden waren. Dort lag ihr Mann. Zwei Stunden hielt sie noch seine Hand, dann war er verblutet. Die Kinder schauten zu, wie ihre Mutter ihren Vater verscharrte. Drei Tage später erreichten sie das Flüchtlingslager.

Eine andere Frau, die ich fragte, ob sie ihre Geschichte mit uns teilen wolle, sprach von Vergewaltigungen. Ich war sprachlos, wusste nicht, was ich sagen sollte, wollte sie mit Fragen auf keinen Fall überfordern. Doch Philipp wollte alles wissen: »Wer hat dich vergewaltigt? Zu wem gehörten sie? Wie viele Männer waren es? Wie oft haben sie dich vergewaltigt?«

Ich war fassungslos, fand, dass Philipp zu weit ging, viel zu weit. Aber die Frau erzählte und erzählte. Ihr Schmerz war präsent, doch ihre Zunge formte ein Wort nach dem anderen. Endlich hatte Philipp genug gehört und bedankte sich bei der Frau. Schweigend fuhren wir zurück ins UNHCR-Camp. Wegen der extrem angespannten Sicherheitslage mussten alle Mitarbeiter der Hilfsorganisationen spätestens um 16 Uhr auf dem bewachten Compound sein. Ausgangssperre.

Ein Dieselgenerator produzierte so viel Strom, dass davon auch ein riesiger Kühlschrank betrieben werden konnte. Im immer noch fast 40 Grad heißen Küchenzelt machten wir uns ein eiskaltes Bier auf. »Ich fand deine Fragen nicht ok. Sie waren extrem übergriffig«, sagte ich zu Philipp.

Mein Vorwurf überraschte ihn nicht. »Mir fällt es auch nicht leicht, solche Fragen zu stellen. Es macht mir keinen Spaß. Und ich bemühe mich, niemanden zu retraumatisieren. Aber wenn

Vergewaltigungen systematisch als Kriegswaffe eingesetzt werden, dann muss das berichtet werden. Außerdem wollen Menschen ihre Geschichte erzählen. Sie haben durch uns die Möglichkeit, dass die Welt davon erfährt«, sagte Philipp.

Die für mich oft schwer zu ertragende offene Art und Weise, mit der uns in den nächsten Tagen viele Menschen von dem erzählten, was ihnen widerfahren war, schien diese Theorie zu bestätigen. Genauso wie die Gewissheit, dass überall, wo es Menschen schlecht geht, es Frauen noch schlechter geht.

Es blieb an diesem Abend nicht bei einem Bier. Wir konnten alle ein bisschen Ablenkung vertragen. Also brachte ich Philipp und Simon Skat bei. Angelockt vom Reizen und Ramschen gesellten sich bald zwei schwergewichtige deutsche KFZ-Mechaniker zu uns an den Tisch. Seit Jahrzehnten waren sie für humanitäre Organisationen in den Kriegsgebieten dieser Welt im Einsatz. Und sie waren offenbar froh, in uns drei Leute gefunden zu haben, mit denen man nicht nur Skat spielen konnten, sondern die auch ihre Kriegsstorys noch nicht kannten.

»In Kriegsgebieten habe ich immer o.b.s dabei.«, sagte der eine und schaute mich an. »Grundausstattung.« »Warum bist du bitteschön mit Tampons unterwegs?«, fragte ich. »Na, weil die das gleiche Kaliber haben wie 'ne Kalaschnikow. Wenn du getroffen wirst, steckst du dir einfach den Tampon ins Einschussloch und die Blutung ist erst mal gestillt«, triumphierte der Schrauber. Wieder was gelernt für den Fall der Fälle.

Am nächsten Tag durften wir am Rand des Lagers einem vom UNHCR initiierten Schlichtungstreffen beiwohnen. Der Zuzug von Abertausenden von Flüchtlingen, die in den letzten Wochen mit Kamelen, Rindern, Eseln, Ziegen und Schafen vor dem Krieg in ihrer Heimat geflohen waren, hatte zu schweren Spannungen mit den Menschen geführt, die schon immer hier gelebt hatten. Es ging um Weidegründe, zertrampelte Felder, Wasserstellen und die altbekannte und scheinbar auf der ganzen Welt verbreitete Sorge, von Fremden überrollt zu werden, durch das Erscheinen von anderen selber weniger zu haben.

In einem stickigen Zelt hatten sich Sheikhs und Dorfälteste versammelt, um in einem Palaver eine Lösung für das Problem zu finden. Die Verhandlungsführer der Flüchtlinge setzten mit ausschweifenden Ansprachen dazu an, den Unfrieden durch rhetorische Respektsbekundungen aufzuweichen. Ich hörte fasziniert den Übersetzungen unseres Dolmetschers zu.

Ich mag im islamischen Kulturkreis die blumige Zärtlichkeit der großen Worte, die nie Angst haben, kitschig zu wirken. Aber hier erreichten die Ehrerbietungen ein für mich neues Niveau. Es ging von »Ich küsse deine Augen« über »Mögen deine Kinder immer gesegnet sein« und »Du bist wie ein Vater für mich. Deine gerechte Hand wacht über uns, deine Großzügigkeit schützt uns« bis zu »Mögen deine Herden auf immergrünen Weiden grasen und deine Familie immer versorgt sein.« Als wir nach einer halben Stunde gehen mussten, waren die verfeindeten Gruppen immer noch bei ihren zuckersüßen Begrüßungen. Später erfuhren wir, dass es den Alten nach vielen Stunden gelungen war, einen Kompromiss auszuhandeln.

Wir besuchten eine Ausgabestelle für Seife und Hygiene-Artikel, und ich war beeindruckt von der Stille und Ordnung der geduldig Wartenden. Wir sahen, wie Krankenschwestern, Pfleger, Ärztinnen und Ärzte der von mir für ihren Mut, ihren Ethos und ihre Kompromisslosigkeit bewunderten Organisation »Ärzte ohne Grenzen« spindeldürre Babys und Kinder in großen Schalen wogen und versuchten, die ausgemergelten Jungs und Mädchen unter anderem mit einer hochkalorischen Spezialpaste aus Erdnuss, Zucker, Öl, Milchpulver, Vitaminen und Mineralstoffen wieder aufzupäppeln.

Man erklärte uns die Struktur und die weiteren Einrichtungen des schnell wachsenden Lagers, in dem gerade die seltene und besonders gefährliche Hepatitis E ausgebrochen war, in dem ständig eine Cholera-Epidemie drohte und in dem – das konnten auch die Helfer nicht verhindern – unterernährte Kinder an Malaria und Durchfall starben. In der bevorstehenden Regenzeit würde das Lager teilweise überflutet werden.

Mit ihrer Expertise und ihrem unermüdlichem Engagement hatten die Helferinnen und Helfer hier unter großen persönlichen Entbehrungen, unter widrigsten Bedingungen, im Nichts einen Ort der Zuflucht geschaffen: Sie hatten Zelte errichtet, Brunnen gebohrt, Gesundheitsstationen gebaut und warfen über dem Gebiet, das wegen eines riesigen Sumpfes kaum auf dem Landweg zu erreichen war, aus russischen Antonow-Frachtmaschinen Nahrungsmittelpakete ab.

Auch wenn das Lager auf mich zunächst chaotisch wirkte, erkannte ich bald, dass es ein logistisches Meisterwerk der Effizienz war, ein Beweis dafür, zu was wir in der Lage sind, wenn wir an einem Strang ziehen, und jeder weiß, was er tut.

Ich war tief beeindruckt von den Menschen, die hier arbeiteten und empfand großen Respekt für die Nächstenliebe, die sie hier lebten. Und interessanterweise spürte ich auch einen gewissen Neid in mir: All die Helfer wussten genau, wofür sie jeden Tag aufstanden. Ihr Einsatz machte einen echten, einen lebensrettenden Unterschied. Würde einer von ihnen fehlen oder ausfallen, würde dies sofort spürbar sein, denn sie alle waren notwendige Räder in der Lebensrettungs- und Leid-Minderungs-Maschine, die sie gemeinsam am Laufen hielten. Ich spiele Ärzte, die Kranke heilen, hier waren echte. Ich spiele Helden, die Leben retten, hier arbeiteten echte.

Erschüttert und beseelt von den schlimmen und schönen Begegnungen im Flüchtlingslager stand ich einige Tage später außerhalb des kleinen und provisorischen Terminalgebäudes des Flughafens in Juba. In einer Stunde sollte unser Flieger über Äthiopien zurück nach Deutschland gehen.

Auf dem Rollfeld des Flughafens war eine Menschenmenge zusammengekommen, für mich sah es aus wie eine Hochzeitsgesellschaft. Ich zückte mein Handy, um das laute Treiben zu filmen, als plötzlich ein großer und kräftiger Typ mit buntem Blumenhemd und tiefer Zornesfalte auf der Stirn auf mich zu stürmte und mich anblaffte.

Zunächst verstand ich nicht, was er wollte. »No filming«, schnauzte er mich an und packte mich unsanft am Arm. »Ok! But don't touch me«, entgegnete ich reflexartig fast genau so laut wie er, befreite mich aus seinem festen Griff und steckte mein Handy weg. Er schaute mich ungläubig an und fasste nach.

Im Security-Briefing der UNO hatte ich erfahren, dass Polizisten, Soldaten und andere bewaffnete Sicherheitskräfte im Südsudan nicht unbedingt Uniform tragen, aber dass man besser keinen Streit mit ihnen anfängt. War das so ein Typ? Ich konnte ihn nicht einordnen. Ich schüttelte ihn erneut ab und sagte noch mal, jetzt sehr laut: »Don't touch me!«

Er ging mir echt auf die Nerven und ich ihm scheinbar auch. Er rief etwas und wenige Sekunden später war ich umringt von drei Typen, von der Statur her alle NBA-Spieler. Aber sie wollten nicht spielen. Bei einem entdeckte ich eine Pistole, die er sich hinten in den Hosenbund seiner Anzugshose gesteckt hatte. Dann griff einer von ihnen nach mir und brüllte »You come!« Mir war klar, dass es jetzt wahrscheinlich weder schlau noch aussichtsreich wäre, den Versuch zu unternehmen, ihn abzuschütteln. Während die drei Männer mich in ein kleines Büro bugsierten, versuchte ich gegen ihr Geschrei anzukommen. In dem Kabuff stand nur ein Schreibtisch. Dahinter saß ein Mann mittleren Alters in einem Anzug. Ich hoffte, die Situation mit ihm in Ruhe klären zu können.

»Where are you from?«, bellte der Mann mich an. »Germany«, antworte ich. »What are you doing here?«, wollte er als Nächstes wissen. Alle im Raum schienen zu brüllen, meine Gedanken rasten. Ja, was machte ich hier eigentlich? Wie sollte ich das in dieser aufgeheizten Situation kurz und prägnant erklären? Die Schauspieler-Karte wollte ich nicht spielen, zumal ich wusste, dass dies hier sowieso keinen Menschen beeindrucken würde. Als UNHCR-Mann konnte ich mich auch nicht ausgeben, schließlich hatte ich überhaupt keine offizielle Funktion. »I am trying to help«, hörte ich mich schließlich sagen. Im selben

Moment wusste ich: Es war das Dümmste, was ich hätte sagen können. Mit einem Satz sprang der Mann auf mich zu, baute sich vor mir auf, senkte seinen massigen Kopf herab, sodass sein Mund nur wenige Zentimeter vor meinem Gesicht war, und brüllte: »What do you want? Help? You think we need your help?« Ich hatte versehentlich seine Zündschnur entfacht.

Plötzlich war ich der »White Saviour«, der seine Hilfe ungefragt Menschen angedeihen lassen wollte, die darauf überhaupt nicht scharf waren. Ein postkolonialistischer Wichtigtuer mit Helferkomplex. »You really think we need your help? Your help?«

Auf seinen Befehl hin packten seine Männer mich und führten mich unsanft aus dem Büro. »Where do you want to take me?«, fragte ich. »Security Building«, schnauzte einer der Männer. Ich entdeckte hinter einem schweren Eisentor rund Hundert Meter vom Flughafengebäude entfernt ein kleines Haus. »This is crazy«, schrie ich und stemmte mich mit aller Kraft gegen meine Schergen. Mein Hemd riss, ich hielt mich an einer Säule fest. Denn eines wusste ich ganz genau: Ich wollte bestimmt nicht mit vier bürgerkriegstraumatisierten Männern, die alle deutlich größer waren als ich, von denen mindestens einer eine Pistole hatte und die alle sehr sauer auf mich waren, in einem abgelegenen Gebäude hinter einem schweren Eisentor verschwinden. »I am not going there«, stieß ich hervor.

Die Situation war mittlerweile vollkommen eskaliert. Mein Hemd hing nur noch in Fetzen an mir herunter, meine Hose war zerrissen, Blut tropfte. Eine große Menschenmenge verfolgte das Drama, das wir aufführten, mit großem Interesse. Ich hatte keine Lust auf Publikum, aber ich wollte erst recht nicht mit den anderen Akteuren des Trauerspiels allein sein.

Plötzlich stand Philipp zwischen mir und den Männern. »Stop! This must be a misunderstandig!«, sagte er zu den Sicherheitsleuten. »Du musst den deutschen Botschafter anrufen. Sie wollen mich in das Haus da bringen!«, rief ich Philipp zu.

Instinktiv spürte ich jetzt, dass gleich der erste Schlag fallen würde, wenn ich nicht nachgeben würde. Ich ließ die Säule los. Meine Freunde zerrten mich in Richtung des dunklen Hauses. Adrenalin und Aggression machten allmählich der Panik Platz. Ich sollte an einen Ort gebracht werden, an dem niemand sehen und hören konnte, was mit mir passierte. Ich hielt notdürftig meine zerrissene Hose zusammen, als sie mich durch das Eisentor in das Haus stießen.

Der Raum war spärlich mit einem Schreibtisch, einer Couch und einem Regal möbliert. Am Tisch saß ein junger Mann in einem grau schimmernden Anzug. Er stand auf, sagte »Sit!« und zeigte in die Mitte des Raumes. »Let's talk. This is crazy. Look at me. What is going on?«, fragte ich und versuchte meine Wut zu kontrollieren. »Sit!«, brüllte er erneut. Ich stolperte Richtung Couch und wollte mich gerade setzen. »Sit«, brüllte er ein drittes Mal und zeigte auf den Boden vor der Couch. »Are you serious?« Ich guckte ihn ungläubig an. Jetzt wurde mir klar, was hier gespielt wurde. Jetzt war die Zeit der Erniedrigung gekommen, im schlimmsten Fall war nun payback time für 130 Jahre grausame Kolonialgeschichte, die gefühlt jedes Luftmolekül zwischen ihnen und mir erfüllte. Ich hockte mich auf den Boden, die vier Riesen stellten sich um mich herum, sie waren gefühlt mindestens einen Meter größer als ich. Die Kräfteverhältnisse waren klar verteilt und drückten sich jetzt auch räumlich aus. Ich saß in der Scheiße!

Hatten diese Typen im Bürgerkrieg getötet? Und was wollten sie jetzt von mir? »You apologize!«, schnauzte mich Glitzeranzug an. »For what?«, entgegnete ich.

Die Tür öffnete sich und Philipp kam mit einem weiteren Mann und einem Hemd und einer Hose aus meinem Rucksack rein. Er las die Situation sofort. »Benno, vergiss deinen Stolz. Sag einfach sorry. In ein paar Minuten fliegt das Flugzeug nach Addis. Das wollen wir kriegen. Ich will nicht mit dir eine Nacht in einer Gefängniszelle in Juba verbringen!« »Die sind irre!«, entgegnete ich. »Scheiß egal. Sag sorry!«, sagte Philipp.

»You write letter about apology!« Der Glitzeranzug drückte mir Zettel und Stift in die Hand. Ich hasste ihn und seine Kumpels jetzt. Was für ein Irrsinn, was für ein Kindergarten! Dieser Wisch sollte offensichtlich nur eine Funktion erfüllen: Meine Erniedrigung schriftlich festhalten und den Hochstatus meiner Kumpels konsolidieren. Darauf hatte ich absolut keinen Bock.

Meine Gedanken rasten. Dann hatte ich plötzlich einen Geistesblitz, oder zumindest das, was ich damals dafür hielt. »I am sorry about the situation«, kritzelte ich auf das Papier. Ich fand das rhetorisch brillant. Mir tat die Situation leid, aber nicht mein Verhalten. Ich atmete durch, mein Stolz konnte sich entspannen. Ich stand auf und in einem Überschwang von Ich-habe-das-aber-clever-gespielt sagte ich mit fester Stimme: »I'm sorry about the situation«, und streckte Glitzeranzug meine

Hand entgegen. Er ignorierte sie und schnalzte verächtlich mit der Zunge. Ich hasste ihn wirklich.

»Go«, sagt der Chef des Sicherheitsdienstes, und ich hörte, wie Philipp aufatmete. Ich zog meine zerfetzten Klamotten aus und schlüpfte in Hemd und Hose, die er gebracht hatte. Als Philipp meine zerrissenen und blutbesudelten Kleidungsstücke einsammeln wollte, sagte Glitzeranzug: »No!« Er wollte offensichtlich nicht, dass wir Beweisstücke für die zuvorkommende Behandlung mitnähmen. Ich wollte schon, war schon wieder auf Betriebstemperatur: »But ...« Philipp sagte: »Benno, sei leise. Scheiß aufs Hemd! Let's go.« Ich schnappte mir trotzdem zumindest meine Hose, dann traten wir wieder in die Freiheit.

Alle anderen Passagiere hatten das Flugzeug bereits bestiegen, es wartete nur noch auf uns. In dem Mann, der unsere Boarding-Cards kontrollierte, erkannte ich den Typen, mit dem der ganze Schlamassel rund eine halbe Stunde zuvor begonnen hatte. Er schaute grinsend auf mich herab und sagte etwas zu seinem Kollegen. Beide lachten. Ich konnte nicht verstehen, was er sagte, aber ich bin mir sicher, es war etwas wie: »Guck mal, der kleine Scheißer hier wollte einen auf dicke Hose machen. Jetzt ist seine Hose kaputt und er hat eine dicke Lippe.«

Als ich mich von den anderen Passagieren neugierig beäugt auf meinen Platz setzte, merkte ich die Angst, die die ganze Zeit hinter dem Adrenalin gelauert hatte. Normalerweise geben mir Flugzeuge immer das Gefühl von diplomatischer Unberührbarkeit. Im Flugzeug ist man im Transit, in der Schweiz der Lüfte, irgendwo zwischen den Welten – und sicher.

Hier im Flugzeug auf dem kleinen Rollfeld von Juba hatte ich dieses Gefühl nicht. Ich befürchtete, meine neuen Freunde könnten jeden Augenblick den Gang entlangkommen, mich packen und »Come! We are not finished with you!« sagen. Wir waren in einem Land, das nur ein gutes Jahr nach unserer Abreise erneut in einem blutigen Bürgerkrieg versank, heute von vielen Experten als »Failed State« bezeichnet wird, und ich war wahnsinnig genug gewesen, mich mit der Flughafen-Security anzulegen. Wo war mein Gespür für den Umgang mit brenzligen Situationen geblieben? Wo mein Talent für Deeskalation? Mein eigenes Verhalten schockierte mich. Wie konnte ich nur so pubertär gewesen sein? »Zoe, was ist eigentlich mit deinem Vater?« »Der ist tot. Musste im Südsudan das Maul aufreißen. Ich habe ihn sehr geliebt, aber leider war er nicht der Hellste.« Endlich verriegelten die Stewardessen von innen die Türen, das Flugzeug rollte langsam Richtung Startbahn. Ich war schlagartig sehr müde.

Der richtige Umgang mit Impulsen ist in meinem Beruf wichtig. Du lebst als Schauspieler davon, dass dein Instrument – du selbst – berührbar ist, damit du andere berühren kannst. Wenn ich Zoe früher manchmal peinlich war, weil sie mich zu laut, zu melodramatisch, zu aggressiv oder zu albern fand, sagte ich zu meiner Entschuldigung (Ich kann mich also sehr wohl entschuldigen, wenn ich will und weiß wofür.): »Tut mir leid, mein Engel. Aber ich kann und will nicht die ganze Zeit meine Gefühle zu 100 Prozent kontrollieren. Ich lebe!«.

Als Künstler (eigentlich benutze ich diesen Begriff nicht gerne für mich selbst, ich finde ihn eitel. Meine Definition von Kunst ist, dass man etwas kreiert. Ich hingegen interpretiere etwas.

Aber ich glaube, in diesem Zusammenhang passt der Ausdruck »Künstler« ausnahmsweise mal ganz gut) kann und möchte ich mich nicht 24/7 in der streng definierten Welt der Norm aufhalten. Wenn ich mich die ganze Zeit anpasse, verdorre ich. Gleichzeitig will ich natürlich keine loose gun, kein fahrlässiger Mensch ohne jegliche Impulskontrolle, sein. Ich habe in der Regel mein Verhalten und das, was es mit anderen macht, auf dem Schirm. Außerdem habe ich ein Gefühl dafür, was das, was andere machen, mit mir macht. Aber am Flughafen in Juba hatte zwischen das grobe Anpacken und meine Reaktion darauf kein Blatt gepasst. In der Kunst, Gefühle zu haben, ohne zu ihrem Opfer zu werden, habe ich seitdem weiter trainiert – auch wenn ich auch hier (noch) keine Meisterschaft vorzuweisen habe.

Uganda

Ich war vor zehn Jahren wieder zu Dreharbeiten in Südafrika, als mein holländischer Freund Duko, den ich einige Jahre zuvor auf einer Wanderung in den äthiopischen Simien Mountains kennengelernt hatte, mir schrieb, dass er gerade in Uganda sei und fragte, ob ich nicht vorbei kommen wolle. Wenn man auf der Karte von Kapstadt nach Berlin einen geraden Strich zieht, dann liegt Uganda nur ein kleines Stück rechts davon, und so beschloss ich, auf dem Rückweg eine Zwischenlandung einzulegen.

Duko holte mich in Entebbe ab, den 1976 durch die blutige Befreiung einer durch palästinensische und deutsche Terroristen entführten Air-France-Maschine bekannt gewordenen Flughafen. Ein freudiges Strahlen im Gesicht und ein gekühltes Sixpack auf dem Beifahrersitz des alten Land Cruiser, stand er da. Wir wollten in den Kidepo-Valley-Nationalpark im Norden Ugandas, unmittelbar an der Grenze zum Südsudan.

Vom Flughafen am Ufer des Victoriasees bis zum Nationalpark sind es über 650 Kilometer. Nicht viel weiter als von Berlin nach München, aber die Pisten Ugandas haben nicht viel mit deutschen Autobahnen gemein. Vor uns lag – wenn alles wie am Schnürchen klappte (und das ist in Afrika ja eher selten der Fall) – mindestens eine Tagesreise.

Wir machten uns auf den Weg. Glücklich und aufgeregt schaute ich mir das bunte Treiben auf den Straßen an, während wir uns langsam durch die verstopfte Hauptstadt Kampala schoben. »Danke, dass du mich stilvollendet im Land Cruiser abholst, Duko.« »Tolles Auto, oder?«, sagte er. »Eines der besten«, antwortete ich. »Ich liebe den Klang des Motors, klingt wie ein kräftiges, verlässliches Arbeitsschwein.«

Wir waren noch keine 50 Kilometer weit gekommen, als schwarzer Rauch unter der Motorhaube hervorquoll. »Fuck! What's going on?«, fragte Duko sich und mich. »Hmmm«, antwortete ich. Mein holländischer Kumpel sagte beim Aussteigen hoffnungsvoll: »Benno, du siehst aus wie einer, der sich mit Autos auskennt.« Er hatte sich getäuscht. »Sorry, Duko, bei mir denken das immer nur alle. Aber lass mal gucken.« Wir machten den Move der Moves, den man – zumindest in Filmen – immer macht, wenn das Auto qualmt. Wir öffneten die Motorhaube und sahen – einen Motor. Wir hielten einen Motorrad-Taxifahrer an.

In Uganda werden sie Boda-Boda genannt, weil sie von Grenze zu Grenze, auf Englisch von Border zu Border fahren. In Uganda also vom Südsudan bis nach Tansania oder von Kenia bis in den Kongo. Wir wollten nur, dass der junge Mann bis zur nächsten Autowerkstatt führe, um mit einem Mechaniker zurückzukommen. Nach wenigen Minuten kam er mit einem jungen Typen mit Blaumann auf dem Sozius zurück. Der machte dasselbe wie wir, hatte beim Blick unter die Motorhaube allerdings einen deutlich kundigeren Gesichtsausdruck. Er sagte, dass er ganz in der Nähe eine Werkstatt habe und unser Auto dort schnell wieder flott machen könne. Klang gut.

Kinder rannten neben unserem qualmenden Auto her, als wir mit dem Mechaniker im Schritttempo bis zu seiner knapp zwei Kilometer entfernten Werkstatt fuhren. Sie wollten nicht verpassen, was aus den »Mzungus« mit dem qualmenden Auto werden würde. Als »Mzungu« werden in Ostafrika hellhäutige Menschen bezeichnet. Wörtlich übersetzt bedeutet es »jemand, der ziellos herumwandert«, und das trifft die Sache meist recht gut.

Die »Werkstatt« entpuppte sich als ein paar Schraubenschlüssel, Hammer und andere archaisch anmutende Werkzeuge, die neben der Straße im Staub lagen. Mit ihnen machten der Mechaniker und zwei seiner Kumpels sich behände ans Werk. Drei Hintern in Blaumännern schauten aus der Motorhaube hervor. Auch wenn wir keine Ahnung von Motoren hatten, hatten Duko und ich kein gutes Gefühl. Der Spruch »Sand im Getriebe« wollte mir nicht aus dem Sinn gehen, während unsere Mechaniker Motorteile in unregelmäßigen Abständen in den Staub fallen ließen und wieder einbauten. Nach einer gefühlten Ewigkeit und nicht verstandenen Antworten, was denn überhaupt das Problem sei, nahm unser Mechaniker irgendwann einen Zettel und einen Stift und fing an zu kritzeln. Dann kam der Moment der Wahrheit: Er präsentierte uns die Rechnung. Und die hatte sich gewaschen.

Er berechnete uns irgendwelche Teile, die wir nie zu Gesicht bekommen hatten, und zwei Stunden Arbeit für umgerechnet rund 40 Euro pro Stunde. Duko und ich wussten nicht genau, wie hoch der Stundenlohn in einer »Werkstatt« wie dieser in Uganda sei, aber wir wussten mit Sicherheit, dass er nicht 40 Euro pro Stunde betragen würde. Wir diskutierten. Immer mehr Kinder, Frauen und Männer kamen hinzu, um unserer Verhandlung beizuwohnen.

Irgendwann sagte Duko, er zahle die Hälfte und wollte zum Auto, doch zwischen uns und dem Auto standen auf einmal die

»Mechaniker« mit ihren Werkzeugen – eine klare Situation. Zahlen oder Beule. Wir einigten uns auf ein Dreiviertel des Mzungu-Preises.

»Do you believe in God?«, fragte ich unseren Mann. »Yes«, antwortete der Blaumann-Typ ohne zu zögern mit geradem Blick. »You will get in trouble for this«, sagte ich. Die Frauen kreischten vor Vergnügen, und ich hatte, obwohl wir offensichtlich verarscht worden waren, das Gefühl, dass wir doch noch einen einigermaßen coolen Abgang hingelegt hatten. Nicht gerade Steve McQueen, aber auch nicht Mr. Bean.

Nach einer halben Stunde Fahrt hatten wir uns gerade wieder beruhigt – als der Motor wieder anfing, zu qualmen. Dieses Mal riefen wir Dukos Freund, von dem er das Auto geliehen hatte, an. Er ließ uns abschleppen. Nach einer Nacht in Kampala brachen wir am nächsten Morgen mit einem anderen Auto des Freundes, einem fast 40 Jahre alten Land Rover, wieder in Richtung Norden auf. Mit neuem Respekt vor funktionierender Mechanik rollten wir dahin. Insgeheim auf die Motorengeräusche lauschend, hütete ich mich dieses Mal, Kommentare über die Qualität des Autos abzugeben, um das Schicksal nicht erneut herauszufordern.

Je weiter wir in den armen Norden kamen, desto unebener wurde die Straße, die eigentlich keine Straße war. Tiefe Spurrinnen hatten sich in den roten, lehmigen und feuchten Boden gegraben und das abgefahrene Profil unserer Reifen sorgte dafür, dass wir mehr rutschten als fuhren.

Wenn wir an strohgedeckten Hütten vorbeikamen, winkten uns nicht nur die Kinder freundlich zu. Noch bis vor wenigen Jahren hatte hier die vom brutalen Warlord Joseph Kony gegründete Lord's Resistance Army mit zugedröhnten Kindersoldaten gegen die Regierung gekämpft. Die LRA mordete, plünderte, vergewaltigte und entführte bis zu 100.000 Mädchen und Jungs, um sie zu Sexsklavinnen für ihre Kämpfer oder Kindersoldaten zu machen. Sie kämpften für einen irrwitzigen Gottesstaat auf Grundlage der Zehn Gebote. Offiziell ist nicht bekannt, ob Joseph Kony noch lebt und falls ja, wo er sich versteckt hält. Als ich in die freundlichen Gesichter der Menschen am Straßenrand sah, fragte ich mich, welche Rolle sie während der Kämpfe wohl gespielt hatten, welchen Horror ihre Augen bezeugen hatten müssen.

Die letzten drei Stunden fuhren wir in absoluter Dunkelheit. Wenn wir an Flüssen die geeignetste Stelle zum Queren finden oder auf besonders schlammigen Abschnitten der Piste eine Passage suchen mussten, auf der wir die besten Chancen hatten, nicht stecken zu bleiben, waren wir gezwungen, mit mulmigem Gefühl auszusteigen, um im Schein unserer Stirnlampen die Sachlage zu erkunden. Wir wussten, in der uns umgebenden Wildnis waren Tiere, deren Kräfte unsere überstiegen und deren Sinne deutlich schärfer waren als unsere. Wir konnten sie weder sehen, noch hören, noch riechen, aber wir wussten, dass sie uns sehen, hören und riechen konnten. Wir waren erleichtert, als wir nach mehr als zehn Stunden Fahrt schließlich die Lodge im Nationalpark erreichten.

Erst am nächsten Morgen sah ich, an was für einem kolossal schönen Ort wir gelandet waren. Auf einer Anhöhe gelegen, blickten wir von der Lodge über die Savanne bis zu den Bergen am Horizont. Was für eine Weite! Duko und ich waren die einzigen Gäste. Dass das Bürgerkriegsland Südsudan keine zehn Kilometer Luftlinie von hier entfernt lag und die Lodge, wie wir selbst gesehen hatten, nur sehr schwer zu erreichen war, hatte den Nationalpark bislang vom Massentourismus verschont. Die Weite des von Granitfelsen durchsetzten Graslandes war eine Wohltat für meine Augen und meine Seele, man konnte die Natur in ihrer Dichte förmlich atmen. Gehörnte Wesen und schwarze und weiße Streifen durchzogen das satte Grün. Ein tiefer Frieden lag über der Landschaft, obwohl irgendwo in ihr wahrscheinlich gerade irgendwer gefressen wurde.

Nach dem Frühstück trafen wir die Ranger Julius und Raymond, die uns in den nächsten Tagen mit ihrem herzlichen Lachen begleiten sollten. Das erste Mal in meinem Leben ging ich auf Safari. Ich war aufgeregt wie ein kleines Kind. Ich finde, es gibt vor allem in ursprünglichen Landschaften ein rückverbindendes Element. Irgendwie ist alles ganz klar, obwohl man nichts versteht. Obwohl sich die Spielregeln, die Vorgänge und deren Auslöser den gemachten Erfahrungen und dem eigenen Intellekt entziehen und unsere Instinkte, wie ich später erfahren sollte, hier und da vertrocknet sind. Aber tief in uns abgespeichert, in unsere DNA eingebrannt, sind wir alle aus dem gleichen Stoff geschaffen, sind wir die gleiche Erde.

Meine Definition von Glück ist, im Einklang mit der Welt um mich zu schwingen, mich nicht als separate Entität zu fühlen, sondern als Teil von ihr. Eingebettet in einen Kreislauf, in dem alles seinen Platz hat. Hier spürte ich dieses Glück.

Wach und gespannt und mit den Augen trinkend beobachtete ich zum ersten Mal Gruppen von umherziehenden Elefanten, Giraffen, Antilopen, Büffelherden und Geparden in Freiheit. Ich war wie berauscht und wollte wie ein Junkie mehr. »Wo sind die Löwen?«, fragte ich. »Warte, warte«, lachten Julius und Raymond. Also übte ich mich in Geduld und hielt den Mund. Bis wir an einen großen Felsen auf einem mit Büschen und Bäumen bewachsenen Hügel kamen, von dem aus man die Ebene in ihrer ganzen Pracht überblicken konnte. Ich verspürte große Lust, hier zu verweilen und die Landschaft in mich aufzunehmen. »Können wir anhalten? Ich würde gerne aussteigen«, sagte ich zu den Guides. »Auf keinen Fall«, war ihre prompte und einhellige Antwort. »Warum nicht?«, fragte ich. »Weil wir nicht wissen, wer sonst noch so da ist«, meinten die Wildhüter.

Ich hatte das Gefühl, die beiden behandelten mich wie einen kleinen doofen Mzungu, den man in der afrikanischen Wildnis nicht von der Hand lassen durfte. Als wir den Felsen umfuhren und sich die bisher verdeckte Seite des steinernen Hügels offenbarte, wusste ich jedoch warum: In perfekter Harmonie mit der sie umgebenden Landschaft saßen und lagen auf einem Felsvorsprung vier Löwen und überschauten majestätisch-entspannt die Weite ihres Reiches. Ich beschloss, Julius' und Raymonds Urteil nie wieder in Frage zu stellen.

Löwen

In dieser Nacht, voll von den Eindrücken des Tages, wurde ich aus dem Schlaf gerissen. Wirklich gerissen. Unglaublich lautes Gebrüll erfüllte die Dunkelheit. Aus der Glückseligkeit des Tiefschlafes war ich sofort in der Bedrohung gelandet. Ich hatte Angst. Echte Angst. Ich richtete mich auf. Lauschte. Da war es wieder! Es ging mir durch Mark und Bein. Das Brüllen variierte zwischen einem tiefen, sonoren und körperhaften Knurren und einem extrem aggressivem Brüllen. Vielstimmig. Von wo es kam, konnte ich nicht orten. Das Gebrüll schien überall zu sein, und es kam aus den aufgerissenen Mäulern von Löwen, da war ich mir sicher, auch wenn ich Löwengebrüll bislang nur aus dem Zoo kannte. Als ich das letzte Mal mit Zoe vor dem Löwengehege stand, hatte ich mich gefragt, wie ein einzelnes Tier einen derartigen Dezibel-Pegel erreichen, einen so gewaltigen Resonanzraum haben konnte, der ein Brüllen hervorbringt, das selbst im Verhältnis zum wuchtigen und muskulösen Körper viel zu laut erscheint. Aber im Zoo war das Brüllen hinter Gitterstäben und kam meist nur aus einem Maul. Hier brüllten viele Löwen. Die Multiplikation dieses archaischen Klanges, der solo schon eine tiefsitzende Urangst auslösen kann, ließ mich erzittern. Das Gebrüll hob wieder an. Was war da los? Wo waren sie? Direkt vor meiner Hütte?

Ich stand auf und machte das Licht an. Den Atem anhaltend, ging ich zur Tür. Es war einen kurzen Moment ruhig, doch die Stille war aufgeladen. Ich fasste den Türgriff. Ein die Luft wegdrückendes Knurren zerschnitt die Stille. Wie weit war es weg? War es eine gute Idee, das herauszufinden? Oder war es eine vollkommen bescheuerte Idee, die Tür zu öffnen weil ich dann einem Löwenrudel aus zwei Metern Entfernung in die Augen schauen würde, das sein Glück nicht fassen konnte, dass der Mitternachtssnack direkt zu ihm kommt? Das Licht schaltete ich wieder aus und öffnete die Tür einen Spalt weit. Ich starrte in die Dunkelheit, versuchte krampfhaft, etwas zu sehen. Leuchtende Augen oder im Mondschein schimmernde Reißzähne konnte ich nicht ausmachen. Wo waren die scheiß Viecher? Ich war so schlau wie vorher, nur exponierter. Das Gebrüll hob wieder an. Ich zog die Tür schnell wieder ins Schloss. Ich war noch nie so froh, eine Tür zu haben. Ratlos stand ich an sie gelehnt und lauschte dem Gebrüll, das die Wände meines Refugiums mühelos durchdrang. Dann ging ich rüber zum Bett und legte mich hin. Ich schloss den Klettverschluss meines Moskitonetzes so akribisch, wie ich es noch nie getan hatte. Ich tat es nicht wegen der Moskitos. Dieses hauchdünne Gewebe war einfach eine weitere Schicht zwischen mir und dem Unheil. In der Dunkelheit liegend dachte ich an alte Mythen, in denen mutige Helden mit Löwen kämpfen. »Bullshit«, dachte ich. »Nie im Leben!« Ich weiß nicht, ob das Gebrüll im Morgengrauen aufhörte oder die aus der Angst resultierende Erschöpfung die Oberhand gewann, aber irgendwann hüllte mich der Schlaf in seine erlösende Decke.

Am nächsten Morgen wachte ich todmüde auf. Draußen war es still und friedlich. »Was war das bitteschön letzte Nacht?«, fragte ich Julius und Raymond. Sie lachten. »War ganz schön laut, was?« Sie erzählen mir, dass sechs Löwen auf dem Gelände der Lodge einen Büffel gerissen hatten. Erst als Julius, Raymond und weitere Angestellte sie mit ihren Suchscheinwerfern störten, zogen sich die Löwen zurück. Aha! Ich hatte also wirklich einen Kampf um Leben und Tod gehört. Der halb ausgeweidete Büffelkadaver lag keine 20 Meter von meiner Hütte entfernt im

Sonnenlicht. Zwei Männer befestigten gerade Ketten an dem massigen Körper. »Was habt ihr vor«, fragte ich. »Wir wollen nicht, dass die Löwen wiederkommen«, gab Julius zur Antwort. Der Büffel wurde mit einem Geländewagen 100 Meter in den Busch geschleift. Nicht weit entfernt sah ich das Löwenrudel, das wohl darauf wartete, sein Mahl fortsetzen zu können.

Nach vier Tagen in der Wildnis machten Duko und ich uns mit Julius und Raymond auf der Rückbank des Land Rovers wieder auf den Weg nach Kampala. So wie wir uns nach der Natur gesehnt hatten, sehnten sie sich nach der Stadt. Großstadtlärm statt Löwengebrüll. Der immer wieder einsetzende starke Regen hatte die rot-lehmige Piste noch rutschiger gemacht. Duko fuhr hoch konzentriert, während Julius hinter uns für das Bord-Entertainment sorgte. Eine Story jagte die nächste. Ich musste mich ständig wegschmeißen. Nur Duko war ungewöhnlich still. Nach drei, vier Stunden bot ich ihm an, das Steuer zu übernehmen. Er nahm dankbar an.

Nachdem ich ein paar Meter gefahren war, verstand ich, warum Duko nicht mit uns gelacht hatte. Ich fühlte jetzt, wie extrem schwierig es war, die Räder dorthin zu steuern, wohin man wollte. Die Spurrillen der Lehmpiste waren teilweise einen halben Meter tief. Gepaart mit dem nicht vorhandenen Profil der Reifen und dem Spiel des Lenkrads, war der Vorgang des Fahrens eher einer des Rutschens und des Abschätzens, bis wohin man rutschte. Langsam fuchste ich mich rein und hielt das Auto mit ein bisschen Fahrkunst und viel Glück auf der Fahrbahn. Zumindest drei Stunden lang. Dann machte die Piste eine leichte Linkskurve, unser Auto leider nicht. Es fuhr trotz meiner verzweifelten Lenkversuche einfach weiter geradeaus. Ich rief noch

»Fuck!«, dann bretterten wir mit Karacho in die Böschung, und der Wagen kam abrupt zum Stehen. Ich wiederholte das eben Gesagte.

Zum Glück waren wir alle unverletzt. Beim Land Rover war ich mir nicht sicher. Scheiße, hoffentlich ist die Achse nicht gebrochen, schoss es mir durch den Kopf. Wir stiegen aus. Auf der rechten Seite hatten die Räder sich tief in den Lehm gefressen, auf der linken Seite hatten sie kaum noch Kontakt zum Boden, in der Mitte lag die Achse auf einem lehmigen Wulst auf. »I'm so sorry, Duko!«, stammelte ich. »It's not your fault«, war er nett genug zu sagen. Wir versuchten durch Anfahren und Schieben die Karre im wahrsten Sinne des Wortes aus dem Dreck zu ziehen. Wir rutschen dabei immer wieder aus, waren bald über und über mit Lehm bedeckt, doch das Auto bewegte sich nicht. Uns war klar: Wenn uns kein anderes Auto rausziehen würde, würden wir hier nie wieder wegkommen, zumindest nicht mit unserem Wagen. Das Problem war nur: Wir hatten seit Tagen kein einziges Auto gesehen. Und in den letzten Stunden auch keine Siedlung. Wie zum Teufel sollten wir in dieser menschenleeren Gegend Hilfe finden? Die Nacht mit dem Löwengebrüll saß mir noch in den Knochen. Ich wollte auf keinen Fall eine weitere Nacht mit Raubkatzen in meiner unmittelbaren Nähe verbringen. Ich tigerte hin und her und schaute auf mein Handy – kein Empfang! Was, wenn das nächste Dorf drei Tagesmärsche entfernt war? Wie viel Wasser hatten wir? Wie viel Essen?

Ratlos schaute ich in die Ferne – da sah ich, wie sich ein Land Rover über eine Kuppe quälte und sich uns näherte. Was für ein unglaubliches Glück, was für ein unglaublicher Zufall, was für ein unglaubliches Timing! Der Wagen hielt neben uns. Zwei gut gelaunte Männer stiegen aus, hörten sich unsere Geschichte an, klopften uns aufmunternd auf die Schulter, dann befestigten sie ein dickes Abschleppseil an unserem Land Rover. Sie zogen das Auto nun so weit, bis die Böschung flacher wurde. Mit einer beherzten Lenkbewegung schaffte Duko es, den Wagen über den Wulst auf die Straße zu bugsieren. Mit allen vier Rädern auf dem Boden stand er waagerecht vor uns. Ich schrie und jubilierte, ich fiel Duko erleichtert um den Hals.

Als ich mich zu Julius und Raymond umdrehte, sah ich, dass sie sich vor Lachen bogen, sie konnten sich kaum noch einkriegen. »Worüber lachst du so?«, fragte ich Julius. »Über dich, Benno! Über dich!«, gluckste er, aber es klang nicht hämisch. »Warum? Was habe ich gemacht?«, fragte ich ihn. »You lost your cool, Benno! Du hattest die Hosen voll, du hattest Angst!«, prustete Julius und machte sich beinahe nass. Ich verstand jetzt, was Julius und Raymond so lustig fanden. Ich, der Zentralheizungs-Europäer aus dem Land mit dem größten Automobil-Club der Welt, kriegte in Afrika Schnappatmung, weil ich mir schon Horrorszenarien ausmalte, in einer Situation, die bei Julius und Raymond höchstens eine kleine Sorgenfalte auf der Stirn hervorrief. Ich stimmte in das Lachen ein. Ich lachte aus Erleichterung, aber vor allem über mich, den hilflosen Europäer, der unsanft in der afrikanischen Realität gelandet war, und nichts an Ausrüstung dabei hatte, außer der Leere in seinem Kopf. Ich habe auf den Reisen in Afrika immer besondere Momente erlebt. Aber ich musste gerade dort immer wieder feststellen, wie sehr ich in der Welt, in der ich sozialisiert wurde, verhaftet bin.

Kenia

Angefixt von der Erfahrung in Uganda, fieberte ich jahrelang dem Moment entgegen, an dem ich gemeinsam mit meiner Tochter auf Safari gehen würde. Wilde Tiere, die Zoe bislang nur aus Büchern, dem Fernsehen oder dem Zoo kannte, in ihrem natürlichen Habitat und in ihrem natürlichen Rhythmus ohne trennendes Gitter oder Panzerglasscheibe zu begegnen, war für mich eine lebensvertiefende Erfahrung. Aber so eine Reise war mir schlicht zu teuer und zu kostbar, als dass ich diese einschneidende Erfahrung dadurch geschmälert wissen wollte, dass mein Kind noch nicht den Unterschied zwischen Zoo und Wildnis verstehen und fühlen konnte. Als Zoe 14 Jahre alt war, war es endlich so weit.

Wir flogen nach Kenia. Vor der Kulisse des schneebedeckten Kilimandscharo streiften wir mit Massai, die nur mit Speeren bewaffnet waren, zu Fuß durch ihr Land. Sie erzählten uns, dass sie als Initiationsritus selber Löwen mit dem Speer getötet hatten. Ob das nun stimmt, sei dahingestellt. Wir fühlten uns durch ihre Erzählungen auf jeden Fall sicherer, auch wenn wir durch Gras liefen, das so hoch stand, dass Elefantenbabys komplett darin verschwinden konnten – oder Löwen. Wir ritten auf Pferden durch die Savanne, picknickten, während wir unsere Augen über das endlose Grasland schweifen ließen, nachts fuhren wir im Land Rover an brüllenden Löwen vorbei, deren Augen im Schein unserer Taschenlampen gefährlich aufleuchteten.

Zoe und ich waren glücklich. Trotzdem dachte ich wie zuvor in Uganda: »Eigentlich haben wir Menschen hier nichts verloren. Die Tiere könnten es hier auch gut ohne uns aushalten.« Als ich mit unserem Guide Joseph darüber sprach, versuchte er mich zu beruhigen. »Wenn Menschen wie du und Zoe nicht hierherkämen, um die Tiere zu bestaunen, gäbe es sie wahrscheinlich gar nicht mehr. Ich weiß, du hast eine Menge Geld bezahlt, um das hier erleben zu können. Wenn es diese Art von Tourismus nicht gäbe, hätten Wilderer die Tiere schon längst abgeknallt. Ein Teil des Geldes, das ihr bezahlt, fließt in den Schutz der Tiere. Nur wenn Menschen das Wunder der Natur mit allen Sinnen erlebt haben – so wie ihr – sind sie auch bereit, sich für ihren Schutz zu engagieren.« Was hätte er anderes sagen sollen? Mir war klar, dass Josephs Antworten, die ein wenig auswendig gelernt klangen, längst nicht alle Fragen, die man an das oft problematische Safari-Business stellen kann, beantworteten, aber ich beschloss, mich zunächst damit zufrieden zu geben, und den Augenblick und die Reise weiter zu genießen.

Vom Süden Kenias ging es weiter in den Westen, in die Masai Mara. Unser Camp lag direkt an einer großen Wasserstelle. Zebras, Giraffen, Elefanten, Gnus, aber auch Löwen und Hyänen kamen hierher, um in irritierender Eintracht zu trinken. Wir ließen unsere Ferngläser hin- und herwandern. Ich kann mich noch genau an Zoes aufgeregtes »Da! Da! Da!« erinnern, jedes Mal, wenn sie etwas Spannendes entdeckte. Dass Zoe, die der Generation der Digital Natives angehört, das erste Mal seit Jahren tagelang ohne Internet war und jeden Morgen um halb sechs Uhr aufstehen musste, um im Morgengrauen die besten Chancen auf Tiersichtungen zu haben, schien sie überhaupt nicht zu stören. Toll! Diese Tage, in denen wir unseren Rhythmus der uns umgebenden Natur anpassten, brachten Ruhe und Langsamkeit über uns. Auf Safari passiert die meiste Zeit ja nicht viel: langsames Umherstreifen, Nahrungsaufnahme, Schläfchen halten – zumindest, wenn man sich das durch die

Stellung in der Nahrungskette erlauben kann. Nilpferde dösen, Löwen dösen, Krokodile dösen. Und dann geht es mitunter auf einmal ganz schnell ...

Wir waren in der Abenddämmerung mit dem Land Rover unterwegs und beobachteten zwei äsende Gnus, als wir in weitem Abstand zwei Löwinnen mit ihren Jungen erblickten. Eine der Katzen hob kurz den Blick in ihre Richtung. Auch die Gnus nahmen die Raubtiere wahr. Sie schauten kurz auf, grasten dann aber weiter. Die kleinen Löwen tollten herum, die Mütter schlenderten langsam mit gesenkten Köpfen nebenher. Wir hielten an. Eine der Löwinnen schaute erneut zu den immer noch ruhig fressenden Gnus, ihr Blick rastete kurz ein, und sie schien die Situation zu sondieren. Dann näherte sie sich gemächlich den Tieren. Erst als sie nur noch rund 100 Meter von ihnen entfernt war, schienen die Gnus sich der Gefahr bewusst zu werden. Eine alle Muskeln in Alarmbereitschaft versetzende Anspannung zuckte durch ihre kräftigen Körper. Die Löwin fing jetzt an zu traben, verkürzte den Abstand. Eines der Tiere nahm sofort Reißaus und galoppierte davon. Das andere Gnu machte nur ein paar halbherzige Schritte, blieb dann jedoch unvermittelt stehen, als würde sein Stolz es daran hindern, die Flucht zu ergreifen. Oder nahm es die Situation immer noch nicht richtig ernst?

Jetzt setzte die Löwin zum Sprint an und schoss in großen Sprüngen auf das Gnu zu, gefolgt von ihrem Rudel. Das Gnu hatte die Gefahr nun scheinbar endlich erkannt und sprengte los. Doch musste es nun festzustellen, dass es bereits zu spät war, dass es den Vorsprung verspielt hatte, dass es der Löwin nicht mehr entkommen konnte. Das Gnu blieb stehen. Es drehte sich um seine eigene Achse und stellte sich der Angreiferin mit gesenktem Haupt entgegen. Jackson, unser Guide, war mittlerweile bis auf wenige Meter herangefahren. Ich wollte schreien: »Lauf, lauf, lauf! Du kannst es doch nicht ernsthaft mit einem Löwenrudel aufnehmen wollen!« Doch da sprang die Löwin schon mit einem kraftvollen Satz an den Hals des Gnus und zog das Tier langsam, aber unerbittlich zu Boden. Mit von Todesangst geweiteten Augen und unter Aufwendung all seiner Kraft versuchte das zu Boden gezwungene Tier aufzustehen. Das schwere, röchelnde und bluterstickte Schnaufen des Gnus erfüllte die Luft. »Ohgottohgottohgott«, stammelte Zoe neben mir. »Wahnsinn!«, antwortete ich. »You are very lucky to see something like this so close!«, sagte Jackson hinter dem Lenkrad. »Können wir bitte fahren?«, fragte Zoe. Ich dachte, ich hätte mich verhört. »Mein Engel, das hier ist äußerst brutal, ich weiß. Aber es wird nicht lange dauern. Tiere quälen nicht aus Spaß. Die Löwin geht dem Gnu jetzt gleich an die Gurgel. Es ist gleich vorbei. Du wirst sehen«, antwortete ich.

Wie ich mich täuschte. Mittlerweile hatten auch die Löwenkinder das Gnu erreicht, das einen verzweifelten und doch aussichtslosen Kampf um sein Leben führte. Den Kleinen schienen die schrecklichen Geräusche, die es dabei von sich gab, nicht aufs Gemüt zu schlagen. Im Gegenteil. Sie tollten auf dem sich qualvoll windenden Tier herum, bissen ihm ins Maul, rissen an seinen Zitzen und spielten mit seinem Schwanz. Wenn das Gnu es halbwegs schaffte, sich röchelnd zu erheben, riss die Löwin es wieder zu Boden, damit die Kinder weiter mit ihm spielen konnten. Es hatte sich zu einer Art Trainingsdrill am lebenden Objekt für Löwenbabys entwickelt. »Können wir bitte endlich fahren!«

Wir konnten nicht! Wie waren Zeugen des existenziellen Augenblicks, in dem das Leben in den Tod übergeht. Die Luft war geschwängert von Adrenalin und archaischem Überlebenskampf. Man konnte den Tod riechen. Ich konnte nicht wegschauen. Ich war zu fasziniert von diesem ungleichen Kampf, der nur wenige Meter vor unseren Augen stattfand.

Das qualvolle Sterben berührte mich tief. Es war nicht schön. Es war nackt, pur und furchtbar. Das verendende Gnu tat mir unendlich leid, und es ekelte mich an, wie die Löwen seinen schrecklichen Todeskampf scheinbar ohne Not in die Länge zogen. Zugleich faszinierte es mich, mich welcher äußersten Brutalität und Emotionslosigkeit Löwenmutter und Löwenkinder dabei vorgingen. »Warum willst du dir das unbedingt noch weiter ansehen? Was findest du daran so geil?«, fragte Zoe. An ihrer Stimme hörte ich, dass sie mich mittlerweile für meinen Voyeurismus verachtete.

Als liebender Vater möchte ich meine Tochter behüten und beschützen. Wie jeder Vater würde ich ohne auch nur den Bruchteil einer Sekunde zu zögern, mein Leben für sie geben. Ich hätte mich auf die unerbittliche Löwin gestürzt, hätte sie das Interesse am Gnu verloren und plötzlich Appetit auf Zoe bekommen.

Aber ich wollte nie, dass meine Tochter in einer unrealistischen, störungsfreien Heile-Welt-Bubble aufwächst. Und wir waren hier in der Wildnis. Darum antwortete ich ihr – im Nachhinein muss ich sagen wohl etwas zu belehrend: »Zoe, wenn du nur das Schöne sehen willst, dann wirst du dem Leben nicht gerecht. Das hier ist auch das Leben. Leben und Tod direkt vor unserer

Nase. Ich finde es auch nicht schön, aber ich finde es in seiner Direktheit unwiderstehlich und möchte es sehen.« »Ich aber nicht!« »Dann dreh' dich um!« Und das tat Zoe dann auch, während ich, meine Augen nicht abwenden könnend, die letzten schlimmen Minuten im Leben des Gnus bezeugte. Um den Todeskampf nicht hören zu müssen, steckte Zoe sich zusätzlich ihre Kopfhörer in die Ohren.

Auf dem Rückweg zur Lodge versuchte ich mit Zoe über das, was wir gerade beobachtet hatten, zu sprechen. Aber das, was in mir vorging und das, was in ihr vorging, konnte sich nicht treffen. Wir schwiegen.

Beim Abendessen wollte Zoe nicht mehr für sich behalten, was sie über mich dachte. Ganz unverblümt warf sie mir vor, mich am Leid anderer aufzugeilen. Ich antwortete ihr erneut, dass ich es nicht genossen hätte, aber dass ich den dramatischen Todeskampf zu fesselnd fand, um mich abzuwenden. »Es war kein Kampf. Die scheiß Löwen haben das Gnu einfach nur gequält!« »Du hast recht. Würdevoll war das nicht«, antwortete ich. »Aber es war das rohe Leben. Mit all der Brutalität, die manchmal dazugehört. Die einen fressen, die anderen werden gefressen. Wir sind auf Safari. Die einen töten, die anderen werden getötet. Und heute konnten wir das ganz ungefiltert miterleben. Ich will nicht nur das Schöne sehen. Das wäre doch eine Lebenslüge. Der Tod, das Hässliche und Brutale gehören auch zum Leben. Das Leben ist manchmal roh und dreckig!«, dozierte ich.

»Ich weiß! Ich bin nicht blöd, ok? Aber warum muss ich mir das angucken? Ich wusste doch, was passiert! Wir wussten doch alle, dass das Gnu am Ende stirbt. Wozu muss ich ihm beim Sterben zugucken? Was soll mir das bringen?«, stieß meine aufgebrachte Tochter hervor. »Was soll mir das bringen?« Gute Frage, dachte ich, und hatte keine gute Antwort darauf. Aber erweitern wir durch Erlebnisse, die uns in der Seele berühren, nicht immer unseren Horizont? Bringt uns das nicht immer etwas?

Zoe hatte immer schon gute Filter für das, was sie sich zumuten wollte und was nicht, einen gesunden Selbstschutz. Wenn wir zusammen einen Film gucken und es ihr zu brutal wird, geht sie einfach – ohne, dass ich sie warnen musste oder muss – aus dem Raum oder taucht unter der Decke ab und wartet, bis ich ihr sage, dass sie wieder auftauchen kann. Filme, in denen mir Schlimmes passiert, hat sie immer kategorisch abgelehnt.

Darüber hinaus hatte sie immer schon ein großes Gerechtigkeitsempfinden. Die Überzahl und die scheinbare Respektlosigkeit der Löwen widerten sie an, die Gleichgültigkeit der Raubtiere im Angesicht der Todesqualen des Gnus empörten sie. Auch wenn ihre strengen Maßstäbe sicher nicht dafür gemacht waren, sie auf Tiere anzuwenden, liebe ich Zoe für ihren stets einwandfrei funktionierenden moralischen Kompass und ihre Rigorosität.

Am nächsten Morgen lächelten wir uns wieder an. Ich bildete mir sogar ein, dass das Schreckliche, was Zoe gesehen hatte, sie umso empfänglicher für das Schöne machte, dass sie, obwohl in Stille versunken, noch anwesender war. Aber vielleicht war das auch nur meine küchenpsychologische Interpretation des Zustandes eines im Morgengrauen einfach noch müden Kindes. Auf jeden Fall war das Leben wieder gut.

Alpen

Seitdem sie ein kleines Kind war, hatte ich Zoe immer wieder begeistert von den Bergen erzählt. Von der Schönheit, Poesie und Stille dort oben. Ich hatte ihr erzählt, wie meditativ es sei, durch entlegene Natur zu wandern, und dass unsere Augen uns unsere schweren Füße vergessen lassen können, wenn wir den Blick über die uns umgebenden Berge, Täler, Schluchten und Wasserfälle schweifen lassen. Sie hatte sich all das angehört, schien aber nicht überzeugt.

Jahrelang hatte ich sie immer wieder gefragt, wann wir endlich mal zusammen »steil gehen« würden. »Noch nicht, Papa, vielleicht nächstes Jahr!«, war ihre Standard-Antwort. Als sie 19 Jahre alt war, fragte sie mich schließlich, wann wir zusammen in die Berge gehen würden. Mein Herz hüpfte. Wir fuhren mit dem Zug nach Bozen in Südtirol. Dort holten uns unsere Freunde Heinrich und Herta ab. Heinrich ist Bergführer, ich hatte ihn vor vielen Jahren auf einer Himalaya-Tour kennengelernt und mit ihm die vor uns liegende Tour ausgeheckt.

In der Frische des nächsten Morgens zurrten wir die Schuhe fest und schulterten die Rucksäcke. Zoe war wach, fokussiert und voller Vorfreude. Ich war aufgeregt, endlich mit ihr in den Bergen zu sein.

Wir marschierten los. Wobei, marschieren der falsche Ausdruck ist. Angeführt von Heinrich schlichen wir eher im Zeitlupentempo. Weil wir in den Bergen auf unebenen Wegen mit steiferem Schuhwerk gehen, bewegen wir uns dort anders, weniger schlurfend, gezielter, bewusster – und doch jeder ganz unterschiedlich. Die einen bleiben viel stehen, staunen oder fotografieren: Wandern im Stop-and-go-Rhythmus. Andere laufen, als wären sie auf dem Weg zu einem wichtigen Termin. Bei mir dauert es immer eine gewisse Zeit, bis meine Schritte sich der Umgebung anpassen, Atem und Bewegung ihren Rhythmus finden und mit dem Gelände in Einklang gelangen. Aber habe ich meinen Flow einmal gefunden, halte ich ihn meist ein wie ein Metronom. Ich genieße es zu spüren, wie mein Körper wie eine zuverlässige Diesellok arbeitet. Ich bleibe nur selten stehen, denn ich weiß genau: Wenn ich einmal pausiere, kann es mir passieren, dass ich anschließend keine Lust mehr habe, weiterzugehen. Ich weiß, dass es falsch ist, unerfahrene Wanderer mit zu hohem Tempo zu überfordern. Aber ich fand, dass Heinrich es mit dem Langsamgehen übertrieb. Jedoch merkte ich, wie Zoe auf diese für sie neue Art zu gehen, einstieg, es ihr zu gefallen schien. Glücklich zwinkerte sie mir zu, als sie Heinrich folgend im Schneckentempo eine kleine, einen Wasserfall überspannende Holzbrücke überquerte. Mein Tempo war es nicht. Langsam zog ich an ihnen vorbei, Zoe blieb artig hinter Heinrich. In den Bergen war ich offensichtlich nicht mehr erziehungsberechtigt.

Es ging gemächlich bergauf. Tannenwälder wechselten sich immer wieder mit Wiesen ab. Auf einer von ihnen legten wir die erste Rast ein, und Zoe testete die Kopfkissentauglichkeit ihres Rucksackes. Bei meinen Rucksäcken hatte ich stets darauf geachtet, dass sie nicht nur ein zu meiner Anatomie passendes Tragesystem haben, sondern auch darauf, dass sie eine bequeme Kopf- und Rückenlehne abgeben. Nach diesen Kriterien hatten wir eine Woche zuvor auch Zoes Rucksack ausgesucht. Er bestand den Test, und die Pause in dieser Heidi-Landschaft war genau nach Zoes Geschmack. Meine Tochter, die nur selten

Fleisch isst, aß sogar ein mit Kümmel gewürztes Bergbrot mit Südtiroler Speck und schien restlos glücklich und zufrieden zu sein. Schon als sie ein kleines Kind war und mal wieder keine Lust hatte, mit mir in den Wald zu gehen, musste ich nur das Zauberwort »Picknick« aussprechen, um sie doch noch aus der Wohnung zu locken. »Zoe, wir machen ein Picknick auf einer Waldlichtung!« – Ab ging's.

Bevor die Knochen auf der duftenden Bergwiese zu schwer wurden, schulterten wir wieder unsere Rucksäcke. Über mit gelben, blauen und weißen Blumen gesprenkelte Wiesen ging es jetzt steinigerem Terrain entgegen. An einem ausgesetzten und zum Tal hin jäh abfallenden Felsabschnitt mahnte ein Kreuz, das an einen in den Tod gestürzten Jugendlichen erinnerte, die Füße weiter mit Vorsicht und Bedacht zu setzen.

Drei Stunden später erreichten wir die Hütte. Wir setzten uns auf eine Bank in der Sonne, Cecilia, die Wirtin, brachte uns Jausenbretter, Zoe eine Apfelschorle und Heinrich und mir ein kühles Weißbier. Hefeweizen schmeckt nirgendwo so gut wie in den Bergen nach getaner Arbeit. Aber das hat seinen Preis. Natürlich ist ein Bier auf einer Berghütte teurer als in einer Eckkneipe in Berlin. Aber das meine ich nicht. Während ich mein Bier genoss, musste ich daran denken, welchen Preis die Welt dafür bezahlt, dass ich in 2500 Metern Höhe etwas genieße, das ich nicht selbst hier hochgeschleppt habe. Alles, was bei Cecilia auf der Speisekarte stand, war mit dem Hubschrauber hier hochgeflogen worden. Ich weiß nicht, wie viel Liter Kerosin ein Hubschrauber in der Stunde verbraucht, aber mir ist klar, dass Bier in den Bergen einen ziemlich katastrophalen CO_2-Fußabdruck hat. Aber was heißt das für mich und die anderen

Menschen, die sich nach einem anstrengenden Marsch in Berghütten mit einem kühlen Getränk und einem sättigenden Mahl belohnen? Tragen wir dadurch nicht selbst zum immer schneller werdenden Abschmelzen der letzten Alpengletscher bei? Zerstören wir das Paradies, dessen Anblick wir genießen, während wir auf der Terrasse der Hütte essen und trinken? Oder tragen wir vielleicht sogar zum Erhalt dieses bedrohten Naturraumes bei, indem wir uns hier genießend seiner Schönheit und seiner Gefährdung bewusst werden, unsere Antennen entsprechend schärfen, unsere Einstellung zur Natur überdenken und uns künftig in unserem Alltag und auf unseren Reisen stärker für ihren Schutz einsetzen?

Natürlich wäre es besser für das Klima, wenn kein Mensch, kein Bier und nichts und niemand mit einem mit fossilen Treibstoffen angetriebenen Fortbewegungsmittel irgendwo hinreisen würde. Aber was für eine Welt wäre das? Eine Welt, in der keiner mehr weit entfernte, fremde Kulturen besuchen könnte und so seinen Horizont erweitern, seine Liebe zur Welt vergrößern, seine Sensibilität verfeinern und angereichert mit neuen Eindrücken und Liebe zu den Seinen zurückkehren könnte. Wer würde gerne in so einer Welt leben? Ich nicht.

Nachdem er seine Jause verzehrt hatte, verabschiedete Heinrich sich von uns. Die nächsten Tage verbrachte ich mit Zoe alleine auf der Hütte, von hier aus unternahmen wir ausgedehnte Tagestouren. Zoe ist sehr sportlich. Trotzdem war ich erstaunt und auch ein bisschen stolz über die Kondition, die sie bei unseren Wanderungen an den Tag legte. Sie fragte viel über die Berge, ich antwortete so gut ich konnte. Wir genossen die uns umgebende Natur, die Abgeschiedenheit und unsere Zweisamkeit. Ich war glücklich, dass Zoe in den Bergen so glücklich war.

Auf einer unserer Wanderungen folgte uns eine Gruppe laut schnatternder Deutscher. »Auch die Portionen waren schön groß!« »Wo ist denn Peter? Peeeter? Boah, ist der lahm!« Immer wieder drangen Wortfetzen zu uns. Wortfetzen, die hier, oder zumindest in Zoes und meiner Welt, gerade nichts verloren hatten. Vor allem mich störte es. Würden sie zumindest eine Sprache sprechen, die ich nicht verstehe, könnte ich ihr Gerede vielleicht besser ignorieren, aber so musste ich einfach zuhören, auch wenn ich es nicht wollte. Zunächst beschleunigten wir unseren Schritt, aber die geschwätzigen Wanderer drängten uns ein Tempo und einen Rhythmus auf, der heute nicht unserer war. Also hielten wir an und schulterten ab.

Ich habe immer eine lederne Backgammon-Rolle mit Steinen und Würfeln dabei. Ich liebe Brett- und Kartenspiele. Und Zoe auch, zumindest, wenn sie gewinnt. Wir rollten das Spielfeld aus und begannen zu würfeln. Erstaunt, aber ohne ihren Redefluss zu unterbrechen, zogen die gesprächigen Wandersleut an uns vorbei. Bald verschwanden sie mit ihren großen Portionen und dem lahmen Peter im aufziehenden Nebel. Aus einer Runde wurden drei. Schließlich rollten wir das Backgammon-Spiel wieder ein. Wir hatten noch einen weiten Weg vor uns: Hoch zum Rabbijoch, dem 2449 Meter hohen Pass, über den man vom Trentino nach Südtirol gelangt, und von dort in einem langen Abstieg zur nächsten Hütte. Zoe und ich waren bei unserer erzwungenen Pause so sehr ins Spiel vertieft, dass wir gar nicht bemerkt hatten, dass die einzelnen Schwaden sich mittlerweile zu einem alles einhüllenden Nebel verdichtet hatten.

Die abrupten Wetterumschwünge um die Mittagszeit in den Bergen haben mich immer in ihrer Dringlichkeit und Konsequenz beeindruckt. Meine Bergfreunde hätten dies wahrscheinlich Stunden vorher nach einem prüfenden Blick in den Himmel vorhersagen können. Ich hingegen sehe den Nebel erst, wenn er im wahrsten Sinne des Wortes in Windeseile auf mich zukommt, um mich kurz darauf in gräulichem Weiß hüllen. Vom Himmel das Wetter der nächsten Stunden abzulesen, kann ich leider auch nach vielen Touren noch nicht. Jedoch hatte ich mir morgens in der Hütte den lokalen Bergwetterbericht angeschaut. Von daher wusste ich, dass es heute zwar neblig, aber nicht regnerisch werden sollte, sodass wir ohne Hast weitergehen konnten.

In der Stadt nervt mich schlechtes Wetter einfach nur. Jetzt freute ich mich, mit Zoe in den Bergen auch die Schönheit und Dramatik von »schlechtem« Wetter erleben zu können. Beim Wandern durch den Nebel genossen wir die Landschaft, die jetzt so anders wirkte als im strahlenden Sonnenschein des Morgens. Mysteriöser, verwunschener, Geheimnisse in der gedämpften Stille wahrend. Schweigende Dramatik, entsättigte Farben. Wir waren fasziniert, wie anders unsere Stimmen im Nebel klangen. Die Sprache war umschlossen von sanfter Ruhe, die die einzelnen Worte existenzieller klingen ließen. Bald hörte ich aus dem Nebel hinter mir immer wieder ein Kichern und ab und zu mal ein »Hoppla«. Es war Zoe, und sie lachte – so viel war klar – über mich.

Wie oft hatte ich ihr erzählt, wie wichtig es ist, in den Bergen jeden Schritt präzise zu setzen, um Kraft zu sparen und Gefahren zu minimieren. Und nun blieb meiner Tochter, die mir scheinbar leichtfüßig wie eine Gams folgte, nicht verborgen, dass ich immer wieder über Steine und Wurzeln stolperte, immer wieder aus dem Tritt kam. »In den Bergen musst Du jeden Schritt ganz bewusst setzen. Mit Bedacht«, machte sie mich liebevoll nach, zog an mir vorbei und sagte: »Schau mal auf meine Füße. Versuch' so zu gehen wie ich. Langsam und präzise. Und bleib' am besten dicht hinter mir.« Der Nebel schluckte unser Lachen.

Nachdem wir fünf Tage in den Alpen gewandert waren, fuhren Zoe und ich weiter an den Gardasee. Eingerahmt von kargen Bergen funkelte der See blaugrün. Ich schaute abwechselnd auf die schimmernde Wasseroberfläche unter mir und auf die schweigenden Höhen über mir und war mal wieder überwältigt von der Schönheit dieser Landschaft.

Wir hatten uns an den Hängen oberhalb des Sees in einem kleinen Hotel eingemietet. Nachdem wir die von unseren Wanderungen schweren Beine zwei Tage hochgelegt hatten, beschlossen wir, uns für einen halben Tag ein Motorboot zu mieten. Bisschen prollig, ich weiß, aber leider auch geil.

Als wir am nächsten Morgen am Hafen von Malcesine ankamen, sahen wir eine Menschenansammlung. Es waren junge Aktivisten der Klimaschutzbewegung »Extinction Rebellion«. Sie hielten Plakate in die Höhe, mit denen sie gegen Leute protestierten, die sich ein Motorboot mieten und sinnlos Benzin durch den Außenborder jagen. Leute wie uns.

»Oh nein«, presste Zoe hervor. »Tja«, antwortete ich. Ich wusste nicht, was ich sonst sagen sollte. Möglichst unauffällig bahnten wir uns durch die sympathisch wirkenden Demonstranten unseren Weg zum Bootsverleih. Wir fühlten uns elend. »Oh Gott, Papa, ich will hier nicht sein«, flüsterte Zoe mir gestresst zu. »Mir geht es genauso«, sagte ich. »You must be Benno«, sagte die Frau vom Bootsverleih. Am liebsten hätte ich einfach »No« gesagt und hätte mit Zoe auf der Stelle kehrtgemacht. Die Aktivisten machten mir ein wahnsinnig schlechtes Gewissen. Auf der anderen Seite: Wie oft steche ich schon mit meiner Tochter in See? Also sagte ich zur Bootsverleiherin »Yes!«, gab ihr meinen Perso und schob noch ein hilfloses »They are right« hinterher. »Who?«, fragte sie. »They«, sagte ich und zeigte auf die Extinction-Rebellion-Gruppe. Die Bootsfrau machte eine wegwerfende Geste, die in ihrer Ignoranz fast schon lustig war, und sagte: »Idioti!«

Wir gingen über den Steg an den jungen Klimaaktivisten vorbei zu unserem Boot. Es war der reinste Spießrutenlauf. Mein Herz schlug, Zoe schwitzte. Ich ließ mir unter den strafenden Blicken der Klimaschützer das Boot erklären, dann fuhren wir langsam mit innerlich und äußerlich gesenkten Köpfen an ihnen vorbei aus dem Hafenbecken.

Als wir auf dem See endlich außer Sicht der Klimaschützer waren, deren Forderungen wir normalerweise sofort mit einem guten Gefühl unterschrieben hätten, konnten wir uns ein bisschen entspannen. Wir atmeten durch. »Ich fühle mich so schlecht«, sagte Zoe. »Ja, krass, wie schnell man auf der anderen Seite landen kann, ne?«, gab ich zurück.

Zoe und ich waren heilfroh, dass die Extinction-Rebellion-Leute bereits Feierabend gemacht hatten, als wir am späten Nachmittag wieder am Steg anlegten. So froh ich war, den Aktivistinnen und Aktivisten jetzt nicht mehr in die Augen gucken zu müssen: Sie hatten den Finger in die Wunde gelegt – und es tat weh. Die mir schon lange rational bewusste, aber erst in den letzten Jahren auch emotional tief in mich eingedrungene Erkenntnis, dass ich in Zukunft aus Rücksicht auf das Klima weniger reisen kann (oder sollte), macht mir zu schaffen. Weil das letztendlich auf die Spitze getrieben heißt: Je mehr ich hierbleibe, desto mehr schone ich die Umwelt; je mehr ich mich bewege, desto schlechter fürs Klima – zumindest, wenn es über eine Fahrradtour hinausgeht.

Für mich war es immer gelebte Freiheit, an einem bestimmten Ort sein zu *wollen*, nicht an einem bestimmten Ort sein zu *müssen*. Mein »Hiersein« war meine Wahl, und jede Wahl kann verändert werden. Alles ist in Bewegung und nichts ist statisch. Die Welt war mein Raum und meiner Neugier und Reiselust waren keine Grenzen gesetzt. Ich fühlte mich als Teil der Erde und hatte das große Privileg, mich auf ihr frei bewegen zu können – wenn meine familiären, beruflichen und finanziellen Verpflichtungen es mir erlaubten.

Norden oder Süden, Osten oder Westen, ich konnte mich einfach treiben lassen. Dieses Gefühl, mich vollkommen frei bewegen zu können, diese maximale Fluidität, ist mir partiell abhandengekommen und durch einen anderen seelischen Aggregatzustand ersetzt worden: Die großen Distanzen sind in meinem Kopf mittlerweile mit einer Art Verbotsschild versehen, sie sind nicht mehr so frei zugänglich, sind an den äußersten Rand der Optionen gerückt. Und aus der Distanz schmachte ich nun meine Sehnsuchtsorte an.

Nach wie vor möglich, einen Flieger in die Ferne zu besteigen, aber die maximale Freiheit ist einer früher nicht dagewesenen Schwere der Verantwortung gewichen. Die sorglose Unbekümmertheit ist von der Einsicht verdrängt worden, dass alles seinen Preis hat, dass alles wohlüberlegt sein will. Die Kindheit ist vorbei. Die Entscheidungen liegen bei uns. Jeden Tag.

Natürlich ist es immer eine Frage der inneren Haltung: Entscheiden wir uns für oder gegen etwas. »Das geht nicht mehr«, ist absolut und kann bei mir leicht kindlichen Trotz hervorrufen – das Kategorische ist das, was mich hier und da fertig macht. Das: Das-geht-nicht-mehr der Dinge als maximaler Gegenentwurf zu maximaler Freiheit. Das Absolute, das keine Bewegung innerhalb des Systems mehr zulässt.

Ich zwinge mich dann, mich gegen etwas zu entscheiden, anstatt mich freiwillig für etwas zu entscheiden. »Das geht nicht mehr«, ist für mich, als schlüge jemand laut die schwere Tür zur leuchtenden Vergangenheit zu. Durch den sich schließenden Spalt erhasche ich noch einen letzten schmerzenden Blick auf all das vergangene Schöne, das nun umso verführerischer im goldenen Glanz der Abendsonne strahlt. Und während die Tür donnernd ins Schloss fällt, erhalte ich die Ansage: Ab jetzt beschreitest du nur noch den schmalen, vor dir liegenden dunklen Korridor.

Das fühlt sich dann ungefähr so an, als würde man sich vor dem Altar die Treue schwören, und dabei an all die Menschen denken, die man jetzt nicht mehr küssen und berühren, am besten gar nicht mehr begehren darf. Anstatt sich für jemanden zu entscheiden, entscheidet man sich gegen andere.

Mit vier oder fünf Jahren auf meinem Lieblingsspielplatz in Berlin-Kreuzberg. Was auch immer ich da gesehen habe, meine Neugier war offensichtlich geweckt.

Herman-Hesse-Gymnasium, auch in Kreuzberg, 9. Klasse. Habe ich wegen des Schulnamens damals so viel Hesse gelesen? Mit »Demian« fing es an, »Unterm Rad« folgte …

Mein erstes Fotoshooting auf meinem geliebten ersten Motorrad, einer Harley-Davidson Sportster. Kurz darauf verkaufte ich die Maschine, um mir die Schauspielschule in New York leisten zu können.

Mit 21 Jahren, Schauspielschule New York. Die Harley habe ich nicht mehr, die Lederjacke blieb.

Mit diesem Foto bewarb ich mich bei Schauspielagenturen. Den Navajo-Schmuck hatte ich von meinem Roadtrip aus New Mexico mitgebracht.

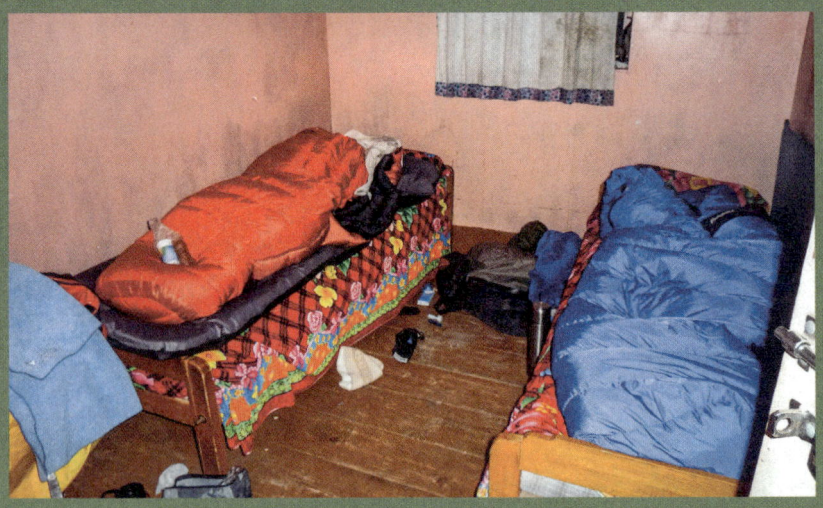

Himalaya, Khumbu-Durchquerung: Kristalline Schönheit am Ama Dablam, dem Matterhorn Nepals.

Mit 40 Grad Fieber war dies das beste Hotelzimmer, in dem ich je war. Mein Schlafsack war der blaue.

Wenn schon nicht drauf, immerhin davor: vor dem höchsten Berg der Welt, dem Mount Everest.

Sherpa Lila: Er brachte mich zum Lachen, als er mir erzählte, dass er weder Berge noch das Bergsteigen mag.

Patagonien, unterwegs auf dem Inlandeis: Zum Schutz vor den heftigen Böen bauten wir ein halbes Iglu um unser Zelt.

Unter dem Viedma-Gletscher in Argentinien: Aufregend und beängstigend, unter einem riesigen Eismeer zu stehen.

Barfuß bei Minusgraden durch den Rio Electrico auf dem Weg zum Cerro Torre. Jetzt bloß nicht ausrutschen.

Die Einsamkeit und Weite Patagoniens: Ich möchte unbedingt noch mal dort hin.

Drakensberge, Südafrika: Man munkelt Tolkien sei hier gewesen, bevor er »Herr der Ringe« schrieb. Also schaue ich über Mordor.

Äthiopien: Wer in die Simien-Mountains möchte, braucht bewaffneten Begleitschutz. Ich fand dort zum Glück nur Frieden und wunderschönes Licht.

Atacama-Wüste in Chile: Die intensivste Sonneneinstrahlung, die ich je erlebt habe, und der Sonnenbrand meines Lebens.

Auf knapp 5000 Metern am Cerro Soquete – in der Wüste unterwegs auf Schnee, in der Atacama ist das möglich.

Mit meinem Freund Till unterwegs in der Atacama-
Wüste – mit leichtem Reisegepäck.

Umgeben von den schroffen Gipfeln Patagoniens:
Acht Tage lief ich auf dem Eis.

Juan-Fernández-Archipel, Chile: Hier lebte der echte Robinson Crusoe vier Jahre lang in vollkommener Einsamkeit.

Unter Wasser vor der Robinson-Crusoe-Insel. Die verspielten Seelöwen zerrten an meinen Taucherflossen.

Oben: Myanmar – mit Till auf dem Weg nach Mandalay. Erdrutsche behinderten immer wieder die Weiterfahrt.

Rechts: Färöer-Inseln – die Wucht der Wellen flößte mir Respekt vor jedem Seefahrer ein.

Auf den Inseln zwischen Island und Norwegen ist mit den Elementen überhaupt nicht zu spaßen.

Oben: Kurze Pause beim Abstieg aus den Anden.

Links: Peru, Huayhuash-Trail – Wandern auf einem der schönsten Treks der Welt.

Alles eine Frage der Perspektive: Auf Sokotra fand ich meine Leichtigkeit wieder.

Abendstimmung auf dem Skand: Diese Schönheit werde ich für immer bei mir tragen.

Dosenwerfen auf Jemenitisch. Das Leben kann so einfach sein.

Drachenblut-Baum im Nebel. Nach der Glut der Mittagshitze ist die Feuchtigkeit ein Segen.

Aufstieg zum Skand-Plateau durch Dornengestrüpp: Abdul kennt den Weg. Meistens.

Kapitel 3
Familie

Mein Vater

Ich bin Einzelkind. Meine Eltern haben sich getrennt, als ich drei Jahre alt war. Ich blieb mit meiner Mutter in unserer Wohnung in der Yorckstraße, die den bürgerlichen Teil Kreuzbergs mit Schöneberg verbindet, mein Vater zog auf den Kottbusser Damm, der den raueren Teil Kreuzbergs mit Neukölln verbindet. Ich sah meinen Vater an den Wochenenden. Bis ich sieben Jahre alt war und sich meine Mutter entschloss, aus dem Leben zu scheiden.

Die Nachricht ihres Todes veränderte mein Leben so abrupt und brutal, dass ich in ein schwarzes, mich verschlingendes Loch stürzte. Ewiges Fallen und der bebende Wunsch, das alles möge nicht wahr sein. Nur ein Traum. Ein Traum in der kalten Schwärze der Nacht, hinter der jedoch das Licht des Tages und die wärmende Sonne warteten. An die Hoffnung, dass die Realität, sich nur für eine Zeit hinter dem Alptraum versteckte, klammerte ich mich damals hilflos.

Nach dem Tod meiner Mutter zog ich zu meinem Vater. Er war Lehrer. Wie für die meisten kleinen Jungs war er mein Held. Er war groß, stark, bedacht und wusste, so schien es mir, alles. Er erklärte mir die Welt und ich schaute zu ihm auf. Ich liebte es, mit meiner kleinen Hand in seiner großen warmen Hand die Straße entlangzugehen. Ich fühlte mich dann geliebt und geführt. Doch schon im nächsten Moment konnte ich mich sehr alleine fühlen.

Mein Vater war ein 68er. Er war für mich nie Papa oder Papi, sondern Wolf oder Wolfi. Es gab bei ihm den Versuch der antiautoritären Erziehung, aber sie entsprach ihm überhaupt nicht.

Seine politische Grundhaltung zielte auf eine gerechtere Welt und ein sozialeres Miteinander ab, in unserer Zweierbeziehung jedoch galt sein Wort. Er lebte Familie als politisches Modell, in dem jede und jeder seine oder ihre Pflichten hatte. Er ließ dabei jedoch mitunter außer Acht, dass Liebe, Großzügigkeit, Respekt und Nachsichtigkeit den Kitt jeder Beziehung ausmachen. Rückblickend wird mir klar, dass wir teilweise völlig unterschiedliche Bedürfnisse an und Vorstellungen von sozialem Miteinander hatten.

Jedes Kind ist abhängig von der bedingungslosen Liebe seiner Eltern. Das weiß jeder. Ich weiß aber auch, wie es sich anfühlt, wenn man sich dieser Liebe nicht sicher ist. Das Gefühl liebenswert zu sein, also es im wahrsten Sinne des Wortes wert zu sein, geliebt zu werden, war für mich keine Selbstverständlichkeit. Ich hatte das Gefühl, dass es an mein Verhalten gekoppelt war. Enttäuschte ich meinen Vater, konnte es zu Hause sehr kalt werden, sein Herz war dann für mich unerreichbar.

Es prägt meine Kindheitserinnerungen durchaus, dass ich oft das Gefühl hatte, dass mit mir etwas grundsätzlich falsch war, dass ich teilweise nur aufgrund von Nachsichtigkeit geduldet wurde, meine Anwesenheit für andere ein Kreuz sein konnte. Ich fühlte mich oft sehr allein im All, mit dem Gefühl, die Welt, allen voran meinen Vater, maßlos enttäuscht zu haben.

Ich war bereit, alles dafür zu tun, dass die Liebe zwischen ihm und mir wieder fließt, dass ich wieder zu ihm und der Welt gehören, dass ich wieder auf die andere Seite darf, auf die Seite der Liebe und des Lichtes.

Unsere kleine Familie war ziemlich hermetisch. Selten gab es Besuch. Mein Vater lebte sehr zurückgezogen, saß oft bis nachts am Schreibtisch und bereitete den Unterricht vor, verreiste nicht gerne. Meine Mutter war ganz anders. Sie fuhr Motorrad, war umtriebig, mit ihren Gedanken und Füßen und mir in der Welt unterwegs und hatte einen großen Freundeskreis. Als ich noch bei ihr lebte, saßen abends oft Leute bei uns in der Küche und redeten, tranken und lachten. Als Kind liebte ich es, in meinem Bett zu liegen und den Erwachsenen-Gesprächen zu lauschen.

Als ich zehn Jahre alt war, legte mir mein Vater sein handgeschriebenes Kochbuch, einen Stift und einen Zettel auf den Küchentisch. »Da stehen die Gerichte drin und welche Zutaten man dafür braucht. Such' dir ein Essen aus, und schreib dir einen Einkaufszettel. Ich gebe dir Geld, du gehst einkaufen und kochst für uns. Wenn du beim Kochen Fragen hast – ich bin nebenan.« Und ab da war jeder Mittwoch Benna-kocht-Tag. (Mein Vater nannte mich Benna. Als Kleinkind konnte ich meinen Namen nicht aussprechen. Aus Benna..na..min wurde Benna. Erst als ich aufs Gymnasium kam, wurde aus Benna Benno. Benjamin war ich nur, wenn mein Vater sauer auf mich war.) Mir machte es Spaß, für uns zu kochen. Ich fühlte mich dann groß und hatte das gute Gefühl, einen brauchbaren Beitrag für unser Dreier-System leisten zu können. Trotzdem vergaß ich den Benna-kocht-Mittwoch manchmal. Für meinen Vater wog das jedes Mal schwer. In seinen Augen hatte ich dann nicht nur vergessen, dass Mittwoch war, sondern war mir offensichtlich selbst wichtiger als die Familie. Ich nahm, wollte aber nicht geben.

Wenn mein Vater die Wohnungstür aufschloss, raste es oft in meinem Kopf. Hatte ich etwas vergessen? War ich mit Einkaufen und Kochen dran? Hatte ich den Herd ausgemacht? Hatte ich aus Versehen die Stereoanlage im Wohnzimmer angelassen? Hatte ich mein Zimmer nicht aufgeräumt? Mein Vater klopfte nie an meine Tür, er öffnete sie einfach. Schon als Kind hasste ich das, aber damals dachte ich, es sei normal. Wenn ich mal wieder etwas falsch gemacht hatte, versuchte ich manchmal, mich hilflos zu entschuldigen und ihn zu umarmen. »Ich fühle mich jetzt nicht danach«, hörte ich meinen Vater dann unter Umständen sagen, worauf ich mich verschämt von ihm löste.

Mein Vater lehrte mich früh, Verantwortung zu übernehmen. Als Klassensprecher und als Demonstrationsteilnehmer – wir reisten 1983 sogar extra zur großen Friedensdemo nach Bonn, um gegen den Nato-Doppelbeschluss zu protestieren – forderte er von mir ein, Teil einer partizipativen Demokratie mit all den damit verbundenen Rechten und Pflichten zu sein. Er lehrte mich, für meine Überzeugungen einzustehen. Er lehrte mich Hartnäckigkeit und dort, wo es geboten schien, auch gegen den Strom zu schwimmen (außer gegen seinen eigenen). Er lehrte mich, dass, wer Privilegien genießt, auch Verpflichtungen hat gegenüber Menschen, denen es weniger gut geht, dass, wenn irgendwo Überfluss herrscht, es an anderer Stelle Mangel gibt und dass wir, wenn wir uns in Solidarität gemeinsam engagieren, eine bessere und gerechtere Welt schaffen können. Gerade, weil ich viele seiner Überzeugungen damals und heute richtig fand und finde und viele seiner Werte teile, war es für mich so schmerzvoll, dass unser Miteinander von ihm manchmal so jäh unterbrochen wurde, wenn er von mir enttäuscht war. Er hätte wahrscheinlich argumentiert, dass nicht er, sondern allein ich durch mein richtiges oder falsches (was richtig und falsch war, legte natürlich er fest) Verhalten dafür sorgte, wie die Qualität unseres Kontaktes war.

Auf mein zunehmendes Autonomiebestreben reagierte mein Vater mit Strenge, Sprachlosigkeit und Gefühlskälte. Je älter ich wurde, desto mehr reagierte ich mit Wut darauf, von seinem Urteil, seiner Gnade und seinem Gutheißen abhängig zu sein. Und ich wollte ihm nicht die Genugtuung geben, mich durch seine Dominanz zum Weinen zu bringen – was oft nicht gelang. Tränen der Wut und der Verzweiflung flossen regelmäßig.

Als ich 14 Jahre alt war, stand ich mal wieder weinend vor meinem Vater im Flur und schrie: »Ich will nicht mehr mit dir wohnen! Ich störe euch doch nur. Ich will ins Heim!« (Das »euch« bezog sich auch auf meine Stiefmutter, mit der ich nicht gut klarkam.) Mein Vater lachte hilflos. Doch ich hatte gesehen, dass er sich erschrocken hatte, als sein Sohn ihm sagte, dass er lieber im Heim als mit ihm leben wolle. Zu wissen, dass ich ihn erwischt hatte, gab mir Genugtuung und das fast berauschende Gefühl von Selbstwirksamkeit, die ich in der Beziehung zu meinem Vater oft so schmerzlich vermisste. Ich hatte ihn erschüttert, ihm klargemacht, dass das Bild, das er von sich als Vater hatte, nicht mit dem korrelierte, das ich von ihm hatte. »Was willst du denen im Heim denn erzählen? Da gibt es Jugendliche mit richtigen Problemen!«, stieß er schließlich am anderen Ende des Flurs stehend hervor, nachdem er sich wieder gefasst hatte.

Die Reaktion meines Vaters vor 36 Jahren macht mich noch heute wütend. Dem eigenen Sohn das Recht auf Probleme abzusprechen, machte mich rasend vor Wut.

Mein Vater ist, als ich 15 Jahre alt war, sehr schnell an Krebs gestorben. Mitten in unseren Kämpfen, auf dem Höhepunkt meiner Pubertät. Damals konnte ich ihm noch nicht verzeihen. Die unbändige Trauer überlagerte zwar die Wut, löschte sie jedoch nicht aus. Aber später hätte ich so gerne die Friedenspfeife mit ihm geraucht. Auf den eigenen Beinen stehend und nicht mehr abhängig von Gewähr oder Entzug seiner Liebe, hätte ich mich gerne mit dem Mann, der mein Vater war, ausgesprochen. Von Mann zu Mann. Ich hätte mich gerne mit ihm über das Leben, die Liebe, Abhängigkeiten und das Vatersein unterhalten. Ich hätte mich so gefreut, wenn er Zoe kennengelernt hätte.

Aber wäre er jederzeit der Vater gewesen, den ich mir gewünscht hatte, wäre ich jetzt nicht der Mensch, der ich bin. Und ich weiß, was ich ihm verdanke. Meinem Vater. Wolf.

Meine Eltern leben nicht mehr und ich möchte sie nicht in ein Licht stellen, das ihnen nicht gerecht wird. Ich bin dankbar für all die Liebe und Orientierung, die sie mir haben angedeihen lassen – zugleich möchte ich aber auch benennen dürfen, worunter ich in meiner Kindheit gelitten habe.

Ich sehe jetzt als Erwachsener die Not meiner Eltern und die Einsamkeit meines Vaters. Nun, mit viel Abstand, frage ich mich, ob der oft so präsente Gram meines Vaters durch die Summe meiner »Verfehlungen« in die Welt gekommen ist oder durch seine eigene Einsamkeit gespeist wurde. Ich glaube zu erkennen, dass er so oft an der Welt verzweifelt ist – an seinen politischen Wünschen und an seinen Ansprüchen an sich, mich und eine bessere Welt.

Vielleicht bekam er deshalb manchmal nicht richtig mit, wie es seinem Gegenüber, vor allem mir, ging. Habe ich ihn möglicherweise an etwas erinnert, was er gerne gelebt hätte, aber nicht leben konnte oder wollte? Hätte ich einen Bruder oder eine Schwester: Was würden sie über meinen Vater erzählen? Lag unser oft so schwieriges Verhältnis an mir? Oder daran, dass mit uns zwei so grundunterschiedliche Charaktere aufeinander trafen? Ich werde es nie erfahren.

Irgendwie habe ich mit meinem Vater Frieden geschlossen, aber halt nur irgendwie. Muss man sich alles vergeben, damit die Liebe wieder fließen kann? Bin ich überhaupt in der Position, zu vergeben? Ist der Gedanke nicht total vermessen? Muss alle negative Energie in uns in Liebe umgewandelt werden? Oder ist die Wut, die ich hier und da immer noch auf meinen Vater verspüre, nicht auch eine Quelle der Kraft und der Motivation?

Die Wut existiert neben der Liebe. Man kann nur wirklich wütend auf jemanden sein, der einem wirklich wichtig ist.

Zeichnen die Taten, Worte und Handlungen meines Vaters, an die ich mich erinnere, wirklich ein faires, ihm und unserer Beziehung entsprechendes Bild?

Was sind Erinnerungen? Was ein später geprägtes Narrativ? Wie können wir uns jemals gerecht an unsere Eltern erinnern? Ist Erinnerung nicht immer ungerecht, da sie so selektiv ist, so viele leise Töne wegfiltert? Irgendwann ist die Summe unserer Erinnerungen und der Abdruck, den wir im Herzen tragen, alles, was wir noch haben.

Ich

Nach dem Tod meines Vaters verlor ich die Orientierung. Ich war 17, als ich sturzbetrunken die Tür einer fahrenden S-Bahn öffnete und mich von außen an den Zug hängte. Bis ich gegen einen Metallmast knallte. Ich wurde vom Zug geschleudert, kam blutüberströmt auf den Gleisen zu mir und taumelte in Richtung des nächsten Bahnhofs. Auf den letzten Metern kamen mir meine Freunde entgegengerannt und stützten mich. Krankenwagen und Polizei seien bereits auf dem Weg, sagte der völlig überforderte Mann von der Bahnhofsaufsicht, als wir den Bahnsteig erreichten. Panik ergriff mich.

Ich musste an meine Oma denken. Bei ihr war kurz zuvor Speiseröhrenkrebs diagnostiziert worden. Sie durfte auf keinen Fall erfahren, was für einen Scheiß ich gemacht hatte und wie schwer verletzt ich jetzt war. Ich riss mich los und humpelte so schnell ich konnte die Treppe hoch auf die Straße. Ich wollte abhauen. Zu spät. Ein mit Blaulicht und Sirene herbeirasender Streifenwagen schnitt mir den Weg ab. Obwohl nur wenige Sekunden später auch der Krankenwagen kam, bugsierten die Polizisten mich zunächst in ihren VW-Bus, vernahmen mich und nötigten mich, mit dröhnendem und blutendem Kopf irgendwelche Formulare zu unterschreiben. Dann brachte der Rettungswagen mich ins Krankenhaus. Ich hatte den Eindruck, dass erst jetzt der lebensgefährlich verletzte Mensch und nicht mehr der jugendliche Delinquent im Mittelpunkt stand.

Ich wurde geröntgt und wieder zusammengeflickt. Eine zehn Zentimeter lange Fraktur zog sich über meinen Hinterkopf, an zwei Wirbeln waren die Dornfortsätze angebrochen, mein rechtes Jochbein war gebrochen. Ich erinnere mich an einen sehr sympathischen Arzt, der in dieser Nacht Dienst hatte. »Du hast großes Glück gehabt. Hätte die Fraktur am Hinterkopf sich noch ein, zwei Millimeter weiter nach unten gezogen, wärst du jetzt querschnittsgelähmt. Du solltest für deinen Schutzengel eine Kerze anzünden, sobald du wieder laufen kannst.«

Bevor ich eine Kerze anzünden konnte, verbrachte ich zunächst drei Wochen im Krankenhaus. Auf dem Rücken liegend und Suppe aus Schnabeltassen trinkend, zermarterte ich mir den Kopf, wie es in meinem Leben weitergehen sollte. Nach dem Tod meines Vaters zwei Jahre zuvor war ich in eine Ist-doch-eh-alles-scheißegal-Phase abgerutscht. Ich suchte bereitwillig Gefahren und Konflikte, um das Leben herauszufordern. Seitdem mein Vater, der leidenschaftliche und strenge Lehrer, tot war, schwänzte ich oft – oder verweigerte die Mitarbeit, wenn ich doch mal in die Schule ging. So war ich bereits ein Mal sitzen geblieben, und spätestens jetzt, mit dem langen Krankenhausaufenthalt, war die Versetzung wieder alles andere als gewiss. Ich hatte keine Ahnung, wie es mit mir weitergehen sollte, aber der Warnschuss war angekommen.

Als ich nach drei Wochen entlassen wurde, holte mich die tolle Mutter meiner Ex-Freundin aus dem Krankenhaus ab und fuhr mich nach Hause. Ein paar Tage später klingelte das Telefon, und meine Oma eröffnete mir mit brüchiger und vom Krebs gezeichneter Stimme, die ich damals – das muss ich zu meiner Schande gestehen – als selbstmitleidig empfand, was sie mit meiner Tante aus dem Siebengebirge besprochen hatte: Ich sollte schon bald bei Bonn auf ein Internat gehen. Es lag wenige Kilometer von Niederholtorf, dem Bullerbü meiner Kindheit, entfernt und mein gleichaltriger Cousin besuchte die Schule als Tagesschüler.

Ich dachte, ich höre nicht richtig. Ich war fassungslos, dass sie, ohne mich zu fragen, über meine Zukunft entscheiden wollten. »Ich werde auf keinen Fall auf ein spießiges Internat in der westdeutschen Provinz gehen«, entgegnete ich. »Du bringst mich noch ins Grab«, kam als Antwort aus dem Telefon. Ich erinnere mich an diesen Satz noch kristallklar. Und an die aus meiner Sicht emotionale Erpressung, die da mitschwang. In diesem Moment hasste ich meine Oma, die ich so sehr liebte. Ich hasste sie dafür, dass nun auch sie mir das Gefühl gab, eine Zumutung für meine Familie zu sein. Ich fragte mich, wie es eigentlich sein konnte, dass meine Bedürfnisse und meine Überforderung mit dem Leben in der Rechnung meiner Oma scheinbar nicht vorkamen. Der Drang, gegen diese Bevormundung zu rebellieren, brannte heiß in mir, aber ich befürchtete, dass noch mehr Kummer und Sorgen meine Oma tatsächlich ins Grab bringen könnten.

Ich fügte mich. Meine Oma starb einige Monate später. An meinem 18. Geburtstag verließ ich schweigend den Unterricht – mir wurde plötzlich klar, dass es trotz der langersehnten Volljährigkeit keine Ketten mehr zu sprengen gab. Ich ging in einen nahegelegen Steinbruch und kletterte eine steile Abbruchkante empor. Meine Muskeln zitterten vor Angst – obwohl ich in diesem Moment nicht am Leben hing.

»Es ist unsere Aufgabe, nach Momenten der Überforderung fest in den Arm zu nehmen. Wasser fließt den Berg runter, nicht hoch, Eltern geben zuerst.«

Meine Tochter

Stolz. Ich benutze dieses Wort selten. Wenn ich jedoch darüber nachdenke, kommt mir sofort ein Mensch in den Kopf: meine Tochter. Auf sie bin ich stolz. Ich bin stolz, dass mein Kind mutig, eigenverantwortlich, selbstbestimmt, kritikfähig und fair ist. Ich bin stolz, dass Zoe das, was sie hat, teilt, andere auf dem Schirm und ein großes Gerechtigkeitsempfinden hat, emphatisch, reflektiert und sensibel ist. Aber impliziert das nicht auch Eitelkeit? Ich bin stolz darauf, was für ein tolles Kind ich habe – aber sind die Gene von Zoes Mama und mir und unsere Erziehung nicht wesentlicher Teil dessen, worauf ich jetzt so stolz bin? Klopfe ich mir so über Bande nicht selbst auf die Schulter, weil die Angst vor dem Versagen und Scheitern als Vater so präsent war?

Ich hatte einen Heidenrespekt vor der Größe der Aufgabe, für einen Menschen eine lebenslange Verantwortung zu übernehmen – vor dem Dableiben und Dasein, vor dem Versorgen, vor dem um Dinge wissen, um sie dann erklären zu können. Was wusste ich denn selber schon?

Die Wunden, die aus meiner Kindheit resultierten – mein Einzelgängertum, mein Nicht-festlegen-Wollen, meine häufige Beziehungsunlust, meine lange Weigerung, Wurzeln zu schlagen – all das ließ mich an meinen Fähigkeiten, ein guter Vater sein zu können, zweifeln. Doch wie die allermeisten Väter wuchs ich mit meinen Aufgaben, und mein Kind wuchs mit mir, war wie ein frischer Apfel, der jeden Tag anders glänzte und voller Leben leuchtet und strahlt.

Als Eltern ist es unsere Aufgabe, einen stabilen gemeinsamen Raum der Liebe und der Zuwendung zu bieten. Eltern sein, kann sehr anstrengend und herausfordernd sein, und wir haben, genau wie unsere Kinder, das Recht, überfordert zu sein. Wir müssen nicht permanent unsere Gefühle deckeln, aber wir sollten uns der Wirkung, die sie auf unsere Kinder haben, bewusst sein. Es ist unsere Aufgabe, der Verantwortung gerecht zu werden, die damit einhergeht, kleine Menschen, die von uns und unserer Liebe abhängig sind, ins Leben zu begleiten. Es ist unsere Aufgabe, nach Momenten der Überforderung fest in den Arm zu nehmen. Wasser fließt den Berg runter, nicht hoch. Eltern geben zuerst. Auch deshalb war ich bei jedem Streit mit Zoe immer darum bemüht, ihr klarzumachen, dass ich mich lediglich über eine Sache ärgerte, aber niemals mein Gegenüber infrage stelle.

Trotzdem war ich teilweise ein strenger Vater, vielleicht manchmal ein zu strenger. Ich sagte mir, dass Klarheit eine gewisse Konsequenz und Strenge erfordert. Aber meine Tochter hat mir gespiegelt, dass sie manchmal gar nicht wusste, was sie falsch gemacht hatte und von meiner Emotionalität überrascht war.

Vielleicht ist bei dem Stolz auf Zoe auch ein ganz klein bisschen Stolz auf mich selbst dabei. Darauf, dass ich es geschafft habe, sie zu meiner absoluten Priorität gemacht zu haben, mich selbst und meine Wirkung weitestgehend im Blick gehabt und mich selbst in Frage gestellt zu haben. Ich bin stolz auf unsere Beziehung. Zoe wurde und ist der wichtigste Mensch in meinem Leben.

Aber mehr noch als Stolz empfinde ich jeden Tag tiefe Dankbarkeit dafür, dass sie in mein Leben getreten ist und es dadurch so viel reicher gemacht hat.

Kapitel 4

Leben

Wie soll man leben?

Wie geht Leben? Die wenigsten von uns wissen es ja, wie es geht, das Leben. Wir wissen nicht, wie der Weg verläuft, aber wir wissen, dass es einen Weg gibt. Die ungeheure Komplexität der inneren und äußeren Welt ist groß und so schwer zu greifen. Geht das nicht alles eine Nummer kleiner, denke ich oft. Wie soll man wirklich durchblicken – bei sich, bei der Welt? Wie soll man das alles und sich selbst verstehen?

Wie kann, will und soll ich leben? Ich suche immer wieder erneut nach einer Antwort auf diese Frage. Je länger ich mich damit beschäftige, desto mehr Antworten finde ich. Sie widersprechen sich teilweise, sie ändern sich, und sie sind nie endgültig.

Permanentes Streben nach eindeutigen Antworten bringt uns nicht weiter. Ich glaube, wer ständig auf Teufel komm raus Antworten sucht, übersieht, wie wichtig die Fragen und die durch sie kreierte Lebensspannung sind – und verschließt sich so all den Erkenntnissen entlang des Weges.

Viel schöner und treffender als ich es jemals sagen könnte, hat Rilke dies in seinen »Briefen an einen jungen Dichter« formuliert. Dem jungen Franz Xaver Kappus schrieb er vor über 100 Jahren: »Sie sind so jung, so vor allem Anfang, und ich möchte Sie, so gut ich es kann, bitten, lieber Herr, Geduld zu haben gegen alles Ungelöste in Ihrem Herzen und zu versuchen, die Fragen selbst liebzuhaben wie verschlossene Stuben und wie Bücher, die in einer sehr fremden Sprache geschrieben sind. Forschen Sie jetzt nicht nach den Antworten, die Ihnen nicht gegeben werden können, weil Sie sie nicht leben könnten. Und es handelt sich darum, alles zu leben. Leben Sie jetzt die Fragen. Vielleicht leben Sie dann allmählich, ohne es zu merken, eines fernen Tages in die Antwort hinein.«

Wir alle lieben Gewissheiten und Antworten auf die Fragezeichen des Lebens. Wir lieben es, den Dingen einen Namen zu geben. Aber so fängt es wahrscheinlich auch an – das mit der Welt und mir. Hier die Welt, da ich, anstatt, dass ich Teil der einen Welt bin und verstehe, dass wir einander brauchen.

»Hör auf deine innere Stimme und du wirst die Antwort wissen und deinen Weg finden«, sagt man ja gerne. Aber was ist wenn ich nichts höre? Entscheidungsstark zu sein, gilt als sexy. Also fühlen wir uns oft gezwungen, Entscheidungen zu treffen, auch wenn wir vielleicht noch gar nicht so weit sind.

Auch ich gehe mir manchmal total auf die Nerven, wenn ich nicht weiß. Wenn ich nicht weiß, was ich will, wenn ich nicht weiß, wohin ich will. Wenn ich im Nebel stehe und einen klaren Impuls vermisse, welchen Weg ich einschlagen soll. Wer wäre nicht lieber ein Macher als ein orientierungsloser Zögerer? Mittlerweile weiß ich, im Jetzt gibt es oft nicht den richtigen Weg, sondern nur den nächsten Schritt. Erst später, rückblickend, lässt sich der Pfad erkennen, den das Leben gewählt hat.

Ich will nicht so tun, als hätte ich einen Plan, wenn ich keinen habe. Ein klares Ziel schafft Inspiration. Inspiriert zu sein hat Energie, ist frisch, hat Kraft, wirkt anziehend. Uninspiriert zu sein, hat die gegenteilige Ausstrahlung. Trotzdem finde ich bei anderen die Hingabe ans Nichtwissen immer sympathisch und wesentlich aufrichtiger als behauptete Klarheit. Wenn die Richtung nicht klar ist, sollte ich nicht rennen, dann sollte ich eher suchen und tasten. Hört sich vielleicht nicht so knackig an, ist aber authentischer. Und da will ich hin: mir zu erlauben, gerade keine Kontrolle, keine Inspiration, keine Ahnung zu haben, ohne das mit künstlichen, positiven Kernbotschaften übertönen zu müssen.

Oft brauche ich keine Durchhalteparolen. Oft ist das Leben ganz einfach. Es fliegt mir zu, fließt durch mich durch, es lebt sich irgendwie von selbst, ist hell, weit und klar. Die Suche nach Antworten erscheint dann leicht oder gar nicht notwendig. Doch schon im nächsten Moment kann es ohne Vorwarnung eng und dunkel werden, und die Nacht bricht über mich herein. Ich muss dann mit zittrigen Fingern ein Streichholz entzünden und im spärlichen Lichtschein nach meiner Wahrheit suchen. Dann geht es mir wie Jack Kerouac, der in seinem mich und ganze Generationen inspirierenden Roman »On the Road« seinen Helden Sal Paradise sagen lässt: »I had nothing to offer anybody except my own confusion.«

Das Gefühl, dass die Probleme dieser Welt zu groß sind und ich zu klein bin, kenne ich gut. Mich überfällt dann das Bedürfnis nach Rückzug, um meine eigenen Wunden zu lecken. Die Möglichkeit, zumindest meine eigenen Probleme in den Griff zu bekommen, erscheint mir dann nicht nur dringlicher, sondern auch machbarer als die Welt zu retten. Ich frage mich in solchen Momenten oft: Was kann ich, der ich – zumindest meistens – gerade mal selbst halbwegs klarkomme, der Welt anbieten?

Doch ganz gleich wie verwirrt und suchend wir auch sind, einer Sache bin ich mir gewiss: Wir sind alle hier, um das uns gegebene

Leben zu leben und uns in diese Welt einzubringen. So einfach und doch so komplex. Weil wir mit all unseren Entscheidungen die Welt prägen, im Guten wie im Schlechten.

Das Leben ist nicht nur schön. Es ist oft unberechenbar, gnadenlos und Furcht einflößend, eine Zumutung. Nur so erhält die ganze Unternehmung Leben all die Dimensionen, Höhen und Tiefen, die dazu gehören. Mich irritiert es, wenn Menschen versuchen, die Tiefen auszublenden.

Ich bin selber gerne gut drauf, das Ganze verwässert für mich jedoch, wenn ich mich in Konversationen wiederfinde, in denen sich nur positive Superlative um die Ohren gehauen werden und sich kaum einer mit dem zeigt, wie es ihm wirklich geht. An der amerikanischen Westküste zum Beispiel nehmen scheinbar alle permanent an einem Wettbewerb im Gut-drauf-Sein teil. Bei aller Liebe zu einer positiven Grundhaltung: Ich bezweifele, dass die Menschen zwischen San Diego und San Francisco den ganzen Tag auf Wolke sieben schweben. Die Anzahl der dort niedergelassenen Psychotherapeuten spricht jedenfalls dagegen. Trotzdem ist in den Gesprächen oft »the sky the limit« und »everything possible, if you just try« und wir sind jeden Tag aufgerufen, »the best version of ourselves« zu sein.

Aber wenn alles immer nur »great« und »awesome« ist, wo bleibt da die Tiefenschärfe? Wo bleiben da die Abgründe? Ich sage nicht, dass jedes »How are you?«, das laut kalifornischen Gesprächskonventionen eigentlich nur die Antworten »great« und »fine« zulässt, mit einem »I am not feeling well today« beantwortet werden muss. Ich habe genug Zeit in den USA verbracht, um zu wissen, dass »How are you?« in den meisten Fällen keine ernst gemeinte Frage, sondern nur eine Begrüßungsfloskel ist. Und auch ich bin ein Freund der Maxime »Keep your shit at home«. Man muss nicht jedem erstbesten Menschen die eigenen Nöte und Sorgen um die Ohren hauen. Ich finde es gut, wenn unser Miteinander von einem positiven Ja zum Leben geprägt ist – aber nur, wenn der ganze Rest auch sein darf.

In Deutschland, besonders in Berlin, vermisse ich diese Grundhaltung bisweilen. Hier begrüßt man sich eher mit: »Du siehst so aus, wie ich mich heute fühle.« Dabei ist die kalifornische Ausdrucksweise ja längst in unsere Art zu kommunizieren, eingeflossen. Die durch Textnachrichten und SMS veränderte Sprache ist geprägt von Verknappungen und Superlativen. Ein »fantastisch« wird heutzutage gerne mal mit drei Ausrufezeichen garniert. Ein alleinstehendes Ausrufezeichen ist mittlerweile derartig entwertet, dass es leicht den Eindruck vermitteln kann, man würde etwas höchstens »so lala« und nicht wirklich »fantastisch!!!« finden. Wir wollen, dass alles ständig besonders sein muss, mega mit drei Ausrufezeichen. Doch Superlative kosten Kraft. Die Erwartungshaltung, dass es jetzt ganz toll werden muss, ist anstrengend und schreit mitunter nach Enttäuschung.

Stille

Über die Jahre wurden mir Gespräche immer wichtiger, in denen das Gesagte wirken und nachhallen kann, weil es nicht sofort vom nächsten Satz verdrängt wird. Doch oft überlegen wir beim Zuhören schon, was wir Schlaues entgegnen können, heften im Kopf reflexartig Repliken an bestimmte Schlüsselwörter und hören oft gar nicht wirklich zu. Stattdessen tasten wir das Gesagte ab, um eine Stelle zu finden, an der wir einhaken können, damit wir als aufmerksame und gewitzte Zuhörer dastehen. Vielleicht auch, weil wir Angst haben, zum Gehörten nichts zu sagen zu haben und eine Rückmeldung – die vielleicht gar nicht erwartet wird – schuldig zu bleiben. Deshalb schütten wir den Raum, den ein gutes Gespräch eröffnen kann, oft mit Allgemeinplätzen zu, die das Gespräch verflachen und niemanden weiterbringen. Mit unseren häufig unausgegorenen Meinungen versuchen wir, einen Deckel auf die Sache zu machen, obwohl es vielleicht besser wäre, Luft und Zeit an sie zu lassen.

Wir alle wissen: Viele Dinge sind so komplex, dass es keine einfachen Antworten auf sie gibt, erst recht keine schnellen einfachen Antworten. Schnell ist aber aus Angst vor der Stille oder einem Fragezeichen ein weiteres Ausrufezeichen gesetzt, um die Angst vor dem Nichtwissen notdürftig zu übertünchen. Dabei wäre es viel spannender, dem Sprechenden ein wirkliches Gegenüber zu sein und sie oder ihn tatsächlich wahrzunehmen.

Dennoch sind wir oft bemüht, Stille zu vermeiden. Wir haben den Impuls, nahezu jeden Moment und jeden Raum des Schweigens mit Gespräch zu füllen. Reden heißt gemeinhin: in Kontakt sein. Stille heißt: Wir haben uns nichts zu sagen. Aber vielleicht haben wir uns gerade wirklich nichts zu sagen? Wäre das so schlimm? Muss die dadurch entstehende Stille mit Worten erstickt werden? Hätten wir nicht alle mehr davon, diese Stille auszuhalten und gemeinsam zu lauschen, was sich daraus ergibt? Stattdessen übertönen wir sie aus Angst. Aus Angst, dass uns in der Stille unsere Dämonen anspringen oder wir mit unserer inneren Leere konfrontiert werden, rennen wir der Stille davon. Wir bleiben nicht stehen, weil wir fürchten, dass das, was in uns lauert, uns einholen und auffressen könnte. Also betäuben wir uns mit Lärm, wir konsumieren Informationen und Ablenkungen, damit wir nicht auf uns selber zurückgeworfen werden. Aber jedes Narkotikum verliert irgendwann seine Wirkung. Und die Stimmen, die wir nicht hören wollen, sprechen weiter.

Je stiller es ist, desto mehr können wir hören. Die Stille auszuhalten ist manchmal nicht leicht, weil sie vielleicht erst mal dröhnt, wenn wir von all dem eingeholt werden, was wir durch den Lärm der Geschäftigkeit übertönen, von dem wir davonlaufen, was wir ignorieren oder zu den Akten legen wollten. Wir kehren Unerledigtes gerne unter den Teppich, lassen Gras über die Dinge wachsen, aber sie sind weiter da. Nur wenn wir aufhören zu rennen, können wir uns orientieren und erkennen, was gerade wirklich los ist und wo es lang gehen soll. Innezuhalten kann manchmal wichtiger sein, als ständig auf dem Weg zu sein.

Menschen, die mich mit Informationen überladen, überfordern mich hin und wieder. Informationen können nicht nur in Form von Worten, sondern auch in Form von Blicken auf uns einströmen. Würde es nicht als unhöflich gelten, würde ich den Blickkontakt manchmal vermeiden, um mich besser auf das, was ich höre, konzentrieren zu können. Zu oft lenken auf mich gerichtete Blicke mich ab, während der Mund zu mir spricht.

Um zu ergründen, was sich in mir zeigt, wenn ich der Stille Raum gebe, habe ich mehrfach an Schweigeretreats teilgenommen. Vor fast 20 Jahren war ich in Indien das erste Mal im Schweigekloster. Am Tor musste ich alles abgeben, was mich hätte ablenken können. Buch, Stift, Telefon. Ich verpflichtete mich, für zehn Tage zehn Stunden am Tag zu meditieren und dabei das Schweigen zu halten. Nach ein paar Tagen hatte ich brennende Rückenschmerzen. In meiner Not brach ich das Schweigen und bat den Meister um ein dickeres Kissen oder darum, mich zumindest an die Wand lehnen zu dürfen. Der Meister sagte: »Nein«. Daraufhin ich zu ihm: »Dann klettere ich jetzt über die Mauer.« Der weißbärtige Mann schaute mir tief in die Augen und sagte: »You are a strong man. I can see that in your eyes. You will succeed.« Es wurden körperlich die zehn härtesten Tage meines Lebens.

In diesen Tagen der Stille war ich aufgerufen, meinen Blick nach innen zu richten und Blickkontakt zu vermeiden, da jeder Blick mit Informationen gefüllt ist und mehr Wasser in den schon vollen Eimer gießt. Jeder Blick ist soziale Interaktion. Wir fühlen uns aufgefordert, zurückzulächeln, werten ihn als feindselig oder denken, dass das Gegenüber unsere Zuneigung braucht.

Auch beim Drehen bleibe ich gerne bei mir. Ich möchte meine Energie für den Moment bewahren, in dem sie gebraucht wird, in dem ich präsent sein muss. Als Schauspieler wartet man oft Stunden umgeben von großem Lärm auf seinen Einsatz. Wie bei der Meditation möchte ich davor, und natürlich während ich spiele, meinen Raum schützen und möglichst wenig Einfluss und Informationen von außen zulassen, es sei denn, es ist Input von meiner Regisseurin oder meinem Regisseur.

Einstimmung

Mangelnde Einstimmung aufeinander halte ich für die Ursache vieler unserer blinden Flecken. Aber was heißt Einstimmung? Für mich heißt es, mich mit mir und der Welt zu verbinden, mit meiner Lebenskraft, mit unserer Lebenskraft. Ich spüre meine Wurzeln gleich denen eines Baumes und bin gleichzeitig des Waldes gewahr, mit dem ich verbunden bin. Bei mir hört es nicht auf. Von mir ausgehend und über mich hinausgehend – wirkliches Einlassen auf die Welt bedeutet, in der Tiefe zu fühlen, wie es mir geht, wie es dir geht, was ist und was es mit mir macht. So kann ein gemeinsamer Raum entstehen, über das Gedachte, das Kognitive, hinaus. »Ich fühle dich«, nicht als leere Worthülse, sondern als gelebte Realität.

»Ich fühle dich« oder »Ich fühle dich nicht«, sind eigentlich tolle Sätze, denn sie implizieren, in Kontakt mit der eigenen Gefühlswelt gekommen zu sein. Oft bleiben diese Aussagen jedoch ausschließlich ich-bezogen, weil wir uns gar nicht die Mühe machen, unser Gegenüber wirklich zu fühlen.

Oft bewerten wir uns nur basierend auf dem, was wir hören und sehen, sind eigentlich nur Ohren, Augen und Hirn, geistern kopfgesteuert durch die Welt und erlauben uns nicht, die Welt wirklich zu fühlen. Das kann zur Folge haben, dass man sich bei der ersten Irritation in seine sich selbstbestätigenden, oft hermetisch abgeschlossenen Splittergruppen zurückzieht und Dinge, die nicht ins eigene Weltbild passen, nicht an sich heranlässt.

Wären wir wirklich verbunden, würde es uns wesentlich schwerer fallen, unser Gegenüber unserer ungebremsten Brutalität auszusetzen, weil wir dann spüren würden, was es mit ihm macht. Und man stelle sich vor, wir würden den Planeten wirklich fühlen, anstatt ihn vor allem als Ressourcen-Schatz zu verdinglichen. Wir könnten vieles von dem, was wir ihm antun, nicht mehr tun. Doch oft sind wir weder mit uns noch mit der Welt in wirklichem Kontakt. Ich finde es irre, wie sehr wir, innerlich und äußerlich schwer beschäftigt, am Mysterium des Lebens vorbeileben, wie wir – entkoppelt von uns selbst, unseren Mitmenschen und der Natur – durch Zeit und Raum roboten, wie wir als Familien und Freundesgruppen kaum noch in direktem Kontakt miteinander sind.

In einem Restaurant saß ich neulich neben einer Familie, von der jedes einzelne Mitglied wie hypnotisiert auf sein Handy oder Tablet starrte. Auch die Kinder. Lediglich die stillende Mutter widmete ihre ganze Aufmerksamkeit ihrem Baby.

Ich bin 50 Jahre alt. Ich bin kein Digital Native. Als ich als Kind mit meinen Eltern in Restaurants gegangen bin, gab es noch keine Handys. Ich war nicht oft mit meiner Mutter oder meinem Vater auswärts essen. Wenn ich ein gutes Zeugnis bekommen habe – was bis zum Einsetzen der Pubertät der Fall war –, lud mich mein Vater zusammen mit einem Freund meiner Wahl zum Chinesen an der Ecke ein. Ich habe diese Restaurantbesuche in lebhafter und schöner Erinnerung. Vielleicht könnte ich mich heute nicht mehr so gut an sie erinnern, wenn wir damals alle geschäftig auf unseren Handys rumgetippt hätten. Aber wer weiß …

Ich will die Zeit nicht zurückdrehen und die Vergangenheit nicht verherrlichen. Ich lebe im Hier und Jetzt. Ich bin nicht technikfeindlich. Ich weiß die vielen technischen Errungenschaften zu schätzen. Ich habe an vielen digitalen Workshops teilgenommen und war davon manchmal tief berührt. Über Zoom tausche ich mich regelmäßig über große Distanzen mit Menschen aus und fühle mich ihnen dabei häufig sehr nah.

Auch ich verbringe viel Zeit mit dem Handy, vielleicht – oder wahrscheinlich – viel zu viel Zeit. Aber damit es nicht noch mehr Zeit wird, bin ich nur selten in Sozialen Medien unterwegs. Ich weiß, wie schnell die Stunden dort verfliegen und wie wenig dabei meist für mich unterm Strich hängen bleibt, wie wenig ich das Gefühl habe, dort etwas Essenzielles zu erleben, zu erfahren oder zu fühlen. Und ich habe hier und da mitbekommen, welch immensen Stress es verursachen kann, zu versuchen, die Person zu sein, die man im Netz vorgibt, zu sein.

Gewiss, wir können uns im Netz inspirieren lassen, uns informieren und solidarisieren. Viele Aufstände gegen Diktaturen hätte es ohne die verbindende Kraft des Internets nicht gegeben. Das ist ein Segen von Social Media. Man kann Gleichgesinnte finden, sich aber auch genauso schnell im digitalen Labyrinth verlaufen und in schlechte Gesellschaft geraten. Der schneidende Hass, der einem online immer wieder begegnet, das Sich-weit-aus-dem-Fenster-lehnen, ohne mit seinem Gesicht durch unmittelbare Präsenz für das Gesagte geradestehen zu müssen, finde ich immer wieder irritierend. Ich kotze mich aus, lege dann das Handy weg, ohne mich mit den Folgen des von mir Gesagten auseinandersetzen zu müssen.

Diese digitale Kälte lädt nicht zum Dialog ein, zu dessen Grundprinzipien es ja gehört, dass man der oder dem anderen zuhört, sich auf das Gesagte bezieht und so einen gemeinsamen Raum für Ideen schafft. Auf Twitter, Instagram, Facebook, TikTok und Co. hingegen wird oft mit Worten, Bildern und Videos in lauten Ausrufezeichen gesprochen.

Die beziehungslosen Monologe hallen dort – nach meinem Empfinden – oft entkoppelt im Raum und schaffen so nur noch mehr Spaltung. Ich glaube jedoch, für die Bewältigung der vor uns liegenden herausfordernden Zukunft brauchen wir genau das Gegenteil. Stephen Hawking hat das einmal sehr schön gesagt: »Die Eigenschaft, die ich am liebsten verstärken würde, ist die Empathie. Sie bringt uns in einem friedlichen, liebevollen Zustand zusammen«. Zudem warnte er vor der destruktiven Kraft der Aggression.

Man kann übereinander reden oder sich begegnen. Ich kann über jemanden sprechen oder aus dem Austausch mit dieser Person heraus sprechen. Über etwas oder aus etwas. Das eine ist getrennt, das andere verbunden. Darum glaube ich so sehr an die Kraft der Begegnung. Der digitale Raum kann niemals die persönliche, sinnliche Erfahrung ersetzen.

Verbindung

Wir ordnen ständig alles ein: gut, schlecht, gefährlich, sicher. Natürlich müssen wir bewerten, um uns orientieren zu können, sonst wären wir nicht in der Lage, zu überleben, sondern würden auf uns zurasenden Autos Tee anbieten. Eine giftige Schlange sollte als solche erkannt werden.

Aber genauso wichtig ist es, dass wir uns bewusst sind, dass wir ständig kategorisieren, einordnen und bewerten. Wenn wir unsere Komfortzone verlassen, setzen wir uns neuen, fremden, vielleicht sogar verstörenden Einflüssen aus und erweitern so unser Selbst. Wir können versuchen, mit den Augen einer anderen Person zu schauen, so unseren Blick zu weiten. Ich kann die Wiese als Ganzes wahrnehmen, oder ich kann mich auf meine Lieblingsblumen fokussieren und so an vielem, auf den ersten Blick nicht Offensichtlichem, vorbeigehen. Ich kann Situationen, die mir nicht entsprechen, aus dem Weg gehen und Gespräche führen, die ich so oder so ähnlich schon x-mal geführt habe, mich dabei in meinen Meinungen bestätigen lassen und mich so im Kreis drehen, oder ich kann mich Neuem aussetzen.

Warum feiern nicht alle Menschen die wunderbare Diversität des Lebens? Ich fand es immer absurd und traurig, wie Menschen es schaffen, sich gegenüber der Vielfalt des Lebens zu verschließen und die Welt in Gut und Böse und nach Farben einzuteilen und so ihren in ihnen schlummernden oder offen kultivierten rassistischen Tendenzen freien Lauf zu lassen.

Was für eine sich selbst limitierende Haltung der Welt gegenüber, dem Geschenk des Lebens! Was für eine Einengung des eigenen Horizonts! Warum entscheiden sich so viele Menschen für die Miniaturversion der großen, weiten Welt, indem sie sich nur dem Bekannten und Vertrauten widmen und auf Stimulanz, Wachstum und Reifung durch Auseinandersetzung mit dem Fremden verzichten?

Ich glaube, nur diese hermetische Verschließung vor dem »anderen« Leben, die Kontaktvermeidung, ermöglicht es Menschen, sich von Grausamkeit und Dominanzstreben leiten zu lassen und unser Zerstörungspotenzial ohne Rücksicht auf Verluste voll zu entfalten. Nur, indem wir uns von ihnen distanzieren und uns über sie erheben, ist es uns möglich, Mitmenschen und Natur zu verdinglichen, sie für weniger lebenswert als uns selber zu erachten. Ob erbarmungsloser Genozid oder rücksichtslose Umweltzerstörung: Das Prinzip bleibt dasselbe.

Ich halte die Fähigkeit, sich von anderem Leben, von der »anderen Welt« so sehr abzuspalten, dass wir die Schreie der anderen nicht mehr hören und die Wunden der anderen nicht mehr sehen, für eine extrem gefährliche menschliche Eigenschaft.

Die Trennung der Verbindung tritt eigentlich schon ein, indem wir dem Gegenüber bestimmte Einstellungen unterstellen und unsere Wahrnehmung so verflachen. Wir distanzieren uns, weil wir den anderen einordnen. Es ist jedoch unsere Entscheidung, ob wir unser Gegenüber in 2-D wahrnehmen und nicht in all seinen drei Dimensionen, mit all seinen Facetten und Widersprüchen. Das ganze Bild, die dritte Dimension, können wir nur sehen, wenn wir wirklich anwesend sind, den Menschen fühlen, in Beziehung zu ihm gehen. Dazu müssen wir zumindest versuchen, den uns trennenden Raum und den Filter, durch den wir schauen, bewusst wahrzunehmen. Vor allem bei politischen Themen kann das schwierig sein. Hätte ich noch Lust gehabt, mit dem russischen Aufgussmeister in der kleinen Banja in Thailand zu sein, wenn ich wüsste, dass er russische Gräueltaten in der Ukraine relativiert? Jemandem schnell den Freund- oder Feind-Stempel aufzudrücken, ist leichter, als unterschiedliche Meinungen auszuhalten.

Einen Menschen wahrzunehmen, ihm über das Gesagte hinaus, die Chance zu geben, zu wirken, heißt nicht, dass ich alles gutheißen muss, was er oder sie mir mitteilt – ich kann einen Standpunkt abscheulich oder absurd finden, und trotzdem versuchen, den Menschen dahinter zu spüren. Es heißt jedoch, dass ich einen Menschen nicht auf eine zweidimensionale Comicfigur reduziere. Ich glaube, nur so können wir zwischenmenschlichen Beziehungen die Chance geben, lebendig zu sein, anstatt sie – meist vorschnell – zu bewerten und sie bei geringster Abweichung vom eigenen Standpunkt zu den Akten zu legen.

Nicht entweder oder, schwarz oder weiß, sondern sowohl als auch mit all seinen Grautönen ist für mich in den letzten Jahren ein immer wichtigeres Lebensprinzip geworden. Doch gerade bei Corona haben wir oft 2-D in Reinstform erlebt. Stempel drauf und gut ist. Team Vorsicht oder Team Freiheit, Schlafschaf oder Corona-Leugner, fertig ist die Laube, Ende der Beziehung und damit des Austausches.

Jede Seite hatte recht. Jede Seite hatte einen Baukasten von Prinzipien und Wahrheiten, die eine kohärente Weltsicht ergeben. Wir drehen uns zunehmend unversöhnlich in unserem immer kleiner werdenden eigenen Kreis, ohne die notwendigen Fliehkräfte aufbringen zu können, um die eigene Umlaufbahn zu verlassen, sodass die Anziehungskraft der anderen auf uns wirken könnte.

Auch ich habe oft nicht die Kapazitäten, Menschen aufmerksam zuzuhören, die Ansichten vertreten, die ich zunächst nicht nachvollziehen kann, und es gibt Grenzen dessen, was ich mir anzuhören bereit bin. Aber ich wünsche uns und mir, dass wir die Neugier haben, dem Gehör zu schenken, was außerhalb unserer eigenen Sphären, Blasen und Echokammern gesagt wird, dem was erstmal fremd erscheint und dass wir so in Beziehung bleiben und uns die Chance geben, etwas zu denken oder zu fühlen, was wir vorher noch nicht gedacht oder gefühlt haben.

Natürlich hat auch meine Toleranz ihre Grenzen. Aber es ist mir wichtig, mir meiner Grenzen bewusst zu sein und diese, wenn möglich, zu weiten.

Ich kann mit dem Platz, den ich einer Person in mir einräume, großzügig oder sparsam sein, und mir die Frage stellen, warum es mir leicht oder schwer fällt, mit jemandem einen wie auch immer gearteten Raum zu teilen. Und ich kann mich fragen, warum ich auf manche Menschen stark, auf andere kaum reagiere. Vielleicht ist mein Gegenüber nicht die Quelle meiner Gefühle, sondern ein Wegweiser zu einem Ort in mir, den es sich anzuschauen lohnt.

Meine Tür möchte ich angelehnt lassen, auch für das Fremd- und Andersartige und ihm so die Möglichkeit geben, mich aus meiner Ich-Blase zu holen, in der ich es mir – wie wir alle – bisweilen so gemütlich einrichte. Je mehr Raum wir in uns zur Verfügung haben, desto mehr Welt hat in uns Platz. Und je mehr Welt in uns Platz hat, desto großzügiger können wir sein.

Der persische Sufi-Mystiker, Gelehrte und Dichter Rumi hat das sehr schön auf den Punkt gebracht: »Wenn jeder alles von dem Anderen wüsste, es gäbe keinen Hass mehr und keinen Neid.« Er schreibt auch: »Jenseits von richtig und falsch liegt ein Ort. Dort treffen wir uns.«

Ich finde eine innere Ausrichtung wichtig – eine Haltung dem Leben gegenüber, Ethik. Aber das Leben ist Bewegung. Wichtiger als starren Dogmatismus finde ich deshalb, Moment für Moment zu fühlen, was wirklich los ist.

Wären alle Wahrheiten unumstößlich und immerwährend, gäbe es keinen Fortschritt. Gute Wissenschaftlerinnen und Wissenschaftler müssen etwas denken, was vor ihnen noch keiner gedacht hat. Wenn wir nicht mit Konventionen brechen, bleiben wir in ihnen verhaftet. Dann würden wir immer alles so machen, wie es schon immer gemacht wurde. Nichts würde sich erneuern, nichts entwickeln.

Man stelle sich nur einmal vor, Kinder würden immer auf ihre Eltern hören, es gäbe kein Infragestellen und kein Aufbegehren gegen Konvention und Tradition! Pioniere waren immer deshalb Pioniere, weil sie vertrautes Terrain verlassen haben. Weil sie den Mut hatten, über den eigenen Tellerrand zu blicken und auf Messers Schneide zu tanzen. Pioniere haben wahrscheinlich nur bis zu einem gewissen Punkt auf ihre Eltern gehört, bevor sie ein Wagnis eingingen, die Sicherheit hinter sich ließen und dorthin gingen, wo vor ihnen noch keiner war. »Man entdeckt keine neuen Erdteile, ohne den Mut zu haben, alte Küsten aus den Augen zu verlieren«, sagte der französische Literaturnobelpreis-Träger André Gide.

Um Teil des lebendigen Lebens zu sein, sollten wir uns der Welt öffnen. Wir sollten hinter dem Ofen hervor, weil es ein Verstoß gegen das Prinzip des Lebens wäre aus der Entwicklung auszusteigen. Wir sollten uns dem Leben ausliefern, damit wir von ihm berührt werden können. Wir sollten leben, uns aber auch vom Leben leben lassen. Wir sollten uns dem Fluss des Lebens hingeben, anstatt uns ängstlich an den Zweigen des Ufers festzuklammern.

So wie wir die Sicherheit des Mutterleibes, die wohlige Wärme des Umsorgtseins, verlassen müssen, um ins Leben zu kommen, müssen die Bucheckern vom Baum fallen, weil sie es müssen, weil das Leben sonst stillstünde. Auch wenn die Tiere des Waldes einen Großteil der Früchte der Buche fressen, ändert das nichts am Lebenswillen des Baumes. Wir sind dem Leben, was sich durch uns ausdrücken will, immer ausgeliefert. Weil es alles ist, was wir haben.

Gefühle

Ein Schauspielcoach sagte mal zu mir: »Menschen wollen keine starken Gefühle haben. Nur Schauspieler wollen das.« Ich musste lachen, denn ich wusste genau, was er meinte. Als Schauspieler sind deine Emotionen dein Kapital. Du sollst alles haben, nur nicht einen leeren Emotionstank. Du brauchst Gefühle, um Menschen damit zu berühren. Aber wenn wir nicht vor der Kamera oder auf der Bühne stehen, sollen unsere Gefühle in unserem Tagesgeschäft eine untergeordnete Rolle spielen. Wir bemühen uns, sie von morgens bis abends zu managen, sie zu beherrschen. Auch ich versuchte lange, meine widerspenstigen Gefühle zu unterdrücken. Ich wollte keine großen Amplituden erleben. Außer vielleicht beim Verliebt- und Glücklichsein. Vermeintlich negative Gefühle wie Unsicherheit, Wut, Traurigkeit und Angst wollte ich im Griff haben. Dabei ist gerade Angst so ein unschuldiges Gefühl, das uns helfen kann, kreative Lösungen zu finden. Mittlerweile möchte ich ihr zuhören. Daran glaube ich mehr, als sie mit aller Kraft wegzudrücken und mir einzureden, dass ich sie nicht hätte.

Früher war ich eigentlich immer auf Betriebstemperatur, oft sogar im roten Bereich. Manchmal war deshalb ein bisschen zu viel Druck auf dem Kessel. Mit den Jahren habe ich immer mehr versucht, bewusst mitzubekommen, wie es mir wirklich geht. Und ich kriege es heute öfter als früher mit, wenn Gefühle sich anbahnen und nicht erst, wenn sie ausbrechen. Das anzunehmen, was gerade mit mir passiert, ist für mich zunächst einmal wichtiger, als es sofort verstehen und bewerten zu müssen.

Empfindungen schreien nach Aufmerksamkeit. Aus Angst, von ihnen vereinnahmt zu werden und als Resultat nicht mehr wie gewohnt funktionieren zu können, wenden wir uns ihnen deshalb oft nicht mit der Anteilnahme zu, die sie verdient hätten. Gefühle irritieren uns, wenn wir eigentlich rational sein wollen. Bevor wir emotional aus dem Lot geraten, versuchen wir, unsere Gefühle zu nivellieren. Gleichzeitig leiden wir an der Kälte der Welt, die wir so selbst heraufbeschwören. »Jetzt stell dich nicht so an!« und »Ein Indianer kennt keinen Schmerz«, haben die meisten von uns als Kind häufiger gehört, als uns lieb war. Schon früh wurden wir so dazu erzogen, unsere Gefühle wegzudrücken. Der Preis, den wir dafür zahlen, ist hoch: eine in Teilen betäubte Welt, die ihre Empfindsamkeit sediert.

Wenn ich im Hochgebirge unterwegs war, zeigte die Natur mir regelmäßig, wie klein, weich und verletzlich ich war. Und ich versuchte mir dann zu zeigen, wie hart ich war. Bin ich hart oder weich – diese Frage stellte ich mir früher oft, nicht nur, wenn die Natur mich an meine Grenzen führte und ich versuchte, sie mir dadurch zu beantworten, dass ich immer wieder an und manchmal auch über meine Grenzen ging.

Ich kannte und kenne das Gefühl, Oberwasser und alles im Griff zu haben genauso wie das Gefühl der Überforderung, das Gefühl, nicht mitreden zu können und in einer Liga gelandet zu sein, die mindestens eine Nummer zu groß für mich ist. Mittlerweile kann ich dem schutzbedürftigen, dem weichen und sensiblen Teil von mir mehr Platz einräumen. Und das tut mir gut.

Es war für mich eine sehr wichtige Erkenntnis, zu verstehen, dass ich sowohl hart als auch weich sein kann. Nicht entweder oder, sondern sowohl als auch. Und dieses sowohl als auch, unterschiedliche Seiten in mir zuzulassen, mich sogar über sie zu freuen, ist zu einer der wichtigsten Maximen für mich geworden. Auch wenn es sich vielleicht banal anhört, für mich war es ein langer Weg zu dieser Erkenntnis. Eine Erkenntnis, die mich der Antwort auf die große Frage: »Wer bin ich eigentlich?« ein kleines bisschen nähergebracht hat.

Es entspannt mich ungemein, mich nicht mehr entscheiden zu müssen. Ich muss nicht mehr eine Seite von mir auf Kosten der anderen aufgeben. Ich kann mittlerweile meine so unterschiedlichen Pole akzeptieren. Ich habe gelernt, glücklich darüber zu sein, dass ich so viel in mir trage, was mir lange unvereinbar erschien. Auch wenn ich es natürlich manchmal, nein *oft*, auch anstrengend finde, alles, was in mir ist, ständig unter einen Hut bringen zu müssen. Der Wunsch, manchmal ganz anders oder jemand ganz anderes zu sein, ist nicht aus meinem Leben verschwunden.

Das, was wir denken, manifestiert sich, sagt man. Genauso, wie sich die eigene Stimmung bessern soll, wenn man sich zwingt, die Mundwinkel nach oben zu ziehen, selbst wenn einem gar nicht nach lächeln oder gar lachen zumute ist. Allein die Tätigkeit der Gesichtsmuskulatur führt zur Ausschüttung von Glückshormonen und sorgt so dafür, dass es uns besser geht, als es eigentlich der Fall ist. Soll ich also meine Ängste mit positiver Autosuggestion und Affirmation wegwischen? Das, was da in den dunklen, tiefen und trüben Gewässern meiner selbst schwimmt, übertönen, bevor ich genau weiß, was es überhaupt ist? Oder geht es darum, das, was da ist, wahrzunehmen? Ich glaube an Letzteres. Bei aller Liebe zu einer optimistischen Grundhaltung, will ich mich nicht in Positivismen verlieren, sondern lauschen, bevor ich schon wieder an mir selbst rumschraube. Das anzunehmen, was gerade in und mit mir passiert, ist für mich zunächst einmal wichtiger, als es sofort verstehen und bewerten zu müssen. Vielleicht bin ich ein Narr und füttere damit meine eigenen Dämonen. Aber man soll seine Dämonen am Tisch willkommen heißen, sonst treiben sie im Keller ihr Unwesen.

Ich glaube an den Satz: Glaub doch nicht alles, was du denkst. Aber bei: Glaub doch nicht alles, was du fühlst, würde ich Einspruch erheben. Dem Fühlen würde ich auf jeden Fall nachgehen wollen. Gefühle sind Wegweiser.

Es kann beängstigend sein, uns selbst mit allem, was zu uns gehört, richtig kennenzulernen. Hermann Hesse schrieb dazu in »Demian«: »Nichts auf der Welt ist dem Menschen mehr zuwider, als den Weg zu gehen, der ihn zu sich selber führt.«

Mein Haus mit all seinen Bewohnern und Facetten möchte ich noch besser kennenlernen, auch wenn das heißt, Anteile von mir, auf die ich nicht stolz bin, zu akzeptieren. Ich will mich weiter in radikaler Selbstannahme üben. Ich möchte in den tiefen Brunnen schauen, in den Schlamm meiner selbst.

Heute kann ich mich besser denn je anvertrauen. Ich muss nicht mehr alles alleine mit mir rumschleppen. Und das tut mir gut.

Seitdem ich angefangen habe, mich wirklich mitzuteilen, verstehe ich mich selbst etwas besser – so fühlt es sich zumindest an. Anstatt, dass ich den Wald vor lauter Bäumen nicht sehe, bin ich jetzt mit anderen im Wald unterwegs. Eigentlich wissen wir doch alle, dass Heilung und Restauration nur gemeinsam geht.

Was in zwischenmenschlichen Beziehungen kaputt gegangen ist, kann nur in zwischenmenschlichen Beziehungen geheilt werden. Dennoch ist die Angst, uns schutzlos und ehrlich zu zeigen, nicht selten größer, als das Streben nach innerer Freiheit. Ich kann mich besser auf Menschen einlassen, die bereit sind, den Panzer abzulegen, der ihr Inneres vor dem Außen schützen soll. Denn nur dann habe ich es mit einer echten Person zu tun, nicht mit einem Poster oder einer Projektion von dem, wie mein Gegenüber gerne wäre. Es fällt mir schwer, mich auf eine makellose Fassade zu beziehen und in Anwesenheit eines vermeintlich tadellosen Menschen Schwächen und Fehler einzugestehen.

Obwohl ich aus einem linken Elternhaus komme, in dem es jederzeit ok war, zu weinen, wollte ich auf den Straßen Kreuzbergs in den 80er- und 90er-Jahren durch das Zeigen von zu viel Gefühl keine offenen Flanken und Angriffsflächen bieten. Ich wollte kein »Weichei« sein, was auch immer das heißt. Dass eine Schelle schmerzt, hat man natürlich nicht gezeigt, sondern zurückgehauen. Mich selber hat es viel Überwindung und Arbeit an mir selbst gekostet, meine Schwächen und Ängste nicht ständig zu verstecken. Ich habe es lange eher vorgezogen, nach vorne zu marschieren und lauter zu werden, als durchzuatmen und mir einzugestehen, dass ich überfordert bin und Angst habe. Ungeweinte Tränen waren die Folge. Doch was ist beeindruckender und berührender als Menschen, die sich wirklich zeigen? Ich feiere Menschen, die nicht die ganze Zeit eine Lederjacke über ihre Gefühle ziehen, sondern den Mut haben, ihre vermeintlichen Schwächen genauso zu leben wie ihre vermeintlichen Stärken. Nur wenn wir uns mit unserer ganzen Persönlichkeit einbringen, können fruchtbare Begegnungen entstehen.

Gemeinschaft

In der Wohnung meiner Eltern in Kreuzberg klebte der Aufkleber mit der Weissagung der Cree, der damals gefühlt in Kreuzberg immer irgendwo klebte – und der heute aktueller ist denn je. »Erst wenn der letzte Baum gerodet, der letzte Fluss vergiftet, der letzte Fisch gefangen ist, werdet ihr merken, dass man Geld nicht essen kann.« Auch wenn er damals in seiner Omnipräsenz irgendwie nervte, als Kind habe ich über diesen Satz in seiner Bildhaftigkeit trotzdem oft nachgedacht.

Der andere Satz, der immer bei mir war, weil er bei meinem Vater im Flur über dem Telefon hing (und heute in meiner Wohnung hängt), stammt aus einem Gedicht des türkischen Dichters Nazim Hikmet. »Leben, einzeln und frei wie ein Baum und brüderlich wie ein Wald ist unsere Sehnsucht.«

In seiner Sinnlichkeit berührte mich dieser Satz schon als Kind, ohne dass ich hätte benennen können, warum. Was ich damals nicht wusste: Hikmet verfasste dieses Gedicht 1947 und griff damit der Wissenschaft voraus. Heute wissen wir, dass Bäume im Wald sich gegenseitig unterstützen, weil sie einander brauchen. Ein Baum ist immer nur so stark, wie der ihn umgebende Wald.

Was für die Bäume und den Wald gilt, gilt auch für die Menschen und unsere Gesellschaft. Wir brauchen und bedingen einander, wir koexistieren in der Welt, und wir gestalten und kreieren sie zusammen , wir sind interdependent. Alleinsein ist nur toll, wenn man weiß, dass man nicht für immer alleine ist, ansonsten ist es die Hölle. Dann ist es kein freiwilliges Alleinsein mehr, sondern absolute Einsamkeit. Keinen Kontakt haben zu können, mutterseelenallein zu sein, ist wahrscheinlich bei vielen von uns die tiefsitzendste Urangst.

Vor ein paar Jahren las ich »The Road« von Cormack McCarthy. Nie zuvor und nie wieder habe ich beim Lesen so geweint. McCarthy beschreibt in seinem dystopischen Werk sehr eindringlich, wie ein Vater und sein Sohn – noch ein Kind – nach einer verheerenden Katastrophe und dem Suizid der Mutter nur mit einem Einkaufswagen, in den alles passt, was sie noch besitzen, und einem Revolver mit zwei Schuss Munition durch ein postapokalyptisches, verbranntes Amerika ziehen. Nur einige wenige Menschen haben die nicht näher beschriebene Katastrophe überlebt. Aufgrund der äußeren Umstände haben die meisten von ihnen Moral und soziales Verhalten aufgegeben, und schrecken sogar vor Kannibalismus nicht zurück.

Was mich bei der Lektüre am meisten berührt hat, ist die alles durchdringende, schmerzhafte Liebe des Vaters zu seinem Sohn. Da der Vater an einer schweren Lungenkrankheit leidet, weiß er, dass er den Sohn bald in dieser entmenschlichten Welt alleine zurücklassen wird. Dennoch oder gerade deshalb versucht er, ihm humanistische Grundwerte und eine Ethik der Nächstenliebe zu vermitteln. Er erzählt seinem Sohn vom Menschsein, obwohl er weiß, dass es keine menschliche Gemeinschaft, kein soziales Umfeld mehr geben wird, auf das der Sohn die vom Vater vermittelten Werte anwenden könnte.

Ich habe mich damals beim Lesen gefragt: Bräuchten wir überhaupt eine moralische Ausrichtung, wenn wir ganz allein wären? Sollten wir nach einer Verfeinerung der Seele streben, wenn es nichts gibt, womit wir diese in Kontakt bringen können? Oder würde uns das vielleicht sogar schaden, weil es uns in einer erbarmungslosen Welt weich und empathisch machen würde?

Ich hoffe sehr, dass ich nie ähnliche Erfahrungen wie Vater und Sohn in »The Road« machen muss. Aber ich glaube, dass das Streben nach dem Guten in jedem von uns liegt. Diese Anlage kann jedoch brutal misshandelt werden. Wenn man immer nur auf die Fresse kriegt, ist das mit der Verfeinerung der Seele so eine Sache. Dann landet man in der Brutalität der Welt. Darum glaube ich, dass wir uns alle um eine innere Ausrichtung bemühen sollten, damit wir nicht ohne Kompass durch die Welt geistern.

»Survival of the fittest«, der Stärkere setzt sich durch, heißt es gerne mal, wenn Gespräche drohen, zu komplex zu werden. Ein Totschlagargument dafür, dass alles eigentlich ganz einfach ist, wir aufhören sollten mit Sozialromantik und rührseligen Diskussionen über eine bessere, gerechtere Welt. Die natürliche Auslese sorgt ganz alleine für die evolutionäre Entwicklung, Ehrgeiz und das Streben nach dem eigenen Vorteil seien dem Menschen inhärent. Ein Freibrief für Marktwirtschaft mit möglichst wenig Regulierungen. Schließlich war es der ungebremste Wettbewerb, der uns dort hingebracht hat, wo wir jetzt stehen, an die Speerspitze der Entwicklung, allen bisherigen Entwicklungsstadien überlegen und bereit, die Zukunft in Angriff zu nehmen.

Mir hat die sozialdarwinistische Argumentation allein nie ausgereicht, um die Entwicklung der Menschheit zu verstehen. Abgesehen von den offensichtlichen ethischen und moralischen

Defiziten (was wird aus denen, die nicht zu den Fittest gehören?) sehen wir, spätestens in der Klimakrise, dass permanenter und unerbittlicher Wettstreit uns nicht wirklich weiterbringt.

Dieser Ansatz stellt die Interessen und Bedürfnisse des Einzelnen über die der Gemeinschaft, ohne die der Einzelne wiederum nicht überleben kann. Für den Einzelnen kann es sich lohnen, einen Regenwald abzuholzen, auf der Rodung Soja anzubauen, mit dem Rinder gefüttert werden, die später zu Hamburger-Buletten weiterverarbeitet werden. Man muss allerdings auch kein großer Denker sein, um zu begreifen, dass dieses Vorgehen für die Welt nicht das beste ist.

Man kann unsere historische Entwicklung auch ganz anders, entgegengesetzt, interpretieren. War es nicht viel mehr die Kooperation statt des Wettbewerbs, die uns dort hingebracht hat, wo wir jetzt stehen? Wir haben uns im Verbund organisiert, uns unterstützt. Keiner von uns ist alleine lebensfähig, keiner von uns ist vollkommen autark. Wir bedingen einander, sind in unserer Unterschiedlichkeit nur gemeinsam ein gesunder Mischwald, der Stürmen, Dürren und Krankheiten durch gegenseitige Unterstützung standhalten kann. Alleine fühlen wir uns entwurzelt, werden umgeblasen oder verdursten.

Alleinsein

Jederzeit kann alles passieren, ohne Gnade und ohne dass wir auch nur ein Wörtchen mitzusprechen haben. Als ich sieben Jahre alt war, starb meine Mutter, als ich zehn Jahre alt war, starb meine Oma, ihre Mutter. Als ich 15 Jahre als war, starb mein Vater, wenig später die Mutter meines Vaters, die für mich eine der wichtigsten Bezugspersonen war. Dann starb der Vater meiner Mutter, und als ich 20 Jahre alt war, starb schließlich mein Berliner Opa Fritz, der Vater meines Vaters.

Diese Verluste haben mich in frühen Jahren gelehrt, dass überhaupt nichts sicher ist: kein Leben, keine Beziehung, kein Zustand, dass alles im nächsten Moment ganz anders sein kann. Mit diesen Erfahrungen bin ich natürlich nicht allein, auch wenn ich sie wahrscheinlich früher und drastischer machen musste als die meisten anderen Menschen.

Ich habe das Leben sehr früh als etwas allein zu lebendes angesehen. »Ich wurde alleine geboren und werde alleine sterben.« Ich erinnere mich, diesen Satz in meinen jungen Jahren mehr als einmal ausgesprochen zu haben.

Welch Irrsinn, denke ich heute. Als würde irgendjemand alleine geboren. Und ich wünsche keinem von uns, dass er alleine sterben muss. Aber ich weiß, von wo in mir, von welchem Ort, diese Sätze kamen. Das Gefühl, alleine in der Welt zu sein, ergriff das erste Mal Besitz von mir, als meine Mutter starb. Diese unbändige Ohnmacht, nichts gegen ihren Tod tun zu können, war eine der prägendsten, wahrscheinlich *die* prägendste Erfahrung meines Lebens, und ist unwiderruflich zum Teil meiner Persönlichkeit geworden. Ich hatte das Gefühl, vom Rest der Welt getrennt worden zu sein, aber ich kämpfte gegen diese Angst an und spürte auch eine starke Lebenskraft in mir, eine Verbindung mit der Welt und den mich umgebenden Menschen. Das Wort Resilienz kannte ich damals natürlich noch nicht, aber genau diese lebensnotwendige menschliche Grundausstattung trug mich durch die Jahre.

Die Sonne kam immer wieder durch. Atemlos beim Sport zu lachen, der pumpende Körper als Gegengewicht zum Seelenschmerz – das waren rückversichernde Momente der Lebendigkeit. In kaltes Nass zu tauchen, meinen Leib in die Kälte eines anderen Elements zu geben und danach in der Hitze der Sonne zu trocknen, zu rennen, zu streicheln. Physisch zu sein, atemlos, sinnlich, warm durchblutet, half mir oft, den traurigen fliegenden Kopf zu erden. Nicht durchzudrehen, sondern hier zu bleiben. So fühlte ich mich trotz allem oft als lebendiger Teil von etwas Größerem – was ich nicht benennen konnte. Ich wurde von der Sonne warm angelächelt, als wollte sie mir sagen, dass alles gut sei und noch viele Dinge warteten, die Reise doch gerade erst begann.

Doch als später auch noch mein Vater starb, war die Interpretation dieser Erfahrungen gesetzt: Alleinsein, all-ein-sein, war etwas, was mir auferlegt zu sein schien. Ich kultivierte das Einsamer-Wolf-Gefühl in mir und ging so meiner Wege. Oft genoss ich es, mich in meiner Freiheit nicht einschränken lassen zu müssen und lebte meinen Individualismus radikal aus. Ich bereiste den Planeten und suchte mir einen Beruf, der meine Lebenshaltung widerspiegelte: voll präsent für den Moment, aber bloß keine langfristigen Bindungen.

In Beziehungen war die Frage der Freiheit für mich immer zentral. Sich alleine frei zu fühlen, ist leicht. Aber wie schafft man das zu zweit? Die Frage beschäftigt mich immer noch, immer wieder anders, immer wieder neu. Doch ist es für mich wichtiger geworden, darauf zu achten, was ich durch das Einlassen auf einen anderen Menschen gewinne und nicht das Hauptaugenmerk darauf zu richten, was ich dadurch eventuell verlieren könnte.

Trotzdem: »Für immer«, fand ich immer schwer vorstellbar. Woher sollen wir wissen können, ob eine Liebe »für immer« währt? Diese Worte vor Gott und der Welt als Zeugen auszusprechen, erschien immer unaufrichtig. Kann ich diese Worte wirklich reinen Herzens sprechen? Was, wenn es nicht »für immer« hält? Selbst wenn man wie gemacht füreinander erscheint, besteht doch die Gefahr, dass man allen Bemühungen und Vorsätzen zum Trotz gemeinsam am »Für immer« scheitert, dass wir es nicht hinkriegen, und strengen wir uns auch noch so an, einfach, weil das Leben so spielt, wie es spielt ... Wie soll ich denn jetzt für die Zukunft sprechen? Wer kann das denn?

Das, was ich dir versprechen kann, ist, zu versuchen, mit dir Schritt für Schritt das Leben zu erforschen. Ich kann versprechen, mich zu bemühen, behutsam und neugierig zu sein, um herauszufinden, wer du bist und was das Leben mit uns will. Ich kann dir versprechen, dass ich alles, was ich dabei erleben werde und was dabei in mir auftauchen wird, mit dir teilen werde.

Wenn alles fließt, ist es leicht, in liebevoller Beziehung zu sein. Aber im Streit, wenn alles nach Rückzug oder Attacke schreit, wenn es kompliziert wird, man sich angegriffen fühlt, wenn das

Gegenüber an den Grundfesten der eigenen Werte oder der Würde rüttelt, mit Menschen in Kontakt zu bleiben, ist und bleibt schwierig.

Wie viel man sich sagen und an den Kopf werfen darf und auf welche Art und Weise, ist immer die Vereinbarung zwischen zwei Menschen, deren Beziehung sich durch gemeinsame Erlebnisse, Taten und Worte im Verlauf einer gemeinsamen Reise festigt.

Im Nachhinein denke ich, dass ich mitunter vielleicht nicht genug um Beziehungen gekämpft habe, dass ich manchmal zu schnell mein Bündel gepackt habe und weitergezogen bin. Denn soziale Beziehungen brauchen Zeit und ich glaube, dass Menschen, die sich immer alle Türen offenhalten, am Ende vielleicht allein auf dem Flur stehen. Ich hoffe nicht, dass ich eines Tages der Mann auf dem Flur sein werde.

Vergänglichkeit

Worte wie Endlichkeit und Vergänglichkeit sind negativ besetzt. Aber Vergänglichkeit spendet mir auch Trost. Der Baum wird länger sein als ich, aber auch er wird gehen, verfallen, seine Lebenskraft verlieren, und mit dem, was von ihm bleibt, andere nähren. Als ich auf Mauritius einen Spaziergang machte, hielt ich plötzlich inne. Auf den schmalen Pfad, der vor mir lag, hatte das Sonnenlicht einen tanzenden Schatten der sich in der leichten Meeresbrise wiegenden Zweige flirrend auf den Boden geworfen. Als sich eine kleine Wolke vor die Sonne schob, war er verschwunden, nur um im nächsten Moment wieder messerscharf auf den Boden projiziert zu werden. Ein Blütenblatt rieselte zu Boden. Aus der Krone eines Baumes erhob sich ein Vogel in die Lüfte. Alles war Licht, Bewegung und Wandel. Ich stand still und schaute, schaute lange. Ich bemerkte irgendwann, dass mich jemand aus der Distanz beobachtete. Was mochte er oder sie wohl über mich denken? Ein Mann, der einfach nur minutenlang vor sich hinschaut, ist wahrscheinlich auch auf Mauritius kein ganz gewöhnlicher Anblick, dabei wäre es doch eigentlich das Normalste der Welt, innezuhalten und die Welt zu bestaunen.

Die Zeit verlangsamte sich, und ich genoss den Augenblick: Blüten würden sich zur Nacht schließen, um sich am Morgen wieder zu öffnen, Blätter würden vom Baum fallen und vergehen, neue würden sprießen. Der Baum würde eines Tages vergehen, aus seinem Humus würde neues Leben entstehen. Und auch ich würde eines Tages vergehen. Zu wissen, dass alles vergeht, machte mich plötzlich glücklich. Zu wissen, dass nichts ewig ist, aus uns neues Leben entsteht und wir so in den großen ewigen Wandel des Lebens eingebettet sind, beruhigte mich.

Was ich und wir alle natürlich wissen, spürte ich jetzt so klar: Bei aller Diffusität kann ich mich immer darauf verlassen, ich werde vergehen und andere werden kommen, und in dieser Hingabe an dieses tiefe Wissen liegt für mich die einzige Sicherheit, die wir haben – und eine große Schönheit.

Die Gewissheit der Endlichkeit macht das Leben so wertvoll. Licht kann man nicht festhalten. Der Kuss wird nicht ewig währen. Liebe ist immer bittersüß, weil wir nie wissen, ob sie für immer ist. Und der Schmerz, der in diesem Wissen liegt, verbindet uns in unserer tiefsten Menschlichkeit.

Wie angewurzelt wurde mir einmal mehr bewusst, dass dieser Moment, dieses Jetzt einzigartig und die Vergänglichkeit die einzige Konstante im Leben ist. Alles ist Moment, und alles ist im Moment. Das Blatt, das zu Boden rieselt, der Vogel, der sich erhebt, das Schattenspiel – all das ist nur jetzt und im nächsten Augenblick schon abgelöst durch den nächsten Moment. In dieser Konstellation gibt es uns nur in dieser Sekunde. In der nächsten Sekunde ist schon wieder jemand gegangen, jemand geboren.

»How long is now?«, stand früher am Tacheles in Berlin-Mitte. Ich freue mich jedes Mal, wenn ich daran vorbei kam und so an die Einzigartigkeit jedes Atemzuges erinnert wurde. Das Leben ist ein ständiges Kommen und Gehen, das ich mir manchmal wie das aus dem All in einer Supertotalen beobachtete Aufblinken und Erlöschen von unzähligen einzelnen Glühbirnen vorstelle. Ein gigantischer Lichtertanz, immer neu, immer anders, immer in Bewegung und wunderschön! Und jeder Moment – obgleich so vergänglich – hat die Kraft, die Wirklichkeit ganz auszufüllen, zu verändern, alles zu sein.

Hingabe

Es ist erwiesen, dass gläubige Menschen zuversichtlicher sind. Natürlich können auch sie an den Bewegungen des Lebens leiden. Sie haben durch ihren Glauben jedoch das Gefühl, in ein größeres System eingebettet zu sein. Wenn man glaubt, glaubt man auch, dass das Erlebte bei aller Brutalität einen Sinn ergibt, dass es zum Leben dazugehört. Wer weiß, dass auch andere Mitglieder der eigenen Glaubensgemeinschaft leiden, kann das eigene Los besser ertragen. Er kann das eigene Leid besser schultern, weil er sich in einem von Gott gelenkten System verortet. Vor allem bei sehr gläubigen Menschen habe ich jedoch auch immer wieder die verbreitete identitätsstiftende Maxime festgestellt: Ich leide, also bin ich.

Ob gläubig oder nicht: Ich bin fest davon überzeugt, dass erlebter Schmerz uns fester mit dem Leben und uns selbst verbindet. Selbst wenn er uns zu zermalmen droht, lässt er uns die bis dahin ungekannte Tiefe unserer eigenen Existenz spüren, führt uns auch in unsere äußerste Liebesfähigkeit. Je mehr ich Schmerz zulassen kann, desto mehr erlaube ich mir auch, mich vom Leben berühren zu lassen, gewahr zu werden, dass mein Schmerz aus einer großen Liebe zum Leben und einer unendlichen Sehnsucht herrührt. Einer Sehnsucht nach Verbindung und dem Leben selbst.

Je älter ich werde, desto wichtiger wird der Akt des sich Hingebens für mich. Auf Englisch – to surrender – finde ich das Wort mit seiner zusätzlichen Konnotation des (sich) Aufgebens noch treffender. Hingabe und Aufgabe. Ich höre auf, mich gegen etwas zu sperren, gebe mich hin, gebe dem, was ist, Raum. Ich lasse mich leben. Ich habe eh keine andere Chance, als das, was ist, anzunehmen, als das, was es ist. Das soll nicht heißen, dass ich dafür plädiere, sich in seiner eigenen Misere zu suhlen, permanent um sein eigenes Leid zu kreisen und es so zu vergrößern. Und mir ist auch klar, dass es nicht immer möglich und ratsam ist, sich dem Leben voll und ganz hinzugeben. Verliert ein Elternteil seinen Partner, kann er oder sie sich nicht ohne Rücksicht auf andere dem Schmerz und der Trauer hingeben. Er oder sie muss dann für das Kind, oder die Kinder, weiter funktionieren.

Auch in (lebens-)gefährlichen Situationen kann es überlebensnotwendig sein, soweit es möglich ist, einen kühlen Kopf zu wahren, um die richtigen Entscheidungen zu treffen. In extrem überfordernden Situationen sind Resilienz und Eigenschutz unabdingbar. Die uns inhärente Lebensintelligenz versucht, uns zu schützen, wenn wir gezwungen sind, mehr aufzunehmen und verarbeiten, als wir es eigentlich können.

Woran ich aber glaube, ist der Versuch, das Leben kompromisslos anzunehmen und sich dem, was es für mich bereithält, in all seiner manchmal überwältigenden Größe zu öffnen. »Die schwersten Krisen bergen das größte Wachstumspotenzial«, ist nicht nur ein Satz, der in einer Einführung in die Betriebswirtschaftslehre stehen könnte, sondern den uns das Leben mit seiner Härte immer wieder lehrt. Natürlich kann man aus Krisen gebrochen und hoffnungslos herausgehen. Aber wollen wir uns die Chance gewähren, an ihnen zu wachsen, müssen wir uns ihnen stellen, ihnen nicht aus dem Weg gehen, sie annehmen.

Krisen zwingen uns, aus dem Gewohnten auszubrechen, sie lassen uns spüren, dass das in der Routine Antrainierte, dann einfach nicht mehr funktioniert, wir hilflos und mit unserem Latein am Ende sind. Dann wird es spannend. Denn dann sind wir gezwungen, Neuland zu betreten – weil unsere erlernten Bewältigungsstrategien nicht mehr funktionieren, wir neu denken, fühlen und handeln, uns dem neuen Leben zunächst weitestgehend ungeschützt aussetzen müssen. Hingabe bedeutet, »Ja« zu sagen. Zu dem, was gerade (mit uns) passiert. Zu dem, was sich zeigen will, zu dem, was ins Leben will, zu dem was durch uns gelebt werden will.

Für mich gibt es einen Unterschied zwischen passiver und aktiver Hingabe. Bei der passiven Hingabe bin ich Opfer der Umstände. Bei der aktiven Hingabe nehme ich das, was passiert, an, bezeuge bewusst, was ich erlebe oder was mir widerfährt. Manchmal müssen wir erst tief in etwas einsinken, um es verlassen zu können. Manchmal ist der Weg rein, der Weg raus. Auch die aktive Hingabe ist mit Trauer und Schmerz verbunden, jedoch weite ich hier meinen inneren Raum so sehr, dass er größer ist als das, was darin stattfindet, die Trauer. Ich bin nicht die Trauer, die Trauer findet in mir statt. Ich kriege mich weiterhin mit, bin bei mir, bleibe bewusst. Der Sturm geht durch mich durch, aber mein Haus bleibt stehen. Das schreibe ich jetzt als 50-Jähriger. Als Siebenjähriger hat der Sturm mich umgeblasen.

Wenn es uns aller Überforderung und allen Schmerzen zum Trotz gelingt, unsere inneren Widerstände zu überwinden und uns aktiv hinzugeben, bewusst am Prozess des Schmerzes, der Trauer, der Enttäuschung oder der Wut auf uns oder andere teilzunehmen, können wertvolle Vertiefungen des Lebens geschehen, und wir richten uns auch im Schmerz nach vorne aus, in Richtung Zukunft.

Ja zum Leben

Ich will Ja zum Leben sagen, auch wenn es mir manchmal schwerfällt. Früher hätte ich so etwas nicht gedacht, geschweige denn geschrieben. Lange war meine Einstelllung, ich muss zu gar nichts Ja und Amen sagen, war lange meine Einstellung.

Ich saß eines nachts mit einem Freund in einer Bar in Berlin-Mitte, und er hielt – nicht mehr ganz nüchtern – ein kämpferisches Plädoyer für das »Ja zum Leben«. »Wir müssen Ja zum Leben sagen, anders können wir gar nicht leben«, forderte er. »Ich muss gar nichts«, widersprach ich. »Doch, musst du! Du musst Ja sagen! Du musst dich vom Leben leben lassen.« »Bullshit«, sagte ich. »Das ist mir viel zu passiv und zu fatalistisch. Ich *lasse* mich doch nicht leben. Wenn, dann lässt mein Leben sich von mir leben. Und nicht andersrum.« Mein Freund schaltete jetzt auf Englisch um. »You have to say yes to life!« Vielleicht wollte er seiner Aussage so mehr Universalität verleihen. Mich reizte er dadurch nur noch mehr. Ich hatte keinen Bock auf Kalenderspruch-Weisheiten. »Ich muss zu nichts Ja sagen, was ich nicht selber frei gewählt habe!« »Doch, musst du.« »Nee, muss ich nicht.« »Doch.« »Nein.« »Doch.« »Nein.« »Doch.« Ich weiß nicht mehr, wer von uns beiden, an diesem Abend das letzte Wort hatte, aber ich weiß noch, wie sehr der bedingungslose Lebensbejaher mich damals nervte.

Mittlerweile habe ich gelernt, dass meine Selbstbestimmtheit und das Wissen, dass ich Dinge nur bedingt kontrollieren kann, kein Widerspruch sind. Dadurch, dass ich mich dem Leben nicht mehr trotzig verschließe, ist mein Leben nicht ärmer, sondern reicher geworden.

Das Gefühl, dass Gott die falsche Platte aufgelegt hat, zu der ich nun tanzen muss, kenne ich nur zu gut. Aber Gott ist der DJ. Ich kann nur »Ja« oder »Nein« zum Tanz sagen. Ich kenne die Phasen, in denen ich nicht Ja sagen will, weil ich in Dunkelheit wandle, die Phasen, in denen ich es nicht schaffe, leichtfüßig im Rhythmus des Lebens zu tanzen, sondern wieder und wieder über meine eigenen Füße stolpere und das Gefühl habe, dass das Leben es müde ist, mir die Schritte erneut zu erklären.

Doch auch in der Finsternis liegt das Leben, will gelebt werden. Der Soundtrack unseres Lebens spielt mal in Dur und mal in Moll. Getanzt wird immer. Und manchmal stolpert man halt dabei.

Arbeit

Wenn ich drehe, stehe ich in Lohn und Brot, mein Leben hat einen Rhythmus und ich weiß, zu was ich gebeten bin. Meine Existenz hat dann eine klare Ausrichtung: Ich muss eine Rolle spielen. Meine Tage sind durchgetaktet, ich habe mit dem Drehplan eine Struktur, an der ich mich orientieren kann. Ich habe einen klaren Fokus.

Ein Filmprojekt dauert in der Regel nicht länger als drei Monate. Während dieser energetisch extrem aufgeladenen Zeit bleibt die Welt außerhalb des Sets stehen, oder zumindest nehme ich sie in dieser Zeit nur sehr eingeschränkt wahr. Tag und Nacht verbringt man mit zumindest am Anfang noch oft wildfremden Menschen, danach geht jeder seiner Wege.

Mir hat das immer gefallen. Rollen, die man über Jahre spielen muss, habe ich deshalb in der Vergangenheit abgelehnt. Ich war immer zu neugierig auf Neues. Nur vor über 15 Jahren nahm ich einmal ein kurzfristiges Engagement an der frisch gegründeten Theaterfabrik in Hamburg an. Ich spielte Tom Edison in der Bühnenfassung von Lars von Triers »Dogville«. So gespannt ich auf diese Erfahrung war – ich wusste schon damals, dass ich es eigentlich nur mache, um mir selber zu beweisen, dass ich auch auf der Bühne, auf der man der schonungslosen Reaktion des Publikums ungeschützt ausgesetzt ist, bestehen kann. An einem festen Engagement war ich jedoch nicht interessiert.

Auch nach 30 Jahren liebe ich es noch, mich in Rollen zu versenken. Mal fällt es mir leicht, mal muss ich kämpfen. Ich versuche, sanft mit mir zu sein. Oft klappt es nicht. Ich bin selbst mein schärfster Kritiker. Es gibt nicht einen einzigen Film, nicht ein einziges Hörbuch, mit dem ich restlos zufrieden bin.

»Hier hätte es mehr sein müssen, kräftiger, emotionaler, dort finde ich die Emotion zu ausgestellt.« In fast jeder Szene sehe ich etwas, was nicht den Ansprüchen genügt, die ich an mich selbst habe. Dann gehe ich mit mir hart ins Gericht. Am liebsten würde ich dann das eine oder andere nochmal spielen oder sprechen. »Zu spät, Kumpel, zu spät«, meldet sich dann mein erbarmungsloses Kritiker-Ich. »Du hattest deine Chance.« In solchen Momenten wäre vielleicht eine leicht sedierende Selbsthypnose mit beruhigenden und einlullenden Positiv-Botschaften ein guter Ersatz für die Knute, die ich mir selber gebe.

Dann wünsche ich mir einen anderen Beruf, einen, der mich weniger meinem eigenen harten Urteil aussetzt. Ich wünsche mir eine Tätigkeit, dessen Objekt irgendetwas ist, nur nicht ich selbst. Manchmal bin ich es müde, mich selbst zur Disposition zu stellen, mich selbstreferenziell um mich selber zu drehen. Das »ich-ich-ich« geht mir sogar jetzt beim Schreiben auf die Nerven. Ich möchte mich dann mit *etwas* beschäftigen, mit einem Ding, einer Sache, einem Baum, einem Wald – irgendetwas Konkretem, nur nicht mit mir.

Nach dem letzten Drehtag finde ich es fast immer toll, etwas zu Ende gebracht zu haben. Alles hat seine Zeit, und nun ist Zeit für Neues. Das Gefühl von Sommerferien stellt sich ein. Aufatmen, in den Tag hineinleben, ohne dass ich für irgendwen irgendwer sein muss. Leute treffen, lesen, lange Abende, ohne an morgen denken zu müssen, lange schlafen, die starre Struktur verlassen.

»Gehe jeden Tag einen anderen Weg zur Arbeit!«, ist eine Maxime, die ich übertragen auf andere Lebensbereiche, so einfach wie richtig finde. Wer nach ihr lebt, erhöht die Chance, nicht in Routine und Langeweile zu versinken. Doch das ist leichter gesagt oder geschrieben als getan. Meine von mir ausgetretenen Pfade kenne ich leider nur allzu gut. In meinem Alltag ist manchmal mehr Platz für Rituale als für Überraschungen. Wenn ich nicht drehe oder auf Reisen bin, bastele ich mir selber meine Struktur. Ich meditiere, mache Sport, arbeite am Schreibtisch, besuche immer wieder dieselben Restaurants.

Wenn ich von Reisen oder Dreharbeiten nach Hause zurückkomme, gefällt mir diese Routine, dieser Alltag. Zunächst. Doch nach einer gewissen Zeit fühle ich mich dann zu bürgerlich, zu uninspiriert. Ich bekomme langsam ein schlechtes Gewissen, weil ich das Gefühl habe, mich in meinem gemütlichen Wohnzimmer den Bewegungen des Lebens zu entziehen. Ich suche dann nach einer Neuausrichtung, weil ich mein Leben nicht verpennen, mich dem Geschenk des Lebens würdig erweisen möchte. Und manchmal falle ich in ein Loch. Die Phase der Strukturlosigkeit fängt an, in ihrer Orientierungslosigkeit anstrengend zu werden. Ich vermisse Ausrichtung und klaren Fokus. Wann das Loch kommt und wie tief und groß es ist, hängt hauptsächlich davon ab, ob ich freiwillig oder unfreiwillig nicht drehe. Ob ich aussetze, weil ich das Gefühl habe, mich zu wiederholen, entkräftet zu sein, mich keines der angebotenen Projekte wirklich interessiert, oder ob ich gerade wirklich mit leeren Händen dastehe. Also, ob ich mir eine künstlerische Schaffenspause gewähre oder wirklich arbeitslos bin.

In dem Maße, in dem man gespiegelt bekommt, dass man nicht gebraucht wird, in dem Maße stellt man irgendwann seine eigene Existenz infrage. Das gilt für alle Menschen. Schauspielerinnen und Schauspieler kriegen das jedoch oft besonders brutal aufs Brot geschmiert, weil ihre Arbeit immer direkt mit ihrer Person verbunden ist. Jeder Mensch will für irgendjemanden oder irgendetwas wertvoll sein.

Wenn kein Hahn nach mir kräht, weicht das Sommerferien-Feeling schnell dem Gefühl der Nutzlosigkeit. Ich wollte mein Selbstbewusstsein nie nur aus meinem beruflichen Marktwert beziehen. Aber natürlich ziehe ich eine große Befriedigung daraus, beruflich gewollt und gefragt zu sein. Es tut mir gut, zu spüren, dass ich Menschen, mit dem, was ich anzubieten habe, wichtig bin, dass es gewollt ist, dass ich nicht egal bin.

Nachdem ich nach zweieinhalb Monaten Dreharbeiten auf Mauritius nach Berlin zurückkam, war meine Landung hart. Als ich Ende Juni nach fünfzehneinhalb Stunden Flug in flirrender Hitze in der ungeschönten Realität der Hässlichkeit des Berliner Alexanderplatzes ankam, prallte die Vorfreude auf meine Stadt, meine Tochter und meine Freunde auf eine aufgeheizte Betonwüste. Es war heiß, irritierend heiß, viel zu heiß. Das Thermometer zeigte weit über 30 Grad, fast überall in Europa war es in diesen Tagen deutlich heißer als auf Mauritius. Früher habe ich mich immer über heiße Sommertage in Berlin gefreut, heute kann ich sie nicht mehr uneingeschränkt genießen, weil ich mich immer frage: Ist das noch ein schöner Sommertag oder schon der Klimawandel? Und wie heiß wird es sein, wenn ich ein alter Mann bin? Ich war kaum gelandet, schon hatten mich meine Fragezeichen wieder.

»Ich möchte meine Tür angelehnt lassen, auch für das Fremde und Andersartige.«

Orte

Die Frage nach dem richtigen Ort ist so eine Frage. Orte sind geografische Punkte, zu denen wir eine Beziehung haben. Sie können für uns Heimat, Sehnsucht oder Zwischenstation sein. Sie können ausgestorben oder voller Leben sein, verhasst oder geliebt. Ein Ort wird für mich zum Ort, indem ich etwas mit ihm verbinde.

Den größten Teil meines Lebens habe ich nach meinem Ort gesucht – und in abgeschwächter Form tue ich das noch immer. Wer will ich sein und wo will ich sein?

Glücklich zu sein, bedeutet für mich, am Leben teilzunehmen und sich mit der Welt verbunden zu fühlen. Manchmal habe ich den Eindruck, dass mir das leichter fällt, wenn ich an einem fremden Ort bin. Die Probleme neigen in der Fremde dazu, weiter weg zu sein, als in den eigenen vier Wänden. Meine Sinne sind voll mit Eindrücken, ich fühle mich betört und vom Leben berührt.

Weil Zoe dort lebte, war Berlin in den letzten 20 Jahren immer der geografische Fixpunkt meines Universums. Doch seit diesem Herbst studiert sie im Ausland. Für mich ist das ein krasser Einschnitt. Wenn Zoe nicht mehr in Berlin ist, gibt es eigentlich auch für mich keinen zwingenden Grund mehr, hier zu sein. Ich fühlte mich in den letzten Jahren in Berlin fernab der Natur bisweilen entwurzelt. Obwohl ich hier das größte soziale Netz habe, die Stadt wirklich voll ist mit Menschen, die mir wichtig sind, fühle ich mich zu Hause des Öfteren abgeschnitten vom gesunden Lauf der Welt. Ich fühle mich in Berlin manchmal nicht als Teil von etwas Größerem, sondern als singulärer Baustein in einem System, das nicht zusammenfindet.

In Berlin leide ich mitunter am Wissen um den Zustand der Natur – es ist jedoch eher eine abstrakte Idee von Natur. Inmitten von Beton und Steinen mache ich mir Sorgen um das große Ganze, und die Beweislast unserer Verfehlungen wirkt erdrückend. Das ist das Problem mit großen Städten.

Aber könnte ich überhaupt in einer Kleinstadt oder in einem Dorf leben? Es wäre mir wahrscheinlich zu eng, zu provinziell, zu wenig anonym. Auf der anderen Seite habe ich Sehnsucht nach einer überschaubaren Größe der Welt, in der ich mit meiner Umgebung verbunden bin, die Natur nie weit ist. Irgendwo in mir schlummert der Wunsch, solch eine Welt mit Gleichgesinnten zu gründen. Doch es folgt nie der erste Schritt: Zu viel Alltag, zu wenig klare Vorstellungen, zu wenig zwingend der Wunsch.

Wo ist der Ort, an dem ich mich niederlassen will? Welcher Ort ruft mich, bietet Neues, Stimulanz, neue Ufer für eine neue Lebensphase? Und ist gleichzeitig mit meinem Umweltgewissen vereinbar? Da ich überwiegend in Deutschland arbeite, und ich nicht ständig in Flugzeuge steigen möchte, kommen für mich eigentlich nur Orte in Europa infrage – zumindest so lange es keine umweltverträglichen Antriebstechnologien für Flugzeuge gibt.

Wie schön wäre es, wenn ich mich in Berlin, dort, wo ich mit Abstand am meisten Zeit verbringe, stets am wohlsten und am meisten mit dem Leben verbunden fühlen würde. Auch wenn mich zu Hause nicht mehr die Explosion der Andersartigkeit anspringt und mich so besonders lebendig fühlen lässt, sollte ich mich doch hier, in einem gewachsenen Kontext, umgeben von

Menschen, die ich liebe, von Freundinnen, Freunden und Familie immer am richtigen Ort fühlen. Zuhause sollte eigentlich die Gemeinschaft sein, in der wir genau wissen, wo wir hingehören, in der wir uns verorten können.

Aber bei mir ist das nicht immer so. Deshalb kann ich vor allem nach längerer Abwesenheit die Leere meiner Wohnung oft nicht ertragen. Sie fühlt sich dann bisweilen nicht mehr an wie ein Refugium, sondern wie eine austauschbare Ansammlung von Böden, Wänden und Decken, umgeben vom Lärm der Großstadt. Sie wirkt dann zu groß, zu still, zu kalt. Das Leben war zu lange fort aus ihr. Deshalb habe ich es mir angewöhnt, direkt vom Bahnhof oder Flughafen – oft noch mit Koffer oder Rucksack – in eines meiner Lieblingsrestaurants zu gehen, um dort Menschen zu treffen, die mir wichtig sind.

Doch in den nächsten Tagen, wenn die Wohnung immer noch kalt und leer ist, und ich nicht mehr der Stimulanz neuer Eindrücke oder der Struktur von Dreharbeiten ausgesetzt bin, fühle ich mich auf die großen Lebensfragen bisweilen um so stärker zurückgeworfen: Was will ich eigentlich? Wo gehöre ich hin? Wo geht's lang?

Den maximalen Höhepunkt des Nachhausekommens erlebte ich, wenn meine kleine Tochter »Papa, Papa« rufend am Flughafen oder im Flur auf mich zutippelte. Dann stellten sich viele Fragen nicht, dann wusste ich, wo ich hingehörte. Meine Freiheit ist ab und zu auch meine Einsamkeit.

Ich denke mitunter, dass all die Jahre des »In-die-Welt-Gehens« nichts anderes als eine Flucht vor dem »In-mich-Gehen« waren, notdürftig als sinnstiftende Reisen getarnte Prokrastination dessen, um das ich mich wirklich mal dringend kümmern müsste. Was sind bereichernde Auszeiten vom Gewohnten, wo beginnt die Weltflucht?

Der Gedanke, mein Wohnzimmer, so sehr ich es auch mag, irgendwann doch gegen eine gänzlich neue Welt einzutauschen, ist in mir stets präsent – auch wenn ich weiß, dass selbst der perfekte Platz seinen Reiz verliert, sobald der Zauber des Neuen und Aufregenden sich gelegt hat.

Aber ich bin wie die meisten von uns ein Gewohnheitstier, verbunden mit der mir vertrauten Welt. Ich muss mich in ihr nicht erklären. Ich weiß, dass das Leben ein mal gemächlich dahinfließender, mal tosender und alles mitreißender Fluss ist, und ich habe diese Impermanenz oft als belebend empfunden. Auf der anderen Seite gibt es die Sehnsucht nach Wurzelschlagen, Verbindlichkeit, Permanenz, Koffer auspacken und durchatmen. Und auch wenn ich in den letzten Jahren sesshafter und ruhiger geworden bin und mir Beziehungen zu Menschen wichtiger denn je sind, begleitet mich die Frage nach dem Wohin immer noch. »Vielleicht hier?«, denke ich auf meinen Reisen immer wieder mal. Doch bislang ist aus dem »Vielleicht hier?« nie ein »Ja, hier!« geworden. Die diesige Schönheit Berlins wird immer meine Heimat sein, wenn vielleicht auch nicht für immer mein Zuhause.

Wein

Wein ist der Schnittpunkt, an dem sich Natur und Mensch treffen, um etwas zu schaffen, das der Mensch nicht ohne die Natur und die Natur nicht ohne den Menschen zustande bringen könnte. Ist das Getränk, das schon im berühmtesten Buch der Welt eine tragende Rolle spielt, ein Geschenk Gottes? Ist es ein Grund zur Freude, dass Menschen entdeckt haben, dass es in der Natur Früchte und Substanzen gibt, deren Konsum das Bewusstsein verändern, uns berauschen und in andere Sphären befördern kann? Oder ist der vergorene Saft der Trauben haram, wie es im Koran steht?

Ganz gleich, was über Wein schon geschrieben, gedacht und gepredigt wurde: Wein ist unübertroffen in seinem Nuancenreichtum und für mich eines der köstlichsten Getränke der Welt. In kaum ein anderes Getränk fließt so viel Erfahrung, Finesse und Kultur ein. Der Winzer muss wissen, welche Trauben wo am besten wachsen, er muss die Reben beschneiden und permanent das Wetter im Blick haben, um die Trauben genau im richtigen Augenblick zu ernten. Und erst nach der Lese fängt die Arbeit des Winzers so richtig an. Das Keltern des Weines leitet den hochkomplexen Prozess ein, bei dem so viele Faktoren und Schritte darüber bestimmen, was schließlich aus der Flasche fließt.

Welch' Wissen, welch' Aufmerksamkeit, welch' Liebe werden gebraucht, um einen guten Wein zu schaffen! Wenn der Korken eines vielversprechenden Tropfens ploppend die Flasche verlässt, bin ich immer gespannt. Jetzt ist der Moment der Wahrheit gekommen. Nach jahrelanger Abgeschiedenheit tritt der Wein wieder mit der Luft, der Welt in Verbindung, beginnt zu atmen und schmeckt im Idealfall so, wie der Winzer es sich vor Jahren erträumt hat. Ich habe mich schon mit vielen Menschen unterhalten, die deutlich mehr von Wein verstehen als ich und habe dabei immer wieder etwas über das Getränk der Getränke gelernt. Aber dass Experten mit erstaunlicher Treffsicherheit prognostizieren können, wann ein Wein sein volles Potenzial erreicht hat, finde ich nach wie vor irre.

Mit dem Aufruf zum Genuss, der mit dem Korken aus jeder Flasche guten Weins entweicht, geht für mich auch der Aufruf zum Maßhalten einher. Aber: Je besser der Wein, desto leichter kann die Freude des Genusses die Ermahnung zur Zurückhaltung übertönen. Wenn etwas schön ist, will ich mehr davon.

Zugleich frage ich mich immer wieder, ob es nicht besser wäre, pur und rein wie ein Glas Wasser zu bleiben. Wie viele Abende endeten diffus? Trinkt man mit jedem Glas Alkohol nicht auch einen Schluck Sünde und Reue? Versündige ich mich so an meinem Körper, meinem Geist und meiner Seele?

Nie habe ich einen Kater, zumindest keinen körperlichen. Wenn es viel war, tut mir am nächsten Morgen nicht der Kopf weh, sondern die Seele hat einen Kater. Es fühlt sich dann so an, als hätte das Licht des schönen Abends zu viel Glück verbrannt. Allerdings: Die Vorstellung, in einer feierlichen Nacht Wasser zu trinken und mit einem Wasser auf ein großes Glück anzustoßen, erscheint mir schlicht und ergreifend zu langweilig, zu blutarm. So werde ich mich wohl weiterhin im Maßhalten üben, bisweilen dafür büßen, wenn es mir nicht gelingt, und weiterhin das Leben feiern.

Schlaf

Ich habe lange unter Schlafstörungen gelitten. Kurz nachdem ich endlich eingeschlafen war, wachte ich oft aktiviert und gleichzeitig erschöpft wieder auf. Es war eine Qual. In der Nacht waren meine Gedanken selten positiver als am Tag. Das Glas, das tagsüber vielleicht noch halb voll war, war nachts in der Regel bis auf den allerletzten Schluck ausgetrunken.

Nach diesen todmüde durchwachten Nächten stand ich oft am Filmset und war tunnelartig darauf fokussiert, die wenige Energie, die die Schlaflosigkeit mir gelassen hatte, der Rolle zur Verfügung zu stellen, alles, was ich zu geben hatte, nach dem »Und bitte!« fließen zu lassen. Ich war auf eine entkräftete Art oft wahnsinnig wütend darüber, dass ich ausgerechnet in der Nacht vor besonders wichtigen Szenen, die ich wochenlang vorbereitet hatte, um den Schlaf gebracht worden war. Dabei hatte ich im Vorfeld extra alles richtig gemacht: Ich hatte die Szenen gewissenhaft erarbeitet, hatte Sport getrieben, keinen Alkohol getrunken und meditiert – und fand dennoch keinen Schlaf. Lampenfieber kann ich ausschließen, da mich solche Nächte auch in arbeitsfreien Phasen heimsuchten. Allerdings weiß jeder, dass unbedingt schlafen zu müssen, weil etwas wichtiges ansteht, die Sache nicht besser macht.

Alles probierte ich aus, was man ohne Rezept in der Apotheke bekommen konnte. Es brachte nichts. Nachts war ich wach, tagsüber war ich müde. Schließlich ging ich ins Schlaflabor der Charité, schlief angeschlossen an Elektroden und Kabel. Ein Computer zeichnete auf, wie ich schlief (oder besser gesagt, wie ich nicht schlief) und ein Arzt, der so aussah, als bekäme er jede Nacht acht Stunden geruhsamen Schlaf, diagnostizierte eine

Insomnie. Anschließend ging ich mit seinem Rezept in die Apotheke und mit einem potenten Schlafmittel wieder raus. Doch nachdem ich den Beipackzettel des Benzodiazepins, das auch bei schweren Angst- und Unruhezuständen verschrieben wird, gelesen hatte, befürchtete ich, dass schon die Angst vor den Nebenwirkungen – unter anderem waren dort Abhängigkeit, Stimmungsschwankungen und Antriebslosigkeit aufgelistet – das Medikament bei mir wirkungslos machen würden. Bei Missbrauch – und gerade mit Schlafmitteln wird extrem viel Missbrauch betrieben – drohte laut Packungsbeilage in sehr seltenen Fällen sogar ein erhöhtes Demenzrisiko. Lieber irgendwann mal was vergessen, als jetzt nicht schlafen zu können, dachte ich mir und nahm das Medikament doch. Um nicht Gefahr zu laufen, abhängig zu werden, griff ich jedoch nur selten dazu und suchte weiter nach alternativen Methoden, um Schlaf zu finden. Doch ich fand nichts. Es war wie verhext.

Als ich kurz darauf einem Freund beim Sport von meinen Schlafproblemen erzählte, berichtete er, welch herrlich sedierende und schlaffördernde Wirkung mit einem Vaporizer gerauchtes Cannabis aus der Apotheke auf ihn hätte. »Ich war nie ein guter Kiffer«, gab ich zurück. »Was ich mache, hat nichts mit Kiffen zu tun«, entgegnete mein Freund. »Das Zeug aus der Apotheke hat einen geringen THC-Wert. Es hilft dir nur, zu entspannen.«

Meine Schlafprobleme waren damals so massiv, dass es nicht schwer war, mich zu überzeugen. »O.k., ich probiere es aus«, hörte ich mich sagen. Er könne mir seinen Vaporizer und eine Dosis Gras gleich mitgeben, sagte mein Freund. Ich überlegte kurz, dann sagte ich: »Nein, ich spreche morgen und übermorgen ein Hörbuch ein, da muss ich fit sein.« »Alter, du wirst fit sein!«, meinte mein Freund. Trotz seiner gegenteiligen Beteuerungen war mir das Risiko, komisch auf das Cannabis zu reagieren, zu hoch.

In meiner Jugend hatte ich es mehrfach erlebt, dass bei mir nach einem Joint oder einer kleinen Pfeife aus einem entspannten Grundzustand ein sehr angespannter Zustand wurde. Ich erinnere mich noch gut daran, wie ich mir dann einbildete, das Gras habe meine Sinne geschärft. Ich konnte dann nicht mehr damit aufhören, die mich umgebende Welt zu analysieren. Was ich dabei »rausfand«, war meist negativ. Überall witterte ich dann Verrat, Neid und Missgunst und beschloss irgendwann: »Kiffen ist nichts für mich.« Eingedenk dieser Erinnerungen und mit dem Anspruch, das Hörbuch so gut wie möglich einsprechen zu wollen, bat ich meinen Freund, mir den Vaporizer samt einer Befüllung in drei Tagen zum Training mitzubringen. »Wie oft soll ich ziehen?«, fragte ich bei der Übergabe. »So wie es passt, du Amateur. Vier, fünf Mal, dann schaust du, wie es dir geht«, sagte mein kundiger Freund lächelnd.

Nachts war es dann soweit, der Schlaf wollte nicht kommen, ich stand auf, setzte mich im Wohnzimmer auf die Couch und nahm den Vaporizer zur Hand. Präzise Technik ausstrahlend, lag das schwarze Gerät schwer und kühl in meiner Hand. Ich drückte auf den Knopf, die digitale Anzeige schoss in die Höhe, dann zog ich tief ein.

Obwohl ich in den letzten 20 Jahren ausschließlich für die Kamera teer- und nikotinfreie Filmzigaretten auf Kräuterbasis geraucht hatte, schmeckte mir der milde Rauch. Ich zog noch mal. Und noch einmal. Nach dem fünften Zug lehnte ich mich zurück – und wartete. Allerdings nur wenige Sekunden. Dann betäubte eine schwere Schwade Rausch meinen zuvor so schrecklich müde-wachen, nirgendwo Halt und Ruhe findenden Geist. Doch der alles zudeckende, ja erstickende Schleier nahm mit jeder Sekunde zu, und brachte nicht wie eine schwere Daunendecke die ersehnte Ruhe und Geborgenheit – er brachte Angst.

Ich atmete tief ein und aus. Noch mehr Angst. Es brachte nichts. Die Angst ließ sich nicht wegatmen, sie kam in großen Schritten auf mich zu. Hatte ich zu oft gezogen? Zu tief?

Der Streit mit meiner Exfreundin vom Vormittag besetzte auf einmal meinen Kopf. Ich versuchte, mich trotz des immer schwerer auf meinem Gehirn lastenden Rausches zu konzentrieren. Was hatte sie noch mal genau gesagt? Ich hatte plötzlich das Verlangen, ihr klar zu machen, um was es mir bei dem Streit gegangen war. Aber es war jetzt kurz vor Mitternacht. Doch was ich ihr zu sagen hatte, musste raus. Ich stellte sie vor mich aufs Parkett ins Zimmer. »Das Problem ist …«, hob ich mit lauter Stimme an. Dann verstummte ich. Ich meinte zwar genau zu wissen, was das Problem sei, aber ich kam mir plötzlich nicht nur bekifft, sondern wirklich verrückt vor. »Ist doch egal. Sieht doch keiner, hört doch keiner«, entschied ich, und dann legte ich so richtig los.

Alleine auf meiner Couch sitzend wetterte ich in den Raum hinein. Plötzlich sah ich mich von außen. Ein wütender, übermüdeter, offensichtlich etwas fahriger Mann, der sich mitten in der Nacht laut an eine nicht anwesende Person wendet. Ich verstummte. Ich schaute auf die andere Straßenseite. Alle Fenster des gegenüberliegenden Hauses waren dunkel. Wahrscheinlich schliefen die beneidenswerten Menschen dort längst, genossen ihre wohlverdiente Nachtruhe, träumten etwas Schönes! Oder waren sie alle wach? So wie ich? Vielleicht saßen sie im Dunkeln, um nicht erkannt zu werden, während sie den durchgeknallten Typen beobachteten, der offenbar im falschen Film gelandet war. Ich ging ins Schlafzimmer und löschte das Licht. Doch es wurde nicht besser. Mein Kopfkarussell drehte sich jetzt immer schneller, trug meine taumelnden Gedanken aus der Kurve. Schwindel ergriff meinen Körper und meine Sinne. Nervenfieber! Ich konnte nicht mehr klar denken, oder besser gesagt, ich konnte gar nicht mehr denken.

Ich versuchte, mich zu sammeln, um durch den immer undurchdringlicheren Kiffschleier zu kommen, der mittlerweile wie eine schwere Bleidecke jeden Gedanken zu ersticken drohte. Ich versuchte, ein Gefühl für mich selbst zu bekommen, doch das einzige Gefühl, auf das ich stieß, war Angst. Sie brannte wie ein von heftigen Windböen angefachtes Feuer in mir, nahm wie ein Waldbrand immer mehr von mir ein. Ich versuchte, gegen die lähmende Furcht anzukämpfen, doch ich kam mir vor wie ein einsamer Feuerwehrmann, der mit einer Feuerpatsche einer gewaltigen Feuersbrunst gegenübersteht. Wovor hatte ich Angst? Zumindest das wusste ich: Ich hatte Angst, dass es jetzt immer so bleiben würde, dass dieser Zustand irreversibel war.

Die Sehnsucht nach Kontrollverlust war eine der Haupttriebfedern, als ich in meiner Jugend mit Drogen experimentierte. Begleitet und gezügelt wurde die Sehnsucht jedoch stets von der Angst, die Kontrolle nicht wiedererlangen zu können, der Angst, dass der Zustand am Tag danach, mein eigentlicher Zustand jetzt, mein eigentliches Wesen sein könne.

An verkaterten Morgenden war ich stets voller Scham – voller Scham, meinem Körper und meiner Seele mutwillig geschadet zu haben und voller Scham, dass ich dieses oder jenes in der Nacht zuvor gesagt oder getan hatte. An diesen Morgenden wusste ich oft nicht, ob ich mich so elendig fühlte, weil sich in meinem Körper und meinem Geist gerade die Drogen abbauten und mir dabei alle Energie und Lebensfreude entzogen oder ob ich mich ausgebrannt fühlte, weil ich etwas in mir zerstört hatte. Diese schreckliche Angst, in mir etwas unwiderruflich kaputtgemacht zu haben! Die Angst, nicht mein volles Potenzial leben zu können, mein Licht verspielt zu haben! Die Verwirrungen am Tag nach dem Exzess führten dazu, dass ich mir selbst und Gott mit Ende 20 schwor, nie wieder Drogen zu nehmen.

Hatte ich mein Versprechen gebrochen, als ich den Vaporizer in die Hand nahm, den man ganz legal im Internet bestellen oder nach einem Beratungsgespräch im Fachgeschäft kaufen konnte? Hatte ich dafür nun die Quittung erhalten? Ist mein Gott ein strafender Gott? Entzog er mir jetzt seine Liebe, weil ich gesündigt hatte, unbelehrbar und uneinsichtig war? War ich damit vom Licht in den Schatten gefallen?

»Quatsch! Jetzt bloß nicht in solch psychotische Denkschlaufen abdriften«, versuchte das bisschen Ich, das noch nicht vor Angst unberechenbar geworden war, dagegen zu halten. »Du hast einfach zu oft und zu stark an dem Scheißding gezogen! Atme tief, trink' Wasser und komm mal wieder klar.« Aber ich kam nicht klar, das Kopfkarussell auf dem Jahrmarkt des Grauens drehte sich immer schneller.

Wenn ich schwindelig in mich hineinspürte, stieß ich dort auf nichts anderes als Angst. Ich atmete tief in sie hinein, versuchte ihr Raum zu geben, wenn sie schon da war. Was lag darunter? Woher rührte sie? Wer war ich eigentlich? Mit der letzten Frage stieg eine schreckliche Befürchtung in mir auf. Was, wenn ich gerade in Kontakt zu meinem wahren Selbst gekommen war und genau das war, was ich dort vorfand: Nichts als pure Angst. Was, wenn das Licht, das mich durch so viele Tage begleitet hatte, reine Einbildung gewesen war? Eine Chimäre, ein Behelf der Psyche, um mich von der traurigen Wahrheit abzulenken, dass ich in meinem Innersten aus reiner Angst bestand?

Ich musste mit jemandem reden. Meine Einsamkeit, alleine in meinem Bett in der dunklen Wohnung meinem Wahnsinn ausgesetzt, trieb mich zur Verzweiflung. Mittlerweile war es ein Uhr nachts. Ich konnte jetzt niemanden mehr anrufen. Aber ich musste sprechen, meine Gedanken durchs Formulieren ordnen, ihnen Sinn geben. Ich hoffte, dass die Gedankenfetzen und die Nebel der Angst, die mich umhüllten, etwas von ihrem Schrecken verlieren würden, sobald ich sie ausgesprochen hätte, sie so aus meinem Kopf in den Raum und damit in Distanz zu meinem Inneren brachte.

Mein Handy! Die Aufnahmefunktion meines Handys, schoss es mir wie einem Ertrinkenden durch den Kopf, dem plötzlich einfällt, dass er nur nach dem neben ihm treibenden Rettungsring greifen musste. Ich tastete im Dunkeln auf dem alten Koffer, der mir als Nachttisch dient, nach meinem elektronischen Rettungsring. Das Display, mit dem Foto von Zoe und mir aus einer scheinbar völlig angstfreien, mir jetzt unendlich weit entfernt erscheinenden Welt, leuchtete auf. Ich startete die Diktierfunktion. Ich starrte auf das Gerät. Rastlos rannten die Millisekunden und Sekunden los und zogen einen dünnen roten Strich über das Display. Er wartete darauf, dass er durch eine akustische Amplitude zur Zickzack-Kurve würde. Doch ich brachte kein Wort raus. Ich spürte in mir einen massiven Widerstand. Was *wollte* ich denn erzählen? Und was *durfte* ich erzählen, ohne mich damit zu verraten.

Denn, so wurde mir plötzlich bewusst, »wer weiß, wer da heimlich mithört?« Ich könnte meine Karriere vergessen, wenn rauskäme, dass mein innerer Kern nur aus reiner Angst besteht. Wenn jemand die Aufnahmen in die Hände bekäme, wäre ich auf immer erpressbar! »Spinnst du jetzt total? Bist du paranoid geworden? Wer sollte denn Interesse an irgendwelchen wirren Aufnahmefetzen von dir haben? Du bist doch nicht der US-Präsident, der im Wahn irgendwelche brisanten Staatsgeheimnisse ausplaudert!«

Der Versuch, rational zu denken, brachte nichts. Zur pumpenden Angst, irre geworden zu sein, war jetzt noch die Angst hinzugekommen, abgehört zu werden. Ich hielt die Einsamkeit trotzdem nicht mehr aus und drückte erneut die Aufnahmefunktion. »Das Problem ist …«, tastete ich mich vor und kam wieder nicht weiter. Der rote Strich wurde ohne Ausschlag erneut länger. »Das Problem ist, dass man die tiefste eigene Wahrheit nicht aussprechen kann …«, brachte ich schließlich hervor. Ich lauschte. Als könnte ich die Belauscher belauschen. Dann brachte ich meinen Satz endlich zu Ende »…weil *die* zuhören.« Aber wer sind *die*? »Ich weiß, dass ihr zuhört, ihr Penner!«, fauchte ich in mein Telefon. Und so ging es weiter und weiter, Aufnahme um Aufnahme drehte ich mich im Kreis meines inneren Gefängnisses, versuchte mich meiner Angst anzunehmen, sie zu begreifen, anstatt mich von ihr beherrschen zu lassen, trank Wasser und atmete tief. Irgendwann wirkte meine Handy-Eigentherapie. Nach einer gefühlten Ewigkeit und unzähligen Aufnahmen ließen die Ängste endlich nach und machten Platz für einen dumpfen, traumlosen, aber nicht revitalisierenden Schlaf.

Aus einer vermeintlichen Einschlafhilfe war eine psychopathische Achterbahnfahrt in den Wahnsinn geworden, in das Zentrum meiner Angst. Die Einsamkeit dieser Nacht wollte ich nie wieder erleben, jene vollkommene Isolation, die daher rührte, dass ich das Gefühl hatte, nicht mehr in der Welt zu sein, weil sich ein fataler Schalter in meinem Hirn für immer unwiderruflich umgelegt hatte.

»Sag nie wieder irgendjemandem, dass man von dem Zeug nicht high wird. Das ist fahrlässig. Ich habe an der Schwelle zum Wahnsinn gekratzt. Du glaubst nicht, was für eine Nacht ich hatte«, sagte ich meinem Freund, als ich ihm zwei Tage später sein Irrsinnsgerät zurückgab. Jetzt konnte ich zum Glück wieder halbwegs über die Nebel des Grauens lachen. Meine Schlafprobleme kriegte ich später zum Glück auch ohne den Vaporizer in den Griff. Ein neuer Arzt stellte fest, dass eine Dysbalance in meiner sogenannten »Stressachse« herrschte. Durch gezielte Medikamente kam ich endlich wieder ins Lot. Der Schlaf war wieder mein Freund – meistens zumindest.

Lernen

Nicht nur so manche Beziehung, auch die Schule habe ich vor dem Abitur verlassen. Ich war auf fünf Schulen und bin schließlich nach der zehnten Klasse vom Gymnasium abgegangen. Das Leben draußen zog mich mehr an als der Lehrplan. Ich verdiente mein Geld zunächst als Abräumer. Ein einfacher Arbeiter im Weinberg des Herrn, der in der Kneipenhierachie ganz unten steht, weil er nur leere Gläser und Flaschen einsammelt und dafür nie einen Cent Trinkgeld bekommt. Kellner war ich zuvor nur einen Tag, weil ich mir einfach nicht merken konnte, wer jetzt noch mal was bestellt hatte. Ich war auch Gerüstbauer, Kulissenschieber und Türsteher – nicht der Rausschmeißer, sondern der Einlasser, der entschied, wer reindurfte und wer nicht. Doch bei Ärger waren die großen Jungs oft weit weg. Für meine spätere Arbeit als Schauspieler gewährten mir all diese Jobs wertvolle Einblicke in das Leben. Auch die Schauspielschule in New York habe ich ohne Abschluss verlassen.

Das Leben hat es gut mit mir gemeint, auch wenn ich nie auf meiner eigenen Abiturfeier war. Ich kann von dem, was man meines Erachtens nur sehr eingeschränkt in Schulen lernen kann und was mir auch nach all den Jahren noch viel Freude bereitet, gut leben. Aber natürlich hätte es auch anders kommen können. Ich bin mir vollkommen im Klaren darüber, dass nicht nur die Arbeit an und mit mir selbst, sondern auch ein gutes Quäntchen Glück mir dazu verholfen hat, dass ich mit der Schauspielerei erfolgreich bin, während viele Kolleginnen und Kollegen in äußerst prekären Verhältnissen leben. Ich hatte nie einen Plan B. Wenn vor drei Jahrzehnten nicht einigen Castern, Regisseuren und Produzenten meine Visage gefallen hätte, wären meine Optionen mit der Mittleren Reife eingeschränkt gewesen.

Meine Tochter hat ein Einser-Abitur gemacht, auf das ich wahrscheinlich stolzer bin als sie. Hätte sie mir nach der zehnten Klasse gesagt: »Ich habe keinen Bock mehr. Ich schmeiß die Schule. Ich will jetzt endlich mal echtes Leben erleben!«, hätte ich, obwohl ein Echo aus meinem eigenen Leben, es wohl nicht akzeptiert, auch wenn Freiheit und Selbstbestimmung in Zoes Erziehung höchste Priorität hatten.

Ich glaube, dass Mitgefühl schon kleinen Kindern innewohnt, auch wenn sie durch Ich-ich-ich-Phasen gehen. Ich glaube aber auch, dass – so wie Bäume Wasser zum Wachsen brauchen – Menschen liebende Mitmenschen brauchen, die ihnen helfen, ihr Mitgefühl zu kultivieren, weil das Gute im Menschen sonst verdorrt.

Wenn wir nur von Brutalität, Ignoranz und Härte umgeben sind, ziehen sich unsere guten und feinen Anteile zurück, weil sie sich unsicher fühlen. Ein Herz braucht eine sichere Umgebung, um sich zu nähren, um in Verbindung mit der Umgebung zu wachsen. Wir alle wissen: Kinder lernen von Vorbildern, durch Veranschaulichung, durchs Vorleben. So können wir Erwachsene sie dabei unterstützen, die sozialen Kompetenzen und guten Anlagen, die sie in sich tragen, in ihrem ganzen Potenzial zu entfalten und so ihre Entwicklung zu stärken.

Aber wie können wir die Kompetenz fördern, nicht nur mit unseren Mitmenschen, sondern auch mit der uns umgebenden und unser Leben ermöglichenden Natur achtsam und verantwortungsvoll umzugehen? Konfuzius sagte: »Erzähle es mir, und ich vergesse. Zeige es mir, und ich erinnere. Lass es mich tun, und ich verstehe.«

Viele Kinder können mit acht Jahren eine Spielkonsole bedienen, sind im Wald jedoch vollkommen ratlos. Wir von der Natur weitestgehend abgekoppelten Zivilisationsmenschen nehmen gerade noch die vier Jahreszeiten wahr, subtilere Vorgänge verstehen wir oft nicht, weil wir uns der Natur zu selten aussetzen. Ich bin mir im Klaren darüber, dass auch meine Naturwahrnehmung stark verkümmert ist, aber gerade deshalb suche ich immer wieder die Verbindung.

Um lieben zu können, nutzt die Liebe in Gedanken nichts. Nicht das theoretische Wissen um die Liebe, sondern die gelebte Liebe im Kontakt und in Beziehung zu anderen und zur Natur bringt uns weiter.

Das haben Zoes und meine Schulkarriere gemein, so unterschiedlich sie auch waren: Wir haben vor allem gepaukt, um den Stoff in der nächsten Klassenarbeit wiedergeben zu können, nur um ihn anschließend wieder zu vergessen, um Kapazitäten für den nächsten Test freizuräumen.

Ständig wurde neues Wasser in den Eimer der Bildung gegossen. Doch das Erlernte wurde meist nicht in lebendige Erfahrung eingebettet. Der Eimer läuft dann irgendwann über, das Wasser versickert ungenutzt und mit ihm im schlimmsten Fall auch die Kindern angeborene Neugier.

Natürlich können und sollen Schülerinnen und Schüler nicht jede Theorie selbst aus der Praxis ableiten. Zum Glück müssen Kinder heute nicht wie Benjamin Franklin im Gewitter einen Drachen steigen lassen, um rauszufinden, dass Blitze elektrisch sind – und gefährlich. Aber zu oft wird Wissen in einem künstlichen Vakuum gelehrt, und das Leben bleibt außen vor.

Vielen Eltern fehlen Geld und Zeit und vielleicht auch der Bezug zur Natur, um mit ihren Kindern Ausflüge zu unternehmen. Vor allem Schülerinnen und Schüler, die in Städten, in Wohnungen ohne Garten, aufwachsen, können oft eine Fichte nicht von einer Buche unterscheiden. Hinzu kommt der Tagesablauf der Kinder: Sie sind heutzutage meist bis zum späten Nachmittag in der Schule, und dann kommen noch die Hausaufgaben. Da bleibt einfach keine Zeit für die Natur. Ich sehe die Schule hier in der Pflicht, der zunehmenden Entfremdung vieler Kinder von der Natur mit dem Ermöglichen von Naturerfahrungen entgegenzuwirken.

Ich will nicht anmaßend sein und weiß als Lehrerkind, dass die meisten Lehrerinnen und Lehrer unter immer schwieriger werdenden Bedingungen großartige Arbeit leisten und gerne mit ihren Schülerinnen und Schülern mehr in die Natur gingen, wenn ihnen die Kapazitäten dafür zur Verfügung gestellt würden. Aber wir müssen Kinder und Jugendliche darin unterstützen, die kognitiven, sozialen und emotionalen Grundlagen zu erlernen, die es für ein gutes Miteinander und die Rettung unseres angeschlagenen Planeten dringender denn je bedarf. Und die sinnliche Verbindung mit der Natur ist dafür unerlässlich.

Und warum erlernen und praktizieren unsere Kinder nicht die Kunst der Meditation? So würden sie trotz des Stresses, dem sie immer früher und immer heftiger ausgesetzt sind, lernen, dass unter allem auch eine große Stille liegt. Sie könnten zur Ruhe kommen und – das ist messbar und wissenschaftlich belegt – anschließend wieder aufnahmefähiger und fokussierter lernen.

Die Einwände darauf kann ich mir gut vorstellen. In die Schule gehen Kinder zum Lernen, und nicht um Ausflüge in den Wald zu machen oder für spirituellen Hokuspokus. Ich sage natürlich nicht, dass die klassischen Inhalte und Methoden über Bord geworfen werden sollen, ich bin einfach nur fest davon überzeugt, dass Kinder und wir alle davon profitieren würden, wenn der Unterricht in einem ganzheitlichen Ansatz um neue Themen und Wege ergänzt würde.

Tiere

Auch unser Umgang mit Tieren sollte darin eine Rolle spielen. Ich finde es zutiefst beschämend, wie wir mit ihnen umgehen. Im Laufe der Zeit sind wir dazu verkommen und verroht, Tiere, die genau wie wir Schmerzen und Emotionen empfinden, zu verdinglichen.

Um dieser abstoßenden Praxis und Geisteshaltung einen Namen zu geben, führte der britische Psychologe und Pionier der Tierrechtsbewegung Richard Ryder den Begriff Speziesismus ein. Er bezeichnet die Diskriminierung von Lebewesen aufgrund ihrer Artzugehörigkeit und rechtfertigt so, dass wir das Leben und das Leid eines nicht menschlichen Individuums nicht oder weniger berücksichtigen und die Tötung von Tieren verharmlosen oder verschleiern.

Wir haben es geschafft, die wirtschaftliche Ausbeutung von Tieren immer weiter zu perfektionieren. Wir haben gut abgeschirmte riesige Ställe gebaut, damit wir nicht mit ansehen müssen, wie Hühner, Schweine und Rinder vollgepumpt mit Hormonen und Medikamenten auf ihren Tod warten.

In China ist gerade ein Schweinestall mit 26 Stockwerken gebaut worden, in dem jedes Jahr 1,2 Millionen Tiere zur Schlachtreife gemästet werden sollen. Doch auch bei uns hat die Massentierhaltung nur den einen Sinn: uns satt und einige reich zu machen. Hühnern werden die Schnäbel abgeschnitten, Gänse werden bei lebendigem Leib gerupft und Schweinen werden ohne Betäubung die Schwänze abgeschnitten, weil sie sie sich sonst in den heillos überfüllten Ställen gegenseitig abbeißen würden. All das ohne Recht auf Tageslicht und mit Steuergeldern bezuschusst.

Gewiss: Immer mehr Menschen achten darauf, dass sie Fleisch aus zumindest halbwegs artgerechter Haltung kaufen, aber das muss man sich auch leisten können. In einer Zeit, in der fast alles teurer wird, machen die meisten Menschen ihre Kaufentscheidung vom Preis abhängig, auch beim Fleisch. Und das Schreien in der Massentierhaltung geht weiter.

Ich stelle mir manchmal vor, wie ich an der Schwelle zwischen Leben und Tod an all den Kühen, Kälbern, Schweinen, Wildschweinen, Rehen, Hirschen, Fischen, Lämmern, Hammeln, Ziegen und Vögeln, die ich in meinem Leben gegessen habe, vorbeigehen muss. Es sind viele Tiere, sehr viele. Krabben, Hummer, Langusten, ein Zebra, eine Antilope, ein Krokodil, ein Gnu, ein Strauß, Heuschrecken, Schnecken, auch zwei, drei Meerschweinchen stehen still Spalier und schauen mich schweigend an. Ich senke beschämt den Blick. Die stumme Klage, die sich zwischen uns manifestiert, ist klar. Sie lautet: »Du hast doch alles gewusst!« Ein Vorwurf, den ich nicht von mir weisen kann. Obwohl ich mir über die Umstände konventioneller Tierhaltung (Wie absurd, dass man sie bei aller Brutalität und allem Leid, die sie verursacht, konventionell nennt!) bewusst war, habe ich immer wieder Fleisch gegessen. Ich kaufe selten Fleisch und schon seit vielen Jahren keines mehr aus sogenannter »konventioneller« Haltung, aber wenn ich in ein Restaurant gehe und Fleisch bestelle, frage ich vorher nicht immer – wenn auch immer öfter – nach, woher das Lokal sein Fleisch bezieht. Ob man es moralisch vertreten kann, Tiere zu essen, ist die eine Sache, die Tierhaltung eine andere. Ich finde es absurd, wie viel wir von Humanismus sprechen, und wie viel Tierleid wir gleichzeitig schulterzuckend und oft ohne schlechtes Gewissen in Kauf nehmen. Speziesismus. Schon in der Bibel steht: »Macht euch die Erde untertan und herrschet über die Fische des Meeres, die Vögel des Himmels, über das Vieh und alles Getier.« Gibt die Bibel hier zumindest der Christenheit einen Freibrief für Fleischkonsum ohne Reue und Buße? Die Krone der Schöpfung nimmt sich halt, weil sie Gott am nächsten ist, oder wie man auf Neudeutsch sagt: »Gönn dir!«

Auch wenn der Mensch zur damaligen Zeit ein naturverbunderes Leben führte, so war bereits der Ton für unser Verhältnis zur Natur gesetzt. Die Verdinglichung von Pflanzen und Tieren war postuliert. Der Mensch war als Herrscher über die Natur ausgerufen, nicht als Teil der Natur. Vielleicht nahm hier das Unheil durch den biblischen Auftrag seinen Lauf. Zur Zeit der Niederschrift der Bibel und bis zur Neuzeit allerdings, war der Mensch viel intensiver zur Demut vor und zur Kooperation mit der Natur gezwungen. Schon allein, weil ihm die technischen Möglichkeiten fehlten, konnte er sie sich gar nicht immer und überall untertan machen. Ob er wollte oder nicht: Um zu überleben, musste der Mensch in Einklang mit der Natur leben.

In Indien habe ich Jainas beobachtet und war immer fasziniert von ihnen. Die über vier Millionen Anhänger dieser Religion versuchen so zu leben, dass kein Tier leiden oder gar sterben muss. Viele von ihnen laufen barfuß und fegen vor jedem Schritt den Boden, um nicht versehentlich auf eine Ameise oder einen Käfer zu treten. Oft haben sie ein Tuch vor dem Mund, um nicht unabsichtlich eine Mücke einzuatmen. Beim Fleischkonsum geht es nicht nur ums Töten von Lebewesen und die damit verbundenen ethischen Fragen: Es geht um die Verpflichtung, den Bedürfnissen der Tiere bei der Haltung so weit wie irgendmöglich nachzukommen, und dies in Gesetzen zu verankern. Es geht darum, auch Wesen, die keine Bundestagsabgeordneten wählen können, zu einer starken Stimme zu verhelfen. Der zivilisatorische Entwicklungszustand einer Gesellschaft muss sich auch daran messen lassen, wie sie mit ihren stummen und vermeintlich schwächsten Gliedern umgeht.

Wir alle wissen, dass die Meere überfischt sind, riesige Schleppnetze die Meeresböden zerstören, während sie versuchen, auch den allerletzten Fisch zu erwischen. Da sind wir wieder bei: »Erst wenn der letzte Fisch gegessen ist …« Und wir alle wissen, dass die Fleischproduktion unter anderem durch die Abholzung von Wäldern für den Anbau von Futtermitteln, die Schaffung von Weideflächen, irrsinnige Transportwege, den Wasserverbrauch und die Methan-Fürze der Rinder eine verheerende Klimabilanz hat. Zudem trägt sie dazu bei, den seit einigen Jahren wieder dramatisch ansteigenden Hunger vor allem in den ärmsten Ländern des globalen Südens zu verschärfen.

Ich bin weit davon entfernt, die ethisch reine Person zu sein, die ich gerne wäre. Ich verheddere mich oft in meinen Widersprüchen und empfinde mich dann als heuchlerisch. Die Diskrepanz zwischen meinem Wissen, meinem ethisch-moralischen Anspruch an mich selbst und meinen tatsächlichen Handlungen klafft leider manchmal auf, wenn der Hunger kommt. Sie kristallisiert sich dann in Gedanken wie »ab morgen …« oder »Heute ist eine Ausnahme«. »Erst kommt das Fressen, und dann kommt die Moral«, heißt es schon bei Brecht.

Kapitel 5

Hoffnung

Gegenwart

Seit dem Frühjahr 2020 beeinflusste die Corona-Pandemie weltweit das Leben fast aller Menschen. Millionen starben, ungezählte Menschen leiden seitdem an Long-Covid und sind nicht mehr in der Lage, ihr altes Leben zu führen. Viele verloren ihren Job, Freiheiten wurden in einem bis dahin nicht gekannten Maß eingeschränkt, Menschen vereinsamten, wurden vor Angst krank, Familien und Freundschaften zerbrachen über unterschiedliche Einstellungen, wie der Pandemie begegnet werden soll. Jede und jeder hat seine eigene Geschichte, wie er unter Corona litt oder leidet.

Die meisten Wissenschaftler sind sich einig, dass Zoonosen, also von Tieren auf Menschen überspringende Krankheiten wie das Corona-Virus, in Zukunft häufiger auftreten werden, wenn wir nicht aufhören, Lebensräume von Tieren zu zerstören und immer weiter und rücksichtsloser in sie vorzudringen. Ich hatte deshalb zunächst die leise Hoffnung, dass uns die Pandemie mit all ihren Auswirkungen endlich eine eindringliche Warnung sein könnte, verantwortungsvoller mit uns und unserer Umwelt umzugehen. Im dritten Corona-Jahr habe ich diese Hoffnung aufgegeben. Doch ich hatte noch eine weitere Hoffnung.

Als die Menschheit zu Beginn der Pandemie gewahr wurde, dass sie von einer globalen Gefahr bedroht ist, schien sie plötzlich – Ausnahmen bestätigen natürlich auch hier die Regel – in der Lage zu sein, schnell und entschieden zu reagieren.

Viele Menschen erkannten die Notwendigkeit, die Ausbreitung der Krankheit – zumindest so lange es noch keine Impfstoffe gab – zu verlangsamen, um die Gefährdesten zu schützen und einen Kollaps des Gesundheitssystems zu verhindern. Das bis dahin Unmögliche erschien plötzlich möglich: Es herrschte eine übergreifende Solidarität, wie ich sie so noch nie erlebt hatte. Junge Menschen erledigten für ältere Nachbarn die Einkäufe, Familien und Freunde unterstützten sich bei der Kinderbetreuung, als Kindergärten und Schulen geschlossen waren, aus Rücksicht auf Alte und Kranke trugen viele Menschen auch freiwillig Maske.

Warum ist es der Menschheit gelungen, auf die Coronakrise so schnell und entschieden zu reagieren, während im Kampf gegen die drohende Klimakatastrophe immer noch viel zu wenig viel zu spät geschieht?

Ich habe darauf eigentlich nur eine Antwort. Obwohl die Fakten und erschreckenden Prognosen längst auf dem Tisch liegen und in Form von Dürren, verheerenden Waldbränden und Überflutungen mittlerweile auch in Deutschland zu spüren sind, wird die Bedrohung durch den Klimawandel immer noch nicht als konkret, sondern als abstrakt wahrgenommen.

Fast jeder in Deutschland kennt jemanden, der schwer an Corona erkrankt oder sogar mit oder an der Krankheit gestorben ist. Aber wer weiß von jemandem zu berichten, der in Deutschland an Klimawandel gestorben ist?

Das Problem ist: Wenn wir dem Klima schaden, spüren wir die Konsequenzen nie im selben Moment. Obwohl wir mittlerweile viel über die Auswirkungen unseres Handelns und Unterlassens wissen, können wir die konkreten negativen Folgen unseres Lebensstils nicht genau zuordnen, nicht sehen, nicht anfassen, nicht spüren. Natürlich haben Wissenschaftler und Super-Computer dazu Berechnungen angestellt und hochkomplexe Simulationen erstellt. Es sind gigantische, angstmachende Zahlen. Dennoch: Es bleiben Zahlen. Manche von ihnen kann ich begreifen, mit meinen eigenen Sinnen fühlen kann ich sie nie.

Die Welt sähe wahrscheinlich anders aus, wenn wir, jedes Mal, wenn wir mit einem Flugzeug abheben, aus dem Flugzeugfenster sehen würden, wie ein Stück Wald in Flammen aufgehen würde, wenn wir also die Folgen unseres Handelns konkret vor Augen geführt bekämen.

Auch wenn wir die Summe unserer kollektiven globalen Handlungen bereits deutlich spüren und in Zukunft noch viel deutlicher spüren werden, werden wir bislang kaum für die Folgen unseres individuellen Handelns zur Verantwortung gezogen. Als Herdentiere können wir uns immer in der Masse verstecken, oder sogar mit dem Finger auf andere zeigen, die es noch ärger treiben.

Auch wenn sie uns manchmal immer noch unendlich und unkaputtbar erscheint: Wir wissen, dass die Natur fragil ist und sich in ihrem eigenen Rhythmus regenerieren muss. Trotzdem ist ständig Sommerschlussverkauf. Wir hamstern, aasen und überkompensieren unsere Bedürfnisse.

Die Autos werden immer größer, die Flüge immer zahlreicher, die Mode-Kollektionen immer häufiger. Wir haben uns zu der Annahme verstiegen, dass alles immer verfügbar sein soll. Aber die Zeit des »Alles ist jederzeit verfügbar« ist vorbei. Wir brauchen beim Befüllen unseres Tellers dringend mehr innere Reife und dürfen unsere Augen nicht permanent größer sein lassen als unseren Mund. Die Maßstäbe, anhand derer wir immer noch bewerten, was ein »gutes Leben« ist, sind mittlerweile teilweise obsolet. Und das sollten wir endlich begreifen.

Die aus dem Bewusstsein der Verantwortung resultierende Umsichtigkeit sollte einen Erwachsenen vom Kind unterscheiden. Wir wollen die Rosinen und schmeißen den Rest des Kuchens weg. Jahr für Jahr landen unglaubliche Mengen an Textilien in Müllsäcken, aber wir shoppen weiter. Wir wollen Erdbeeren im Winter, gleichzeitig landet Essen tonnenweise im Müll. Wir fliegen für ein paar Tage zu den geilen Stränden, die so sexy funkeln auf Instagram und wälzen die Folgen fürs Klima auf andere, auf unsere Kinder, ab. Ist das Liebe? Ist das erwachsenes Verhalten? Ist das, wer wir sein wollen?

Wir wissen, dass unser oft hedonistischer Lebensstil mit seinem exorbitanten Ressourcenverbrauch nicht mehr tragbar ist. Dennoch leben viele von uns so weiter, als hätten sie das Wort Klimawandel noch nie gehört.

Viele Menschen nehmen Schulden auf, um ihren Kindern eine gute Ausbildung zu finanzieren, aber sie bemühen sich kaum, ihren Kindern einen lebenswerten Planeten zu hinterlassen. Oder, um bei dem Bild der Schulden zu bleiben: Wir wissen, dass wir das, was wir momentan an Rohstoffen verbrauchen, das, was wir uns von der Erde nehmen, nie werden zurückzahlen können. Wir gehen immer weiter ins Minus. Wäre die Welt eine Firma, die Natur die Grundlage ihres Wirtschaftens und die nationalen Regierungen wären die Führungskräfte, die immer weiter ungedeckte Kredite aufnehmen und das Unternehmen so in den sicheren Ruin trieben, wären fristlose Kündigungen der Entscheidungsträger die zwangsläufige Folge.

Die Art und Weise, wie wir unseren Planeten überbeanspruchen, ist absolut irrsinnig und entbehrt jeder Logik. Und dennoch machen wir so weiter. Wir schnappen uns so viel wie möglich, bloß weil gerade keiner hinschaut und es kontrolliert. Ich halte das für hochgradig unreif und unverantwortlich. Wir klauen Äpfel in Nachbars Garten, Äpfel, die eigentlich für unseren Nachbarn gedacht waren und ihm fehlen werden.

Die Klimakrise zwingt uns, uns bewusst zu machen, dass die Ressourcen auf unserem Planeten endlich sind. Das Konzept des ewigen Wachstums fliegt uns gerade gewaltig um die Ohren. Der drohende Klimakollaps führt uns dramatisch vor Augen, dass wir dringend eine radikale Kurskorrektur vornehmen müssen.

Die Schritte in die Zukunft müssen anders gesetzt werden. Wir werden mehr Miteinander, mehr Kooperation und – auch wenn das immer noch kaum jemand gerne ausspricht – auch mehr Verzicht brauchen. Das System ist überholt, die alte Welt gibt es nicht mehr. Es geht nicht mehr zurück, nur nach vorn.

Als im Grunde optimistischer Mensch versuche ich, in jeder Herausforderung und Bedrohung auch etwas Positives zu sehen. Im Falle der bedrohten Natur fällt mir das äußerst schwer, aber vielleicht lernen wir gerade, sie endlich wieder mehr zu schätzen. Und es hat eine große Kraft, dass es immer mehr Menschen gibt, die bereit sind, für sie zu kämpfen. Es ist absurd, aber scheinbar tief in unserer Psyche verankert: Etwas, was immer zur Verfügung steht, empfinden wir offensichtlich als weniger wertvoll, als etwas, was sich entzieht. Das kann man auch in den meisten Beziehungen beobachten. Wenn wir unsere Partnerin oder unseren Partner als »for granted« nehmen und sie oder ihn nicht mehr feiern und ehren, droht die Beziehung einzuschlafen. Entzieht sich der geliebte Mensch jedoch, spannt sich das Seil zwischen uns wieder, es kommt Feuer und Leben in die Bude.

Oft müssen wir den drohenden Verlust erst in aller Konsequenz vor Augen geführt bekommen, um zu begreifen, wie wertvoll das ist, was wir verlieren könnten. Und ich glaube, so geht es uns gerade mit der Natur. Vieles ist bereits verloren gegangen, oder vielleicht sollte ich besser sagen: Vieles haben wir bereits zerstört. Doch das, was noch übrig ist, strahlt deshalb vielleicht (hoffentlich!) umso leuchtender und mahnt uns, es zu ehren, zu pflegen und zu bewahren – und dafür zu kämpfen.

Ethik

In der Philosophie weitete der deutsch-amerikanische Philosoph Hans Jonas in den 70er-Jahren den Begriff der Ethik als einer der Ersten auf die Natur aus. Moral und Ethik beschäftigten sich bis dahin fast ausschließlich mit den Menschen und der zwischenmenschlichen Interaktion in der Gegenwart. Große Geister dachten darüber nach, wie Menschen (besser) zusammenleben können, wie sie ihre Sitten und Gebräuche verfeinern und eine zivilisierte Haltung an den Tag legen können. Aus heutiger Sicht finde ich es unverständlich, welch geringe Rolle die Natur und die ferne Zukunft in der Philosophie für lange Zeit spielten.

Man ging davon aus, dass in der Gegenwart bewährte und gültige Prinzipien und Konventionen des Miteinanders auch in Zukunft Gültigkeit haben würden, da der Mensch mit seinen Bedürfnissen, Stärken und Schwächen auch in der Zukunft den gleichen zwischenmenschlichen Dynamiken ausgesetzt sein würde. Spätfolgen unseres Tuns und Unterlassens für die Natur und den Planeten wurden kaum mitgedacht. Warum auch? Die Natur funktionierte ja augenschscheinlich, lieferte alles, was der Mensch zum Leben brauchte und schien unzerstörbar und unerschöpflich.

Auch wenn Eingriffe – beispielsweise großflächige Abholzung von Wäldern – schon zu Zeiten der Römer Folgen zeigten, schien menschlicher Egoismus auf Kosten der Umwelt von der Natur noch problemlos kompensierbar. Kants kategorischer Imperativ »Handle nur nach derjenigen Maxime, durch die du zugleich wollen kannst, dass sie ein allgemeines Gesetz werde«, bezog sich vor fast 250 Jahren also nur auf das Zwischenmenschliche. Hans Jonas erweiterte sie 1979 auf die Naturdimension und die auch entfernte Zukunft und forderte: »Handle so, dass die Wirkungen deiner Handlung verträglich sind mit der Permanenz echten menschlichen Lebens auf Erden.«

Er stellte fest: »Die Zukunft (…) ist in keinem Gremium vertreten; sie ist keine Kraft, die ihr Gewicht in die Waagschale werfen kann. Das Nichtexistente hat keine Lobby und die Ungeborenen sind machtlos.« Deshalb schlussfolgerte er, dass »nicht weniger als die gesamte Biosphäre des Planeten dem hinzugefügt worden ist, wofür wir verantwortlich sein müssen, weil wir Macht darüber haben.«

Die »vorausgedachte Gefahr«, die sich durch technischen Fortschritt in kurzer Zeit auch für noch ungeborene Generationen potenziert hatte, sollte uns nach Hans Jonas deshalb als verpflichtender Kompass für unser jetziges und künftiges Handeln dienen. Er stellte damals schon fest, dass wir ständig mit »Endperspektiven« konfrontiert seien, »deren positive Wahl höchste Weisheit« erfordere.

Er mahnte uns, dass angesichts, des zerstörerischen Potenzials unserer technischen Möglichkeiten, Unwissen über die letzten Folgen ein Grund für verantwortliche Zurückhaltung sei. Das sei »das zweitbeste nach dem Besitz von Weisheit selbst.« »Wenn also die neuartige Natur unseres Handelns eine neue Ethik weitragender Verantwortlichkeit verlangt (…), dann verlangt sie im Namen eben jener Verantwortlichkeit auch eine neue Art von Demut.«

Die Zerstörung unserer Umwelt, des Fundamentes allen Lebens, war natürlich auch schon in den späten 70er Jahren sicht- und spürbar. Auch beim damaligen Wissensstand hätte der aufgeklärten Menschheit eigentlich bereits klar sein müssen, dass das exorbitante Verfeuern (fossiler) Ressourcen und der Raubbau an der Natur nicht ohne katastrophale Folgen bleiben könne. Trotzdem fanden Jonas' Warnungen und Forderungen nach einer neuen Naturethik damals in Politik, Wirtschaft und Gesellschaft nicht das Gehör, das notwendig gewesen wäre, um der Zerstörung frühzeitig Einhalt zu gebieten.

Verzicht

Verzicht zu predigen, ist leicht. Aber wie viel bin ich bereit aufzugeben, wenn es an die eigenen Bedürfnisse geht? Weniger fliegen: mache ich schon; im Winter in der Wohnung einen dicken Pullover tragen, statt die Heizung aufzudrehen: habe ich schon vor der durch den Krieg in der Ukraine ausgelösten Energiekrise gemacht; Auto: schon vor Jahren abgeschafft; regional und saisonal im Bioladen einkaufen: mache ich; Müll trennen: eh klar; Coffee to go im Wegwerfbecher: boykottiere ich; Ökostrom aus der Steckdose: natürlich; Licht aus, sobald ich den Raum verlasse: ziehe ich durch; Elektrogeräte ausschalten, statt in Standby weiterlaufen zu lassen: check; kurz duschen, statt ewig das Wasser laufen zu lassen: mache ich. Klar ist aber auch: Ich könnte noch so viel mehr machen, so viel konsequenter sein.

Eine meiner persönlichen Schwachstellen ist der Konsum. Habe ich mich einmal in einen Pullover verliebt, fällt es mir schwer, das Objekt meiner Begierde nicht zu kaufen. Ich weiß: Ich brauche ihn nicht, aber ich will ihn und muss gegen meinen Impuls ankämpfen, ihn zu kaufen. Gelingt mir das, fühlt es sich gut an. Ich fühle mich dann wie eine erwachsenere Version von mir selbst, schaffe es, meinen Ansprüchen an mich selbst gerecht zu werden.

Es fühlt sich aber auch toll an, ihn zu kaufen. Die Farbe, das Material – er wird mir lange Freude machen … bis zum nächsten Pullover. Ich habe Jeans, die ich seit über 20 Jahren trage, aber es kommt auch immer wieder vor, dass ich Klamotten schon nach ein, zwei Jahren wieder aussortiere und mich dann wieder mal über meine Verführbarkeit ärgere.

Meine Tochter ist 20 Jahre alt und Teil einer Generation, die so vernetzt, mobil und gut über die drohende Klimakatastrophe informiert ist, wie keine Generation zuvor. Ihr ist der Widerspruch zwischen dem Wunsch, die Welt zu sehen und sie zu erhalten, schmerzlich bewusst. Die Generation der heute 20-Jährigen wächst in die Alarmstufe rot rein und will trotzdem ein erfülltes Leben leben. Was heißt das in der Konsequenz? Muss sie auf vieles, was wir noch machen konnten, verzichten? Darf sie noch fliegen? Sollen wir junge Menschen dazu anhalten, zu Hause zu bleiben? Wir, ich, meine Generation, die das Leben lange ohne schlechtes Gewissen und Problembewusstsein in vollen Zügen genossen hat? Der Wunsch der Jugend, die Welt zu sehen, ist groß und absolut legitim. Was wäre das für eine Welt, in der junge Menschen sich nicht mehr der fernen Fremde aussetzen dürften? Wie auch immer sie sich entscheiden, sie wachsen mit dem Bewusstsein auf, dass ihre Taten dramatische Konsequenzen für die Welt von morgen haben werden.

Was tun?

Auf das Beste hoffen, sich aber auf das Schlimmste vorbereiten, fand ich immer eine gute Maxime. Aber was heißt das in Bezug auf den Klimawandel? Dürfen wir hoffen, dass die ganzen angsteinflößenden Simulationen der Wissenschaft, die fast täglich auf uns einwirken, und all die Hiobsbotschaften zur Klimaerwärmung doch nicht eintreten, während wir zugleich alles tun, um unsere CO_2-Emissionen zu senken?

Ich mache nicht alles richtig. Natürlich nicht. Manchmal aus Unwissenheit oder unbewusst, manchmal ganz bewusst mit unterschwellig oder sich laut meldendem schlechten Gewissen. Ich bin mit meinen Möglichkeiten manchmal auf den Baustellen unserer Zeit – unter anderem Bekämpfung des Klimawandels, des Hungers, der Armut und der sozialen Ungerechtigkeit – unterwegs. Aber ich bin immer nur ein Zeitarbeiter, der stets abhaut, bevor die Baustelle auch nur halbwegs fertig ist. Ich habe mich nie ganz und gar mit all meinen Möglichkeiten und all meiner Energie einer guten Sache verschrieben.

Nicht jeder ist dafür geboren, in der ersten Reihe zu stehen und mit den Dringlichkeiten der Welt den Raum zu perforieren, also dringend erforderliche politische Veränderungen einzufordern und umzusetzen. Aber die meisten von uns könnten mehr tun, als sie tun. Ich auch.

Zugleich glaube ich nicht ans »Alles-richtig-Machen«. Ich glaube nicht an zu starre Regeln, ich glaube daran, dass man auch mal ausbrechen dürfen muss. Ich glaube nicht, dass die Welt ein besserer Ort wird, wenn wir uns nur noch geißeln und uns keine Ausnahmen mehr erlauben. Doch tut man dies zu oft, gerät man aus der Bahn, hat keine klare Linie und keinen roten Faden mehr. Wir müssen uns an unseren Taten, nicht an unseren Worten messen lassen. Wir sind die Summe all unserer Einzelentscheidungen. Wie viele Widersprüche halte ich in der Welt aus, wie viele in mir?

Wir treffen permanent Entscheidungen, die im Jetzt und Hier für uns stimmig zu sein scheinen. Oft sind sie jedoch nicht in einen größeren Kontext, in eine Resonanz, eingebettet, die über den Augenblick hinausgeht. Sie dienen lediglich der Befriedigung unserer eigenen unmittelbaren Bedürfnisse. Der Neurologe und Psychiater Viktor Emil Frankl, der Auschwitz und drei weitere Konzentrationslager überlebte, sagte: »Freiheit droht in Willkür auszuarten, sofern sie nicht in Verantwortlichkeit gelebt wird.«

Manchmal bin ich deshalb sehr streng mit mir. Meine Entscheidungsfindung basiert dann mitunter eher auf »ich sollte«, statt einem liebevollen Ausloten von Optionen. Aber »ich sollte« kommt meist von außen, ist keine Entscheidung, die frisch aus mir selbst entsteht. Wenn ich etwas soll, ist es für mich ein Zeichen, dass ich nicht mit mir selbst verbunden bin. »Ich soll« kommt nicht aus dem Ja zu etwas, nicht aus der Freiheit, sondern aus dem Nein zu etwas anderem, aus der Enge. Doch egal, ob ich soll oder will – am Ende hinterlässt fast alles einen CO_2-Abdruck oder hat – gute oder schlechte – Auswirkungen auf unsere Umwelt und die uns umgebenden Menschen.

Ich liebe es, im Wald Holz zu sammeln, es aufzuschichten, zu entzünden und – alleine oder mit Freunden – am Lagerfeuer zu sitzen. Ich liebe es, dem Knacken und Knistern zu lauschen, das

Züngeln der Flammen, die in immer anderen Farben tanzen, zu beobachten. Ich werde, wie die meisten von uns am Feuer oft ruhig und andächtig, das Leben mit all seiner Komplexität legt eine Pause ein und ist reduziert auf das, was wir im flackernden Schein des Feuers spüren und sehen. Etwas Ewiges ist anwesend.

Auch unsere Vorfahren saßen schon am Feuer, um sich zu wärmen, um Essen zuzubereiten, Gemeinschaft zu erleben, zu musizieren und um Geschichten zu erzählen. Dieses jahrtausendealte Ritual verbindet uns mit ihnen. Noch heute spüren wir die archaische Kraft des Elements. Feuer schützt und verjagt wilde Tiere. Es frisst jedoch auch und fügt unbändige Schmerzen zu, es tötet und zerstört. Der Respekt vor der Kraft und der Schönheit der Flammen sitzt tief in unserer DNA.

Ein Feuer zu entzünden, ist jedoch kein klimaschonender Akt. Jedes Lagerfeuer setzt das zuvor im Holz gespeicherte CO_2 frei. Ist es deswegen falsch? Sind die Zeiten vorbei, in denen wir guten Wissens miteinander an den wärmenden Flammen sitzen können? Wo fängt etwas an, falsch und schlecht zu sein? Für den Zustand unseres Planeten ist jeder Einzelne von uns mit zuständig. Jeder Flug, jede Autofahrt, jedes Abbrennen einer Kerze hat einen Effekt. Die Frage, die sich mir trotzdem stellt, ist aber: Was kommt auf der anderen Seite dabei raus?

Wenn wir zusammen in der Natur am Lagerfeuer sitzen, kann dies dazu führen, dass wir beseelt von der schönen Erfahrung künftig liebevoller mit unseren Mitmenschen und der Schöpfung umgehen. Aber wiegt das die Nachteile der CO_2-Emission auf? Ich weiß es nicht.

»Jede Reise beginnt mit dem ersten Schritt«, heißt es im Daodejing. Dieses Werk größter Schönheit und Schlichtheit, vom chinesischen Weisen Laotse geschrieben, der im sechsten Jahrhundert vor Christus gelebt haben soll, aber über den man eigentlich nichts weiß, ist das Gründungswerk des Daoismus.

Manchmal müssen wir erst den einen Schritt machen, um den nächsten sehen zu können. Ich weiß, ich wiederhole mich. Aber: Wenn die vor mir liegende Aufgabe – wie die Rettung der Welt – zu groß erscheint, ist die Aufteilung in kleine Zwischenetappen für mich zwingend, um nicht aufzugeben, um mich von der Dimension nicht erdrücken zu lassen.

Wenn wir nur auf das Hindernis, das vor uns liegende Problem starren, engt es unser Blickfeld ein und verstellt uns den Blick auf die dahinterliegende Lösung. Probleme können mir die Luft nehmen, wenn ich mich zu sehr auf sie fixiere. Wir sollten das Große mitdenken, uns aber auch auf das Kleine, das Machbare, konzentrieren.

Der britische Extrembergsteiger Joe Simpson hat das in »Sturz ins Leere« sehr gut beschrieben. Ich habe sein Buch zur Vorbereitung für die Dreharbeiten zu »Nordwand« gelesen. Nachdem der damals 25-jährige Simpson mit dem erst 21 Jahre alten Simon Yates, den 6344 Meter hohen Siula Grande in den peruanischen Anden bestiegen hatte, stürzte er beim Abstieg auf rund 5800 Meter Höhe ab. Sein Waden- und sein Schienbein rammten sich beim Sturz durch das Knie bis in den Oberschenkel, Simpson verlor viel Blut, seine Schmerzen müssen unerträglich gewesen sein.

Yates seilte seinen schwerverletzen Kameraden in einer wahnwitzigen Rettungsaktion an der Westflanke des extrem steilen Berges ab. Eisige Temperaturen, Stürme und Lawinen erschwerten den Abstieg, beide Bergsteiger erlitten Erfrierungen. Am fünften Tag stürzte der schwerverletze Simpson am Seil hängend einen Felsvorsprung hinab, Yates konnte seinen Kletterpartner nicht mehr sehen. Doch sein Gewicht zog ihn immer weiter an den Abgrund. Über eine Stunde lang rief er nach seinem unter ihm am Seil hängenden Freund. Auch Simpson brüllte aus Leibeskräften, doch im tosenden Sturm konnten die beiden Bergsteiger einander nicht hören. Schließlich ging Yates davon aus, dass Simpson den Sturz nicht überlebt hatte und tot im Seil hing. Damit nicht auch er von seinem Kameraden in den Tod gerissen werden würde, entschloss Yates sich zu einem Schritt, der danach nicht nur von Bergsteigern leidenschaftlich diskutiert wurde: Er nahm sein Taschenmesser – und kappte das Seil. Simpson stürzte im freien Fall in eine zehn Meter tiefe Gletscherpalte.

Nach einer weiteren Nacht am Berg erreichte Yates am nächsten Tag das Basislager auf rund 4500 Meter Höhe und verbrannte dort in einer Abschiedszeremonie die zurückgelassene Kleidung seines tot geglaubten Kletterpartners. Doch Simpson hatte überlebt. Mit völlig zertrümmerten Knochen gelang es ihm, unter unvorstellbaren Qualen und mit unglaublicher Willenskraft auf den Ellbogen vorwärts robbend, sich durch die Gletscherspalte zu schleppen.

Er beschrieb sehr intensiv, was sich in seinem Kopf abspielte, während er versuchte, sich im Delirium darauf zu fokussieren, was jetzt zu tun sei. Er wusste, wenn er sich die Gesamtstrecke zurück zum Basislager vornehmen würde, hätte er keine Chance zu überleben. Einfach unvorstellbar, diese absurde Distanz mit mehrfach gebrochenen Beinen zu schaffen. Schon im Ruhezustand waren die Schmerzen unerträglich, zu moralbrechend war die Vorstellung, zu welchen Amplituden die Schmerzwellen unter Belastung fähig wären.

Also machte er Folgendes: Er setzte sich zum Ziel, den vor ihm liegenden Felsen in 30 Minuten zu erreichen. Dort angekommen, suchte er sich das nächste Etappenziel. Und wahrscheinlich half auch die legendäre Band »Boney M.« Simpsons Leben zu retten. Denn während er über Eis und Fels robbte, ging ihm der nervtötende Song »Brown girl in the ring. Shalalalala!« nicht aus dem Kopf. Er nahm sich fest vor, nicht mit diesem Lied im Ohr zu sterben.

Nach zwei Tagen »Brown girl in the ring« erreichte er schließlich nachts das Basislager. Man stelle sich den Augenblick vor, in dem Yates in die Augen seines tot gewähnten Freundes schaute, den er zwei Tage zuvor vom Seil geschnitten hatte. Yates zurrte Simpson auf dem Rücken eines Maultieres fest und brachte ihn ins Krankenhaus. Sechs Operationen retteten sein Leben. Sobald er halbwegs hergestellt war, fing er wieder mit dem Extrembergsteigen an. Seinen Freund Yates nahm er stets dafür in Schutz, dass er ihn in einer ausweglosen Situation, aufgegeben hatte, um sein eigenes Leben zu retten.

Neben dieser emotionalen Großzügigkeit ist es vor allem die Überlebensstrategie, die mich bei Simpson fasziniert: Sich in überfordernden Situationen nur auf den nächsten Schritt zu konzentrieren, habe ich durch sein brachiales Lehrstück verinnerlicht und rufe sie mir immer wieder ins Gedächtnis, wenn mir etwas zu überwältigend erscheint.

Aber ist die Situation mittlerweile nicht so ernst, dass es für kleine Schritte längst zu spät ist, dass uns nur noch sehr viele sehr große Schritte vor dem Untergang bewahren können?

Gewiss, derzeit tickt die Uhr viel schneller als unsere ständigen unverbindlichen Zusagen, die Klimaziele einzuhalten. Wir machen nach wie vor viel zu wenig, viel zu langsam. Es ist Zeit, viele kleine Schritte mit entschiedenen großen Schritten zu kombinieren.

»Keiner kann sich mehr hinter der Masse verstecken. Es kommt auf uns alle an.«

Politik

Als ich ein Kind war, machte man sich gerne über »Ökos« lustig. Mittlerweile belächeln nur noch die Ignorantesten unter uns Menschen mit einem ökologischen Gewissen. Der Zeitgeist ist grüner geworden. Nicht nur in Deutschland sind die Grünen mittlerweile im Mainstream und in der Regierungsverantwortung angekommen, Umwelt- und Klimapolitik ist aus der Nische getreten und zu einem der wichtigsten Politikfelder geworden.

Doch Gesetze zum Schutz unserer Ressourcen, zum Schutz des Lebens sind teilweise noch immer non-existent oder spiegeln in ihrer Laxheit nicht den Ernst der Situation wider. Allen Warnzeichen zum Trotz begreift die Menschheit immer noch nicht die Notwendigkeit und die absolute Dringlichkeit, endlich zu rechtlich bindenden internationalen Verpflichtungen zu kommen. Zwar gab und gibt es mittlerweile viele Konventionen zum Schutz der Umwelt und des Klimas, aber sie sind meist vorsichtig formulierte Willensbekundungen, weichgewaschene Kompromisse, der kleinste gemeinsame Nenner.

Die Nichteinhaltung der ohnehin nicht sehr ehrgeizigen Ziele bleibt in aller Regel unsanktioniert. Das Gleiche gilt zwar leider auch für die Einhaltung der Menschenrechte – doch ihre Verletzung empört uns immerhin und führt zu moralischer Ächtung (auch wenn das wirtschaftlichen Beziehungen oft keinen Abbruch tut). Beim Klimaschutz hingegen hat unsere moralische Brille nicht annährend die gleichen Dioptrien. Wir sind bereit, extrem viel auszublenden.

Die wichtigste und edelste Aufgabe der Politik ist es, das Allgemeinwohl zu fördern und das Leben zu schützen (und das nicht nur während der laufenden Legislaturperiode). Und diese elementare Aufgabe erfüllt die Politik derzeit nicht. Sie agiert verzagt und schleppend, obwohl höchste Eile geboten ist. Ich weiß: Politik ist immer auch die Kunst des Machbaren. Aber Politik muss auch mit einer weisen und vorausschauenden Gesetzgebung, die nicht nur die Wiederwahlchancen in wenigen Jahren, sondern das langfristige Überleben der Menschheit auf der Erde als zwingendes Ziel hat, bei der Rettung unseres Planeten eine wesentliche Rolle spielen.

Ich glaube – und Umfragen belegen das –, dass viele Menschen (also Wähler) den Klimawandel längst als eines der, wenn nicht *das* drängendste Problem unserer Zeit ansehen und einen ehrgeizigeren Klimaschutz einfordern. Warum handelt die Politik dann trotzdem immer noch so oft so zahnlos? Gesetze fallen nicht vom Himmel. Sie werden von Menschen gemacht. Und mit unserem politischen Engagement und unserer Wahlentscheidung können wir mit darüber bestimmen, wer diese Menschen sind und welche Gesetze sie in unserem Namen verabschieden.

Wir müssen nachdrücklich einfordern, dass die von uns gewählten Politikerinnen und Politiker endlich die Zeichen der Zeit erkennen und dementsprechend handeln. Wir müssen die Politik in die Pflicht nehmen, endlich Rahmenbedingen zu schaffen, die dem Ernst der Lage gerecht werden, anstatt weiter kostbarste Zeit mit Lippenbekenntnissen zu verlieren. Es ist eine Minute vor zwölf. Hoffentlich.

Aber wir dürfen uns nicht nur auf die Politik verlassen und hoffen, dass sie es schon richten wird. Es wäre falsch verstandenes

Bürgertum, einfach nur alle paar Jahre wählen zu gehen und mit dem Kreuzchen in der Wahlkabine alle Verantwortung abzugeben. Sich nur an die von gewählten Vertretern verabschiedeten laxen Gesetze zu halten, reicht nicht (mehr). Um eine lebendige Demokratie zu erhalten, müssen wir wach, informiert, kritisch und kreativ bleiben und Verantwortung übernehmen. Jeder einzelne von uns. Jeden Tag. Wir sind erwachsen und können unsere Verantwortung nicht auf die »Großen« abwälzen. Wir müssen immer auch bei uns selbst anfangen.

Es gibt viele Dinge, die erlaubt, aber dennoch nicht in Ordnung sind. Kein Gesetz verbietet es, jeden Tag in ein Flugzeug zu steigen und ohne Rücksicht auf die Folgen für uns und andere Kerosin in die Atmosphäre zu ballern. Wir können uns jeden Tag den Wanst mit Billigfleisch vollhauen. Wir können mit einen Zehn-Zylinder-SUV durch die Stadt donnern, einfach, weil es uns Spaß macht. Sich innerhalb der bestehenden Gesetze zu bewegen, nimmt uns nicht die Eigenverantwortlichkeit. Bloß, weil ich etwas machen *darf*, heißt dies nicht, dass ich es auch machen *sollte*.

Die Möglichkeit, etwas zu tun, von dem man weiß, dass es auch negative Folgen hat, ist ein Aufruf an das eigene Gewissen. Auch wenn ich viel strengere Umwelt- und Klimaschutzgesetze jetzt so zwingend wie noch nie finde, liegt die Entscheidung, welcher Mensch ich sein möchte, immer bei mir. Anständiges Verhalten ist vor allem eine Frage der eigenen Ethik, und weniger der vorherrschenden Moral und der geltenden Gesetze. Der bewusste Umgang mit den zur Verfügung stehenden Ressourcen liegt in meiner eigenen Verantwortung. Und dieses ständige Abwägen kann wahnsinnig anstrengend sein.

Deshalb finde ich es unfassbar, dass der Schutz unserer Umwelt oft immer noch als eine Art Privatdisziplin gehandhabt wird. Während ich mich einschränke und versuche, meinen Beitrag zu leisten, dürfen internationale Konzerne weiter munter Raubbau an der Natur betreiben und gigantische Mengen CO_2 in die Atmosphäre blasen. Ethik und Anstand sollen für mich, aber nicht für Weltkonzerne gelten?

Die Summe unserer ökologischen Einzelentscheidungen kann nicht die mangelnde Verantwortungsübernahme von Unternehmen ausbaden und kompensieren. Ohne politischen Druck, Gesetze und Sanktionen wird sich das ökologische Gewissen bei profitorientierten Akteuren nur in Ausnahmefällen einstellen.

So sehr ich das Argument »Es ist für das Klima doch völlig egal, wie ich mich verhalte, wenn die Industrie weitermacht wie bisher« nicht gelten lasse: Ich kann die Ohnmacht, die dahintersteht, gut verstehen. Die Ausbeutung, Überbeanspruchung und Zerstörung der Natur zu Gewinnabsichten muss gesetzlich streng reglementiert und so teuer gemacht werden, dass es zu einem wirklichen Wandel kommt. CO_2-Austoß muss endlich so hoch bepreist werden, dass ehrgeizige Anstrengungen zur Verminderung zwingend werden.

Wir sind alle Teil eines politischen Systems. Es ist an uns. Nicht nur an jedem Einzelnen, sondern auch an der Art und Weise, wie wir uns organisieren, wie wir uns als Gesellschaft ausrichten, wer wir sein wollen. Keiner kann sich mehr hinter der Masse verstecken. Es kommt auf uns alle an.

Hoffnung

Zuversicht hat ausgeschlafen und einen frischen Apfel gefrühstückt – die Zukunft ist nie eine beschlossene Sache. Ich glaube nicht an »so steht es geschrieben«. Denn, wenn wir aktiv sind, kann aus einem vermeintlichen Schicksal eine Möglichkeit werden. Dass aus Liebe mehr Liebe und aus Leid mehr Leid entsteht, wissen wir. Wir sind verantwortlich dafür, welche Kräfte wir stärken, welchen Wolf wir füttern. Wir können Einfluss auf die Zukunft nehmen, auch beim Klima.

Ich glaube, dass es nicht gesund ist, sich ständig Weltuntergangsszenarien auszumalen, doch Zuversicht wird uns nicht leicht gemacht. Das 1,5 Grad Ziel, auf das die Welt sich 2015 in Paris geeinigt hat, und das die Erderwärmung halbwegs beherrschbar machen sollte, ist nach Ansicht der meisten Experten nicht mehr zu erreichen. Ich denke, dass der Verlust von so vielen Tier- und Pflanzenarten, das Sterben von so vielen Bäumen, das Leiden von so vielen Tieren und Menschen jeden halbwegs sensiblen Menschen bisweilen traurig machen kann oder sogar muss. Wenn wir davon ausgehen, dass wir das Universum sind, das sich selber bezeugt, ist die Frage, ob, wenn es weniger schillernde Unterschiedlichkeit des Lebens außerhalb von uns zu bezeugen gibt, weil mehr verschwindet, es in der Konsequenz auch in uns weniger Vielfalt gibt. Wenn die Welt um mich eine durchs Artensterben reduzierte Welt wird: Was heißt das für meinen inneren Reichtum? Erlöschen dann auch Farben und Schattierungen in mir? Außen grau, innen grau?

Gleichzeitig werden Jahr für Jahr mehr SUVs verkauft, die globalen CO_2-Emissionen bleiben allen Warnungen zum Trotz auf Rekordniveau und nach einer kurzen Corona-Delle sagen Prognosen eine starke Steigerung des Flugverkehrs voraus. Obwohl wir um den dramatischen Zustand der Welt wissen.

Wie soll man da Hoffnung und Zuversicht haben, wie soll man da nicht verzweifeln? Kann man es jemandem verdenken, der sagt: »Es ist eh alles zu spät. Die Tipping Points, die Kipppunkte, lassen sich nicht mehr verhindern. Wir leben auf einem dem Untergang geweihten Planeten. Da können wir auch gleich so weitermachen wie bisher und versuchen, die uns noch verbleibende Zeit zumindest zu genießen.«

Ich halte in Anbetracht des Ernstes der Situation Ignoranz, Vogel-Strauß-Taktiken und Nach-mir-die-Sintflut-Attitüde für verantwortungslos und falsch. Ich denke, es liegt in der Natur des Menschen, die Ärmel hochzukrempeln und mit aller Kraft und Kreativität zu versuchen, das Ruder doch noch rumzureißen. Als Menschheit haben wir den Willen und die Pflicht, Leben weiterhin zu ermöglichen. Der Überlebenswille ist unser stärkster Trieb, und das Streben nach ethischer Verfeinerung tragen wir in uns. Es ist an uns, wie wir mit diesen Anlagen umgehen. Die Hoffnung stirbt zuletzt.

In ihrer berühmten Rede beim Weltwirtschaftsforum in Davos sagte Greta Thunberg im Jahr 2019: »I want you to panic!« und wurde dafür vielfach kritisiert. »Angst ist nie ein guter Ratgeber«, ist eine abgedroschene Politikerphrase. Nur mit kühlem Kopf könne man gute Entscheidungen treffen und dafür müsse man erst mal Ruhe bewahren (im schlimmsten Fall ein Euphemismus für »Erst mal so weitermachen.«)

»Keep calm and carry on«, ließ die britische Regierung 1939 auf über 2.500.000 Poster drucken. Im Falle eines schweren Militärschlags sollte mit der Durchhalteparole die Moral der Bevölkerung gestärkt werden. Als Persiflage auf die Kriegspropaganda liest man heute immer häufiger »Now Panic and Freak Out« oder knapper »Time to panic«.

Aufgrund der sich anbahnenden Katastrophe nie dagewesenen Ausmaßes halte ich die Umkehrung der Durchhalteparole ins Gegenteil für vollkommen nachvollziehbar. Ein Krieg – so grausam und groß er auch sein mag – erfasst nicht zeitgleich die ganze Welt und geht irgendwann zu Ende. Die Zerstörung unseres Planeten durch den Klimawandel hingegen, könnte für die Menschheit absolut und endgültig sein. »Keep calm and carry on« taugt also nicht mehr als Imperativ. Zumindest das »Carry on« hat seine Berechtigung verloren. Denn das Weitermachen wider besseres Wissen hat uns in die drohende Katastrophe geführt. Das »Keep calm« jedoch hat meiner Meinung nach immer noch seine Gültigkeit, zumindest, wenn man es nicht mit Passivität und »Jaja, wird schon …« gleichsetzt. Auch in einer Notsituation müssen die zwingend erforderlichen Schritte trotz der gebotenen Eile gründlich abgewägt und mit Wissen und Weisheit vorangetrieben werden. Und genau das ist es, was ich mir von unseren Entscheidungsträgern und uns allen so sehnlich wünsche.

Ich glaube, wir sind gerade jetzt aufgerufen, alle zur Verfügung stehenden wissenschaftlichen Erkenntnisse sowie unsere tiefste Intelligenz – damit meine ich das in uns allen abgespeicherte Wissen, das alles mit allem verbunden ist und die sich daraus ergebende ethische Verantwortung – einzusetzen, um das drohende Desaster doch noch abzuwenden.

Bei aller gebotenen Dringlichkeit müssen wir, so glaube ich, aufpassen, dass wir nicht in Weltuntergangsstimmung, in ein kollektives Angstfeld verfallen. Durch eine schwarze Brille sieht man nur noch schwarz. Doch gerade, wenn es ernst wird, sollten wir die Zuversicht nicht verlieren – so schwer es auch manchmal fällt. Eine positive Grundhaltung erweitert das Blickfeld, Angst macht eng. Wenn ich nur auf die Probleme starre, verliere ich die trotz allem existierende Schönheit der Welt aus den Augen.

Es gibt drei Arten, auf Angst und Stress zu reagieren. Im Englischen werden sie mit der griffigen Trias »freeze, fight, flight« bezeichnet. Erstarren, kämpfen, fliehen. Wenn wir erstarren und einfach wie bisher weitermachen, wird sich der Klimawandel mit seinen katastrophalen Konsequenzen nur noch beschleunigen. Auch fliehen ist keine Option. Zwar fliehen schon jetzt Millionen arme Menschen vor allem aus vom Anstieg des Meeresspiegels oder zunehmenden Dürren betroffenen Regionen und ein paar Superreiche legen sich neue Domizile in kühleren und höhergelegenen Regionen zu, in denen es sich noch etwas länger gut aushalten lässt. Aber schon jetzt sind so viele Menschen von den Auswirkungen des Klimawandels betroffen, dass Wegrennen als Anpassungsstrategie wegfällt.

Bleibt also nur noch kämpfen, etwas tun oder »sich aufbäumen« wie es beim Bergwaldprojekt so schön heißt. Sich seiner eigenen Wirkmächtigkeit bewusst werden, der Angst und ihren Ursachen aktiv etwas entgegenzusetzen, und so das Gefühl der Ohnmacht, der Hilflosigkeit und des Alleinseins zu überwinden. Ich wirke, also bin ich.

Sich gemeinsam für etwas einzusetzen, an das man glaubt, das »Gute« sozusagen, gibt Kraft und verbindet. Das habe ich zum Beispiel gespürt, als ich mit meinen Mitstreitern vom Bergwaldprojekt im Wald geackert und abends erschöpft und mit schwieligen Händen, aber glücklich beim Bier zusammensaß. Energien zu bündeln, um der Zerstörung unseres Planeten etwas entgegenzusetzen, bringt Spaß, schafft Zuversicht, ist sinnstiftend und verankert uns. Im Zusammenschluss, in Verbindung mit Gleichgesinnten kann man sich gegenseitig stimulieren und motivieren. Das Gute kann sich gegenseitig befruchten. Man hat dann nicht mehr so schnell das Gefühl, ohnmächtig gegen Windmühlen zu kämpfen.

Hält man das eigene Handeln jedoch für sinnlos, schwindet auch die Hoffnung. Aber ist das Pflanzen einiger Bäume nicht eher ein verzweifeltes Pfeifen im dunklen Walde als der wirklich feste Glaube, dass diese Tätigkeit das Böse ab- und alles zum Guten wenden kann? Ist es nicht so, dass wir ein paar Bäumchen vor das Maul des Ungeheuers pflanzen, das möglicherweise alles verschlingen wird? Vielleicht. Aber ich kann vor dem aufgerissenen Maul erstarren oder versuchen, dem Monster mit Bäumen Einhalt zu gebieten. Freeze or fight. Konfuzius sagte: »Es ist besser, ein kleines Licht anzuzünden, als die Dunkelheit zu verfluchen.«

Ich möchte ein kleines Licht anzünden und freue mich, wenn wir gemeinsam ein großes daraus machen. Ich will nicht die Dunkelheit verfluchen oder den Kopf in den Sand stecken, ich möchte nicht erstarren, ich möchte nicht wegrennen, ich will aktiv nach vorne gehen. Hoffnungslosigkeit ist nicht der Belag auf der Straße Richtung zukunftsfähiges Morgen, auch wenn ich das Gefühl der Ohnmacht aus eigener Erfahrung deutlich besser kenne, als es mir lieb ist. Ich bin dann traurig, weil mich der Zustand der Welt schmerzt. Weltschmerz, dieses schöne alte Wort bekommt so eine neue Bedeutung. Nicht nur einmal habe ich gedacht, dass in Sachen Klima der Drops nun wirklich gelutscht ist. Zu oft hatte ich das Gefühl, mehrheitlich von Menschen umgeben zu sein, die eigentlich genau wissen, was zu tun sei, sich aber diametral entgegengesetzt verhalten.

Aber wenn der Zustand der Welt mir als hoffnungslos erscheint, tut er das zuallererst in mir. Gedanken prägen unsere Gefühle. Die Welt und ihren Zustand kann ich aber auch als Teil einer Bewegung sehen, als eine endlose Folge von sich ständig verändernden Zuständen. Das weitet meinen Blick. Nichts ist hoffnungslos, alles ist im Fluss. Weitergehen wird es, die Frage ist nur, wie?

Glaube ich, dass wir es schaffen? Auf diese Frage, habe ich – je nach Tagesform – eine andere Antwort. Bin ich von Menschen umgeben, die fahrlässig handeln oder scheitere ich mal wieder daran, meine guten Vorsätze umzusetzen, tendiere ich zu nein. Mache ich in Sachen Klimaschutz Erfahrungen der Selbstwirksamkeit oder treffe Menschen, die sich engagiert für die Bewahrung der Schöpfung einsetzen, tendiere ich zu ja.

Wenn ich mein Verhalten nicht hinterfrage, kann ich mich auch nicht entscheiden, anders zu handeln. Ein Paradigmenwechsel kann einen großen Eros haben. Dann hat das, was man vorher als unmöglich erachtete, zu dem man »niemals!« gesagt hat, auf einmal eine andere Leuchtkraft. Aus der Unsicherheit und der daraus resultierenden Notwendigkeit, neue Lösungsansätze suchen zu müssen, entsteht Kreativität. Neues zu probieren, setzt neue Energie frei. Wir sind bewusster, aufgeregter, beobachten mehr und anders und haben – dadurch, dass wir etwas tun, was den eigenen Horizont erweitert – mehr Energie. Wir fühlen uns angeregt vom Leben. Wir fühlen uns gut, weil wir aus unserem Schlendrian ausbrechen und sind vielleicht sogar ein bisschen stolz, weil wir nicht den Weg der Ignoranz gehen, sondern den Weg des Guten, den aufrechten Weg. Ich glaube an die Energie der Zukunft, die uns ruft.

Was sind meine Hauptbaustellen und an welchen Stellschrauben – zum Beispiel Ernährung, Heizen, Konsum, Reisen – kann ich drehen, um mein Leben zukunftsfähiger zu gestalten?

Sich dabei mit Menschen zu messen, die mit gutem Beispiel vorangehen, kann beflügeln. Sich die Latte sehr hoch, vielleicht zu hoch zu legen, kann aber auch genau das Gegenteil bewirken und frustrieren, wenn man beim Vergleich immer wieder schlecht wegkommt. Ich finde es deshalb wichtig, sich zunächst mit sich selbst zu vergleichen. Habe ich im letzten Jahr mehr oder weniger Fleisch gegessen? Bin ich mehr oder weniger geflogen? Bin ich für mehr oder weniger CO_2-Ausstoß verantwortlich? Habe ich mich verbessert oder verschlechtert? Oder trete ich auf der Stelle?

Dabei permanent an den eigenen Ansprüchen zu scheitern, kann zwei Folgen haben: Entweder, man senkt seine Ansprüche an sich selbst, oder man wird konsequenter, um nicht mehr so oft zu scheitern. Ich habe mir fest vorgenommen, letztere Strategie zu verfolgen.

Epilog

Ich will mit diesem Buch niemandem sagen, wie er leben soll. Natürlich nicht! Dafür habe ich weder die Legitimation noch die Kompetenz.

Doch ich weiß: Wir werden mutige Visionen und modernes auf die Zukunft ausgerichtetes Denken und evolutionär stimmiges Handeln brauchen, um die Herausforderungen der Zukunft zu meistern. Und als Grundlage für diese Veränderungen ist eine Rückbesinnung auf unsere tiefe Verbindung mit der Natur unerlässlich.

Wir müssen uns wieder als lebendige und wirkmächtige Natur wahrnehmen, nicht als von der Natur getrennte Konsumenten. Nur mit einer wiedergewonnenen Achtung für das Leben und einer Sensibilität für die Fragilität der Natur können wir die oft katastrophalen und schmerzlichen Auswirkungen unseres Handelns wirklich begreifen.

Sich zurückzubesinnen auf die in unserer Tiefe immer schlummernde, aber oft verschüttgegangene Verbundenheit mit allen Dingen, halte ich für die wichtigste Voraussetzung für ein lebenswertes Morgen. Das soll nicht technik- oder fortschrittsfeindlich klingen. Ich weiß, dass wir für das gute Leben und mittlerweile auch für das schlichte Überleben auf unserer Welt auf technische Innovationen angewiesen sind, aber ich bin auch überzeugt, dass wir es schaffen müssen, das Neue in Einklang mit Bestehendem zu bringen, dafür Sorge tragen müssen, dass Natur und Technik symbiotische Verbindungen eingehen können. Wir müssen als Menschengemeinschaft des Potenzials unserer tiefen Intelligenz bewusst werden und es nutzen. Das Leben strebt nach Balance – wenn man es lässt.

Zukunftsfähig können wir nur sein, wenn wir genau hinsehen, nicht ständig ausklammern, was wir nicht sehen wollen. Weil wir uns blinde Flecken zu lange erlaubt haben, haben wir – und ich schließe mich da eindrücklich ein – einen Lebensstil kultiviert, der keine Zukunft hat.

Wenn die Sorgen um die Zukunft unsere Köpfe und Herzen schnüren, sollten wir wieder Verbindung mit der Natur und in den Wäldern suchen, uns nähren und erden lassen von unserer natürlichen Umgebung und der Kraft, aus der alles entspringt.

Wir sollten Kraftorte in der Natur aufsuchen, damit wir wieder spüren, was wir erhalten wollen, während wir gleichzeitig durch die Natur gestärkt werden. Indem ich mich mit dem umgebe, was ich schützen möchte, wird aus theoretischem ein sinnlich gefühltes Wissen. Ich bin dann angedockt an die Kraft der Schöpfung.

Ich bin selber Natur in der Natur, Subjekt und Objekt zugleich. Es gibt keine Trennung. Wir müssen wieder Natur werden, die Natur bestaunt. Dann ist unsere Entscheidung, die Welt zu schützen, nicht nur eine rationale Entscheidung, sondern ein in der Tiefe empfundener Ruf.

Du bist für mich da, und ich bin für dich da. Wir sind der Planet. Indem ich mich für deinen Erhalt einsetze, kämpfe ich für dich und gleichzeitig für mich. Das Du kann dabei ein Baum, ein Frosch oder ein Mitmensch sein.

Es würde mich unglaublich freuen, wenn wir es gemeinsam schaffen, einen Unterschied zu machen, um das Geschenk der Schöpfung zu ehren. Ich bin mir sicher: Wenn wir uns vor der Größe und Einzigartigkeit der Natur und dem unendlichen Ausdruck des Lebens in all seiner Schönheit staunend verneigen, wird es uns gelingen, das, was wir gerade verlieren könnten, zu schützen und zu erhalten.

Also runter vom Sofa, rein in den Wald, einatmen, ausatmen und in der Stille dem Puls des Lebens lauschen. Die Zukunft ist keine beschlossene Sache.

Danksagung

Ich danke ...

meinen Eltern für mein Leben, Stephanie für unser Kind und meiner Tochter für ihr Licht.

Sabine Buss für den Anstoß, dieses Buch zu schreiben.

Philipp Hedemann für unzählige Stunden an meinem Schreibtisch, in meiner Küche und für seine Nerven.

Andrea Thilo fürs erste Feedback

und Till Behnke wieder mal für nichts!

Literaturverzeichnis

Nâzim Hikmet: Sie haben Angst vor unseren Liedern, Türkischer Akademiker- und Künstlerverein, Berlin, 1977.
Henry David Thoreau: Walden, Diogenes Verlag, 2014.
Ezra Pound: Personae: Sämtliche Gedichte 1908–1921, Arche Verlag, 2006.
Eihei Dogen Zenji: Shobogenzo Der Schatz des Wahren Dharma; Gesamtausgabe, Angkor Verlag, 2012.
Hermann Hesse: Bäume, Insel Verlag, 2015.
Hermann Hesse: Demian: Die Geschichte von Emil Sinclairs Jugend, Suhrkamp Verlag, 2011.
Rainer Maria Rilke: Briefe an einen jungen Dichter, Insel Verlag, 2019.
Jack Kerouac: On the Road, Penguin, 2011.
Stephen Hawking: »Stephen Hawking Calls Aggression The Human Failing He'd Most Like To Correct« in Huffington Post, https://www.huffingtonpost.co.uk/2015/02/19/stephen-hawking-calls-aggression-the-human-failing-hed-most-like-to-correct_n_6717936.html, 2015.
André Gide: Die Falschmünzer, dtv, 1991.
Immanuel Kant: Die drei Kritiken, Kröner Verlag, 2007.
Hans Jonas: Kritische Gesamtausgabe der Werke von Hans Jonas, Bd. 1.2: Das Prinzip der Verantwortung, erster Teilband: Grundlegung, Rombach Wissenschaft, 2015.
Viktor E. Frankl: Der Mensch vor der Frage nach dem Sinn: Eine Auswahl aus dem Gesamtwerk, Piper, 2005.
Joe Simpson: Sturz ins Leere: Ein Überlebenskampf in den Anden, National Geographic Taschenbuch, 2009.
Vollka Putt: »Achtarmig reinorgeln« zitiert aus https://www.youtube.com/watch?v=RnQAQjwcYz4

Impressum

© 2023 GRÄFE UND UNZER
VERLAG GmbH,
Postfach 860366, 81630 München

Gräfe und Unzer ist eine eingetragene Marke der GRÄFE UND UNZER VERLAG GmbH, www.gu.de

ISBN 978-3-8338-8758-1

1. Auflage 2023

Alle Rechte vorbehalten. Nachdruck, auch auszugsweise, sowie Verbreitung durch Bild, Funk, Fernsehen und Internet, durch fotomechanische Wiedergabe, Tonträger und Datenverarbeitungssysteme jeder Art nur mit schriftlicher Genehmigung des Verlages.

Projektleitung und Lektorat:
Wilhelm Klemm, Philip Laubach
Herstellung: Gloria Schlayer
Schlusskorrektur: Christiane Gsänger, Christiane Schwabbaur
Bildredaktion: Petra Ender
Umschlaggestaltung: Lena Kleiner, favoritbüro München
Layout: ki36 Editorial Design, München, Stephanie Reindl
Satz: Tim Schulz, Mainz
Reproduktion: Medienprinzen, München
Druck und Bindung:
Livonia, Lettland

Bildnachweis:
Cover: Pascal Büning
Bildstrecke I: S. 1-8: Thomas Koy
Bildstrecke II: S. 1-19, 23-28: Benno Fürmann (privat), S. 2: Edith Held, S. 20-22: Max Muench

Leserservice
GRÄFE UND UNZER Verlag
Grillparzerstraße 12, 81675 München
www.graefe-und-unzer.de

Umwelthinweis:
Nachhaltigkeit ist uns sehr wichtig. Der Rohstoff Papier ist in der Buchproduktion hierfür von entscheidender Bedeutung. Daher ist dieses Buch auf PEFC-zertifiziertem Papier gedruckt. PEFC garantiert, dass ökologische, soziale und ökonomische Aspekte in der Verarbeitungskette unabhängig überwacht werden und lückenlos nachvollziehbar sind.

Ein Unternehmen der
GANSKE VERLAGSGRUPPE